U0161830

标签类目体系

面向业务的数据资产设计方法论

任寅姿 季乐乐◎著

LABEL
HIERARCHIES
Business Oriented Data Asset Planning Methodology

机械工业出版社
China Machine Press

图书在版编目（CIP）数据

标签类目体系：面向业务的数据资产设计方法论 / 任寅姿，季乐乐著 . -- 北京：机械工业出版社，2021.5（2024.5 重印）
ISBN 978-7-111-68162-5

I. ①标… II. ①任… ②季… III. ①数据管理 – 研究 IV. ① TP274

中国版本图书馆 CIP 数据核字（2021）第 079982 号

标签类目体系：面向业务的数据资产设计方法论

出版发行：机械工业出版社（北京市西城区百万庄大街 22 号 邮政编码：100037）
责任编辑：杨绣国 罗词亮
责任校对：马荣敏
印　　刷：三河市宏达印刷有限公司
版　　次：2024 年 5 月第 1 版第 5 次印刷
开　　本：147mm×210mm 1/32
印　　张：13
书　　号：ISBN 978-7-111-68162-5
定　　价：99.00 元

客服电话：(010) 88361066 68326294

序 一

　　将数据进行标签化的思路就像微积分。微积分是两个概念的组合，先微分，再积分。微分是把一个大的东西切分成足够微小的部分；积分是把切分后的微小部分组织合成。标签的设计过程就是把各种对象充分"微分"的过程，解析和拆分得足够精细；而标签的使用过程就是将场景中涉及的对象标签拼装在一起使用，是一个"积分"的过程。

　　通过微积分的比喻，我们可以更好地理解"传统数据处理过程"和"标签化数据处理过程"的显著差异。

　　传统的数据处理往往是业务到数据再回到业务的快速贯通。

　　将业务端新鲜产生的源数据传到数据工厂中进行清洗处理，再快速将生产好的数据直接透传到业务端进行使用分析（见图1）。整条链路就像生产流水线一样快速、简洁、干脆。但是在同一份数据的跨业务领域使用或跨时间先后使用的场景中，经常存在复用困难的问题。

　　标签化的数据处理则意味着数据需要经过标准化组织后规模复用。

　　源数据经过清洗、加工、处理后，并不能直接搭载飞机直达业务现场，而是全部规规矩矩地到数据资产仓库的格子间验明正身、对号入座（见图 2）。业务端要使用数据，必须拿着提货单到资产仓库一一挑选，检验后的标签资产会像搭载高铁般准时到达业务现场。这种模式很明显，由于增加了中间数据资产的管理环节，整体建设花费的时间较长，即"砍柴"前需要等待较长的"磨刀工"。

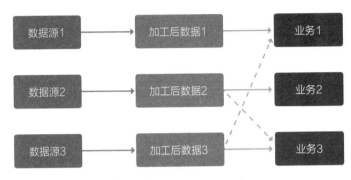

图 1　传统数据处理过程

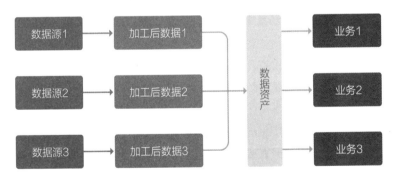

图 2　标签化数据处理过程

前一种适用于小企业对所需的数据服务产出时效有严格限制，只关注当前某一个局部的应用场景。实际上当前在很多大型集团企业中，快速完成数据开发后直接插管子、将数据灌送至业务系统的情况很普遍。

后一种实际上已经是一种中台模式了：将生产好的数据全部入

库编号，并检查标签项是否完整、规范、准确。业务人员无论在何时选用资产都可以根据充分公开的标签信息自由下单，标签之间可以自由组合。这种将经常用到的信息、技术、功能进行标准化封装以供业务端不同场景复用、拼装的做法就是中台模式。中台模式适用于业务场景多样化的大型集团企业：通过一次建设、反复享用的方式可以节省成本，形成规模效益，同时还可以为企业沉淀核心的数据资产。

在实施落地数字化转型的过程中，企业会遇到理念与实际冲突的情况，也会遇到各种阻力和困惑。到底选择传统数据模式还是标签化数据模式，本质而言是效率问题和商业问题，也许"慢就是快"的长线思维和"成本降低，收入增加"的财务公式能让大家聚焦问题本质。

因此对数据资产的认知决定了一家企业从上到下会如何看待、选择数字化转型的路径。是先解决眼前问题、渡过难关，还是延迟满足，不能马上见成效的事也做？是选择赢得一时一刻绩效达标的有限游戏，还是选择不断满足用户需求、基业长青的无限游戏？

希望这本书能给大家带来思考和答案。

数澜大学

2021 年 5 月

序 二

辛丑年春节前，我接到作者邀请并答应为本书作序。这既是一本讨论数据资产的书，也是一本讨论方法论的书，所以我想以对资产的粗浅认识谈谈对数据资产的理解，以对数字经济的认识谈谈对"数据是第五大生产要素"的理解。

数据作为资产，作为生产要素，这是一个崭新的认识，具有重要的意义。

资产的严格定义是：资产指由企业过去的交易或事项形成的、由企业拥有或控制的、预期会给企业带来经济利益的资源。对照这个定义，数据具备一些传统资产所具有的特征，例如形成方式、资源属性，但在拥有权、交换性、货币化等方面，数据具有与传统资产非常不同的特征，也就是说作为资产，数据有其独特性，需要人们站在新的、更高的视角来理解和解读。

2020年4月9日，中共中央、国务院发布《关于构建更加完善的要素市场化配置体制机制的意见》，首次将数据列为除土地、劳动力、资本、技术之外的第五大生产要素。这是一次重大的认知突破，必然会带来重大的影响。

讨论数据资产或数据生产要素概念时，都绕不开对"数字经济"的解读。众所周知，"数字经济"由加拿大学者唐·泰普斯科特（Don Tapscott）在其 1996 年的著作《数字经济：网联智能时代的前景与风险》（The Digital Economy: Promise and Peril in the Age of Networked Intelligence）中第一次提出。

我们认为，数字经济的基本特征是，以数据资源为重要生产要素，以现代信息网络为主要载体，以信息通信技术融合应用，以全要素数字化转型为推动力，促进公平与效率更加统一。数字经济会带来重大的时代转型：生产方式变革，生产关系再造，经济结构重组，生活方式巨变。新一轮的科技革命带动了数字经济发展，促成了当前世界的百年未有之大变局，给了新兴市场国家发展机遇，加速了全球产业链和全球治理体系的改变。

数据是数字经济时代的重要资产和生产要素，有其独特之处。

首先，数据可复制、可共享，这与只能有限供给的土地、劳动力、资本等传统生产要素非常不同。数据还可增殖，数据在用于生产的过程中会产生更多的数据。

其次，数据带来了新的人本主义。我们处在一个万物互联的时代，万物通过有线或无线的网络互联，而数据是万物互联的纽带和桥梁。大数据的"大"不是简单地指数量大，更重要的是讲跨度之大，起纽带和桥梁的作用。"万物互联"还有一个很重要的言外之意是，人是万物之灵。数据是人对世界万物认识的一个表示，数据是为了人的（Data about Human, Data for Human），我们有必要深刻理解这种新的人本主义。

最后，数据带来了新的伦理和法律问题。在大数据和人工智能时代，隐私保护和信息安全成为公众关心的重要话题。数据成为资产，升级为第五大生产要素，对传统的伦理和法律体系提出了极大的挑战，需要我们认真思考和深入研究，并及时进行技术攻关，给出解决方案，回应各方关切。

"Data is Power"，这是我近十年以来秉持的一个基本信念，也是驱使我坚持办数据学院的根本动机。数据是人类文明史上的第三种重要能源（Power），前两种能源分别是蒸汽能（Steam Power）和电能（Electric Power），它们分别引发了第一次和第二次工业革命。如果说蒸汽能和电能造就了从英国开始的近三百年的工业文明，那么数据能（Data Power）则将把人类带入数字文明时代。随着人们对数据认识的提高，我们正在快速进入一个"未来已来，一切重构"的时代。

如果要给数据找一个恰当的比拟物，也许19世纪末伟大的发明交流电是最合适的。当前我们所处的时代就像一百多年前刚刚有了交流电一样，不仅需要研究发电机和电动机，更需要研究电本身，如电的变压原理、电的传输，还要研究电的绝缘、继电保护和电网建设，等等。对于数据，类似这一切的研究刚刚起步，数据中台就是一个很好的理念。在我看来，数据中台包含两层含义：第一层是打通数据，就像建电网；第二层是让数据好用，就是把数据技术装备化，甚至"傻瓜化"，让所有业务人员都可以轻松自如地使用数据，发挥"数据能"的威力。换句话说，数据中台的目的就是帮助企业提高数据能力。

本书是作者和同事在帮助企业进行数据能力建设过程中的经验总结。这是难能可贵的，也是我很看重和欣赏的。很长一段时间以来，我们的企业往往只看重怎么解决问题，缺少总结和反思。用我常用的比喻来说，就像猴子掰苞谷，掰一个扔一个。没有积累，就不会有沉淀，也就形成不了技术体系和学术概念，注定不会有创新。这本书让我看到了一家企业的学术情怀：善于总结，甘于传播和布道。

因为有梦，所以出发；既已出发，使命必达。与作者共勉。

周傲英

华东师范大学副校长

"用"数据而非"管"数据

当前很多企业在搭建数据中台时，仍然采用传统的管理思路：要梳理哪些数据，需要多少台服务器来存储数据，要采购什么计算引擎……其构建思路依然是：搭建开发集成环境进行一站式开发，利用数据管理工具对数据标准、数据安全、元数据进行管理，利用API网关对所有服务接口进行调用监控……

这些事情本身并没有错，但以技术来驱动数据中台建设也许从方向上就错了！技术专家给客户看的架构图越来越复杂，乙方企业在争抢技术领先的泥沼中越陷越深，甲方客户则看得晕头转向。

中台的核心本质是将可复用的能力、技术和工具汇聚在一起，帮助前端业务快速响应变化。中台从定义上就超出了技术范畴，它所涉及的系统领域并不局限于技术层面。

中台必须与业务接轨，不能与业务无缝接轨的不能叫中台。好的中台能让业务小组或创新小组基于中台已有的可复用模块快速优化业务功能，创新商业模式。而这种中台的建设不能再以"管"数据的思路为指导，而要以"用"数据为出发点。

现在的中台还停留在 1.0 时代，即供技术人员开发和管理数据使用；到了 2.0 时代，中台应该是一个智能操作系统，能让业务人员以可理解、易操作的方式创建服务接口或应用系统，让数据"用"起来。

也许我们应该花更多精力来思考如何快速进入中台 2.0 时代。

现状是，很多企业还停留在数据梳理、治理、数仓建设阶段，业内研究较多的仍然是如何制定标准、推动标准治理落地。在实践过程中，数据部门把自己变成了庞大的成本中心，数据治理项目做了几年还只是刚刚开了个头，而业务部门则嗷嗷待哺，已经失去了耐心。

数据资产是什么？数据中台的价值是什么？在繁杂的工作面前，我们需要回归事物的本质。数据资产是能给业务带来经济价值的数据资源。数据中台的价值在于让业务快速试错，在千百次的试验中找到并发挥数据的商业价值。因此比起开发、治理和管理，是不是更应该将注意力放在寻找真正能给业务带来价值的数据资源上？在本书中我们用标签——一种从业务视角理解数据的组织方式——作为数据资产的逻辑载体。有了标签对物理数据的逻辑映射，数据对于业务人员来说就不再是无法碰触的数据虚体，而是鲜活生动的数据产品，具有标签名、标签定义、标签逻辑、标签取值、标签适用场景、标签调用量、标签质量、标签价值等使用属性。标签化使得业务人员看数据就像逛淘宝，选数据就像加购物车，用数据就像下单购买一样简单。

这时候，一种岗位应运而生。这种岗位以前可能叫数据产品经理，现在应该叫数据资产设计师，而以后一定是数据资产使能者：专心研究业务所需标签，将其设计和开发出来并在数据中台的数据资产库中上架，让业务人员能自己查看、选择、使用标签，从而极大地缩短数据资产使用周期，降低业务试错成本，通过反向推动链将数据价值发挥到极致。

本书主要内容

本书共 9 章，分为 3 篇。

由来篇（第 1～3 章） 首先分析了当前各企业在数据建设过程中会遇到的 6 大数据困局，然后重点介绍了为应对这些数据困局而逐渐发展出的标签类目体系这一数据资产构建方法论及其定位、定义，最后阐述了采用该方法建设数据资产的 3 点必要性：资产可复用、业务可理解、价值可衡量。

理论篇（第 4～6 章） 详细讲解了标签类目体系方法论的 4 个核心原理、从核心原理衍生出的 3 个构建前提和 6 个设计步骤，以及标签方法论在实施落地过程中的具体使用技法与核心问题。

实践篇（第 7～9 章） 重点介绍了当前可用来提升标签类目体系的设计、使用、运营效率的标签工具和经典模板，列举了从标签到应用的 5 个最佳实践方案，并总结了标签化的价值、典型应用案例及标签设计人才的培养经验。

读者对象

- 企业管理者：CEO、CIO、CTO、CDO、数字化转型项目领导者、数据中台构建项目领导者等。
- 数据从业人员：数据部门主管、数据架构师、数据产品经理、数据分析师、数据开发工程师等。
- 业务人员：业务部门负责人、业务人员、运营人员等。

致谢

本书有两大写作目的：一是我们想将标签类目体系的构建过程和经验汇编成册，二是我们公司希望将优秀的数据资产设计方法沉淀下来，同时对外与所有正处于数字化转型过程中的企业客户分享，输出并传播数据资产的前沿理念和方法。因此感谢数澜科技市场营销部门、交付部门、研发部门、总裁办等各部门的支持与配合。感谢甘云锋、高雁冰两位领导为本书提供建议与指导。

本书内容来自我们多年以来的数据项目实践，特别是最近几年面向企业端的数据中台建设经历。因此我们要感谢所有给予标签类目体系成长和实践机会的合作伙伴，特别感谢时尚集团、好莱客创意家居、温州检察院等企业、政府机构对标签类目体系方法论的认可及对我们工作的配合。感谢刘容、郭新和、倪建海等专家对实践篇的修改与指正。

感谢曾蓓、王尹等同事及杨福川、罗词亮两位编辑对书稿的编辑与优化。

最后，也是最重要的，感谢一直陪伴在我们身边的家人，是他们的理解和牺牲让我们能够全力以赴地奋战在数据第一线，积累起丰富的数据实践经验，并得以写下这本理论结合实际的著作。

希望我们的数据梦想能和各位分享。

目 录

由来篇　因何产生，为何需要

|第 1 章|　因：6 大数据困局

|第 2 章|　源：6 段由来过程

|第 3 章| 义：3 点产生必要

理论篇 基础原理与演绎推导

|第 4 章| 道：4 个核心原理

|第5章| 法：完整的设计方法

|第 6 章| 术：使用技法与重要问题

实践篇　商业实战中的价值涌现

|第 7 章| 器：标签工具和经典模板

|第 8 章| 践：从标签到应用的 5 个最佳实践

|第 9 章|　果：价值、案例、经验分享

由来篇

因何产生，为何需要

标签类目体系是一门面向业务的数据资产设计方法学，它来源于数据部门对数据资产进行梳理和规划的需要，并一直关注着业务的方向。标签方法起于微末，受到过质疑和阻挠，尝试过或直或曲或绕的演化路线，但是不变的是每次都在往业务方向迈进，坚持不懈，逐渐成为业务端使用数据的最好抓手。

在本篇中，我们会将标签方法论诞生的土壤、根源，曲折的发展延伸路径，以及它在数据系统中的核心地位与存在意义一一道来。

因: 6 大数据困局

标签类目体系方法的提出，源于我们在多年数据工作中发现的6 大数据困局，如图 1-1 所示。这些问题都很普遍，且在数据工作者中存在广泛共识。正是由于几乎每个企业中都存在这些数据难题，我们才坚持不懈地抽丝剥茧，找出背后的形成原因，思索和寻找一种数据方法论来解释这些原因，并通过崭新的数据价值链路来系统性地解决问题。

1.1 数据孤岛，无法打通

数据工作者在将数据用起来的过程中，最常面临的问题就是数据孤岛、数据无法打通。这里面有技术的原因，也有管理制度的原因，更有数据观的原因，如图 1-2 所示。

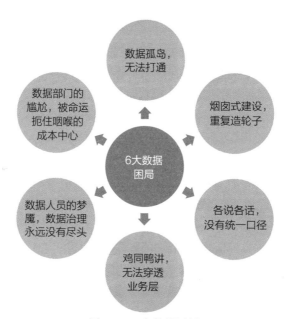

图 1-1　6 大数据困局

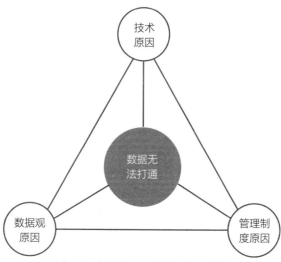

图 1-2　数据无法打通的三大原因

1. 技术原因

企业在进行信息化建设的过程中，往往会根据不同业务条线的情况和特点，按需采购不同的信息化工具，这种情况在大型集团公司中尤为常见。不同厂商的数据库或数据存储方式就像海平面下的岛屿，相互之间无法连通，这种情况属于因技术原因无法打通。既然是技术原因，就可以通过日新月异的技术手段来进行数据交换、汇聚和打通：基于异构数据源、异构厂商集群、时效性和技术栈等因素考虑，当前业内一般采用离线数据同步和实时数据同步两种技术方式来进行数据迁移打通。

2. 管理制度原因

数据使用一般可以分为三个层次，如图 1-3 所示。

- 数据使用 1.0：自生自用，即部门、企业的数据自己生产加工，自己使用。
- 数据使用 2.0：自生他用，即部门、企业的数据自己生产、加工、授权后供他人使用。
- 数据使用 3.0：共生共用，即多部门或多企业将数据进行融合再加工，授权后供多部门、企业共同使用。

图 1-3　数据使用的三个层次

信息化建设的初衷往往是满足某业务线管理自身业务的需要，因此采集后的数据大多处于数据使用的 1.0 层次。各部门对自身数据进行加工处理并形成分析报告，查找原因以进行针对性改进，实现了业务数据化→数据业务化的小循环过程。这样，一方面使数据价值得到了体现，但另一方面也在部门间铸起了数据交换的壁垒。

部门间数据不共享的情况源于公司管理制度的欠缺，公司内有很厚的部门墙。

3. 数据观原因

一些公司的信息化建设仅仅实施到软件铺设，员工能够通过系统完成日常工作就戛然而止了。从 CEO 到管理层，再到基层员工，都没有重视留存在信息系统中的数据的重要性，往往将其束之高阁甚至直接删除。部门各自为政，数据并不打通，大家各行其道。这些问题都可以追因到数据观层面。

这几种问题中最容易解决的是技术问题，因为技术、工具可以通过学习或直接采购快速获得。当前有非常多优秀的商业化数据交换工具和开源数据同步工具，均可供选择。这些软件工具的采购、铺设、运行的实施周期往往在 3～6 个月。

稍难解决的是部门间数据不共享问题，这类问题往往需要由公司总部来统筹解决。数据是一种特别的资源，它可再生，融合价值大于原有价值之和，越用越有价值。因此只有把数据汇聚在一起，才能实现数据世界的完整复刻。如何跨越部门间的小利益，让生态效应发挥大价值，这是公司级战略需要考量的方向。要将数据使用从 1.0 层次推进到 2.0 层次或 3.0 层次，即将某一部门数据共享给其他部门使用，或将多部门数据汇集加工，创造出更具价值的数据资产，这种跨部门的数据资源调度、共享机制的构建至少需要一年的铺垫、宣传、推动和验证。

最难解决的是企业自上而下对数据的认知偏差问题。数据是有认知门槛的，并不是所有的业务人员都知道如何读懂数据或操作数据，而数据人员又缺少向业务人员生动解释数据的能力。因此企业需要一种数据和业务间的转化术语，来帮助业务人员、运营人员、职能人员等快速理解数据，掌握数据应用技能，进而认识到数据的重要性，达到数据使用的 3.0 层次：实现数据的共生共用。共生共用并不是把所有数据倾倒在一起，使用时从数据池中直接捞数据的野蛮方式。共生共用意味着数据的接入、生产、使用、管理进入系统化阶段：所有数据的来源、现状、去向都清晰可查，生命周期都得到有效管理，使用都有章可循。这种数据观的构建往往需要3～5年持续不断的耕耘建设，甚至需要融入企业的文化建设中。

当一个企业需要切实解决数据孤岛问题时，我们建议采用从难到易的方法。

首先，塑造企业的数据认知。因为只有企业全体员工都理解数据的重要性，才能目标一致，相互配合，而不会因为认知不同或认知不足，造成数据工作各环节的障碍和断层。

其次，促进推动部门间的数据融合。各部门数据的加入是为了更好地享用其他部门的数据或在加工后得到更具价值的数据资产。以此作为突破口说服各部门交换数据，并保障后续数据共享机制的正常推进。

最后，选择数据同步的技术或工具。在数据认知充分，政策到位，各部门配合默契的前提条件下，选择合适的同步工具实现数据的交换汇聚是一件水到渠成的事。

1.2 烟囱式建设，重复造轮子

除了数据孤岛，最重要的数据问题是烟囱式建设，重复造轮子，即每个业务部门各自从业务需求出发，从头至尾构建一套数据基座，以满足自身的数据能力建设需要。

烟囱式的数据建设会带来三大危害，如图1-4所示。

1. 烟囱越建越高，难以支撑

企业各部门从自身需求出发建设的数据就像工厂中的烟囱一样，纵横林立，相互之间没有联系，时间久了自然难以支撑。从部门出发的数据梳理容易过于关注部门的内部需求，既无法获得跨部门的数据资源，也无法得到全局视野上的数据支撑。在具体实施过程中，年轻的数据工程师并没有充分考虑数据底层的系统梳理和清洗溯源，就进行了快速的数据开发工作；在开发过程中，也缺乏数据逻辑和建模分层上的思考和指导。一切都以业务为导向，为了及时产出最终的数据结果，中间步骤是否合规合理、代码程序是否稳健正确都可能会被忽略。这样进行的数据建设极容易倾斜倒塌。

图 1-4　烟囱式数据建设带来的三大危害

2. 数据治理在局部难以成功

近几年，数据治理概念受到了企业的认可。企业要用数据反映企业的真实情况，需要清洗、梳理、治理出干净的数据，只有数据加工逻辑准确无误，最终的数据结果才能反映出问题的本质。如果数据建设是各业务林立的烟囱式做法，并没有统一的部门来进行源头管理，那么数据治理很难在局部获得成功。

3. 重复投入容易造成资源浪费

烟囱式数据建设的最大弊端是造成了企业在数据建设上的重复

投入，造成资源浪费。虽然各部门都有自己的业务特色和业务目标，但在数据建设中，底层原始层数据、中间明细层数据，乃至上层应用层数据都可能存在大量重复。如果各部门都自建一套数据系统，会发生反复存储、反复计算的问题，导致资源浪费。这种浪费会随着数据量的增加而越发凸显。

烟囱式的数据建设也使得部门间的信息通道天然割裂。数据人员埋头苦干几个月，殊不知他希望得到的数据成果早就有别的部门开发完成了。即使通过数据工作分享会，数据人员了解到其他部门开发的数据成果，想要申请使用，也会因为底层开发模式或开发语言不同而难以阅读、修改、使用。如果仍然需要使用这些数据成果，则需要在理解其开发逻辑后重新开发，这也会造成一定程度的数据资源浪费，并且降低企业使用数据的整体效率。

产生烟囱式数据建设的根源有以下几种。

- 在企业发展过程中，集团总部层面没有重视数据建设，而某些业务部门提前发现了数据价值，开始了数据建设，形成了事实上的倒挂。而业务部门进行的数据建设具有局限性，它们并不会太多考虑数据建设的规范性和完整性。

- 业务发展有先后。企业各时期都有不同的业务布局，新业务兴起往往会带动其发展所需的配套数据。业务部门通常并不会基于企业过去积累的全部数据建设成果来规划完整的企业数据建设计划，而只是按照部门的当前需求进行规划。

- 各部门间存在部门墙，相互之间不愿意共享、共建数据。部门间对数据过度保护，不愿意分享给其他部门使用，也会产生烟囱式的建设结果：对于数据资产，如果部门无法通过授权共享的方式获得，那么就只能通过自己重新开发的方式获得。

- 企业总部缺乏整体性的数据建设规划。这是一个总结性的原因，因为不管是以上哪种具体成因，都存在总部缺乏管控和协调各部门联动配合的因素。烟囱之所以会形成，就是因为各部门有自己的决策想法，有可调度的资源空间，自建比等待总部建设时效更快等。烟囱式的建设对部门来说有一定的好处，但是对于公司来说一定会产生浪费。因此企业在不同阶段需要做好策略抉择，最佳的方式是找到一种既能保障业务变化下的数据所需，又能统一组织规划以减少浪费的数据建设方案。这种方案是可能存在的，我们在后文中会提到。

1.3 各说各话，没有统一口径

排在第三位的问题是数据口径不统一。如果每个部门都按照自己对业务逻辑的理解进行数据开发，会导致同一个指标具有不同的计算口径，最终的计算结果当然也不相同。这种现象在很多公司出现过，例如交易部门根据交易流水统计出的年销售额、客户服务部门根据客户消费金额统计出的年销售额、商品研发部门根据商品交易金额统计出的年销售额可能各不相同。分析原因后会发现，原始数据的清洗方式、中间数据的统计逻辑、结果数据的汇总差异都会影响最终的数据结果。

一般公司会将角、分位上的金额误差忽略不计。如果确实存在一定数量的差异，就需要进行仔细的数据核对，判断是否存在计算问题。如果检查后发现计算规则没有问题，只是各部门业务判断逻辑不一致，则一般以指标责任部门的数据为准。例如"年销售额"由交易部门提供的数据口径为准，"客户数"以客户服务部门提供的数据口径为准，"累积设计商品总数"以商品研发部门提供的数据口径为准。

但这并不是一种长久、治根的数据使用方案，这种同名不同逻辑的处理方式需要做好大量的记录存档工作，才能保障数据被合理使用。企业如需要对外分享或披露数据，也需要谨慎选择指标，防止数据口径不一致的情况发生。

以某大型电商平台公司为例，这家公司曾出现多个数据部门向卖家开放、销售多款数据产品的情况。相同名称的指标在各个产品中取值各不相同，对卖家经营造成了干扰和不良影响，电商平台的数据质量和数据真实性也遭到了质疑。该公司经自查后发现，其所售卖的多个数据产品由多个数据部门各自开发，各部门对同一名称指标有不同的理解。例如"上月交易金额"这一指标，某部门的计算逻辑为上一个自然月内所有 GMV 总金额，而另一个部门的计算逻辑为上一个自然月内所有 GMV 总金额扣除退款总金额。没有绝对的判断依据表明这两种逻辑哪个是正确的，哪个是不正确的，核心问题在于每个指标都需要有准确名称和精准定义，能向其读者解释清楚指标的加工逻辑。但在真实的使用场景中，即使每个指标都有详细解释，也不是每个读者都能完整、充分理解多个数据指标间的细微差异，反而容易造成困惑和误解。因此该公司最终取消了多款同类型的数据产品，在每个领域只保留一款官方出品的数据产品。

出现这种现象的根本原因在于企业内部缺乏对数据指标的统一规划和控制。有 3 条建议可以帮助企业统一数据口径，如图 1-5 所示。

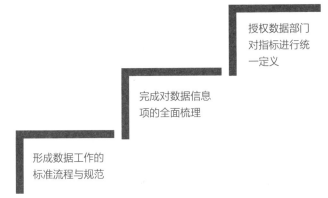

图 1-5 帮助企业统一数据口径的 3 条建议

1. 形成数据工作的标准流程与规范

在做指标梳理的时候，一个细小的定义区别，背后对应的可能是加工过程的很大差异，因此首先需要形成对数据指标设计的严谨工作流程和规范。

2. 完成对数据信息项的全面梳理

企业需要完成对指标、字段、参数等信息项的全面梳理，而不是一刀切。例如，"客户性别"这一信息项可以有多种计算逻辑：通过活动登记，通过注册认证，通过行为预测等。即使是同一个人，也可能是活动登记时为【女】，注册认证时为【男】，行为预测时又为【女】（在信息不出错的前提下，也会大量存在家庭多个成员使用一个会员账号的情况）。那么该怎么处理这些数据呢？性别取值时是否有优先级？是取可信度最高的注册认证信息吗？企业需要统筹规划指标体系，构建多种性别指标，例如"登记性别""身份证性别""预测性别""综合性别（性别根据一定的优先级顺序来取值）"。这些指标在不同的业务场景中可以发挥不同的作用，数据部门应该尽可能多地为业务提供可选的指标信息以支撑业务发展，而不是替业务做决定。如果业务部门要做客户关怀，那么采用"身份证性别"来直接呈现客户真实信息更为合适；如果业务部门想开展个性化推荐，那么采用"预测性别"作为对客户需求信息的判断更为合适；如果业务部门想进行广告营销，那么采用"综合性别"就能最大程度覆盖客户的性别信息。

3. 授权数据部门对指标进行统一定义

企业需要授权某一数据部门或数据委员会对各项数据指标作出统一的逻辑定义，并保障数据使用方能够完全理解各个指标的含义。这种方式既可以实现各端数据信息的统一连接，消除信息孤岛，也可以防止烟囱式的指标建设，造成数据资源浪费。如果业务端想要新增一个指标，则数据部门需要在指标库中进行名称、逻辑、定义等维度上的筛查，判断是否已经存在相似指标，防止重复建设和数据口径上的冲突。

1.4 鸡同鸭讲，无法穿透业务层

数据工作者都会面临这些严峻的问题：如何向业务人员解释清楚数据是什么？当前有哪些数据？数据可以为业务做什么？即使企业已经设立了数据团队，但如果数据人员无法与业务人员有效沟通，数据价值的发挥仍然会存在瓶颈。

很多企业的数据开发专家、数据建模专家在数据交换、数据开发、数据治理领域非常专业，对技术术语非常熟悉，专业技能非常强。在数据部门内部，他们可以很好地带领团队完成数据迁移、数据标准化、数据建模、数据开发、数据治理等一系列高难度工作。但他们习惯于和技术深入"对话"，将绝大部分精力投入到技术研究中，而忽略了与人沟通的技巧以及企业的业务知识。

在数据人员和业务人员沟通的过程中，容易产生鸡同鸭讲的现象。

一方面，数据人员基于他们的认知体系进行了数据宣讲，但他们沉浸在自己的数据世界中，没有将自己代入业务人员的思维方式中感同身受，结果由于这些数据知识过于专业，缺乏恰当的诠释转化和案例讲解，业务人员无法理解。

另一方面，业务人员对数据学习也心存障碍。业务、运营、职能部门的人员在认识事物时往往用的是感性思维，对数据学习需要的理性思维不太习惯，因而很少会对冷冰冰的数据产生兴趣。在与数据人员的对话过程中，某些对数据好奇的业务人员会主动提问，但由于数据人员无法理解他们的提问而给出错误答案，使得业务人

员对数据的正确理解难上加难。即使业务人员进行了细致的解释，使得数据人员理解了提问，数据人员也会受限于表达能力欠佳，无法将专业的数据术语进行转化讲解。久而久之，有好奇心的业务人员也会慢慢丧失学习的欲望。

其实，形成数据共知是双方共同努力的结果，需要业务人员与数据人员在三方面将认知拉齐，如图 1-6 所示。

图 1-6　业务人员与数据人员需要拉齐的三点认知

首先，要在企业内树立统一正确的数据观，这是第一要务。数据观不仅是让业务人员理解数据、重视数据，也涵盖了数据要如何贴近业务，如何以业务能理解的方式呈现和使用。企业内各部门对数据资产的认知、对数据应用的理解、对数据价值的认同需要协调统一到同一水平线，否则脚和脚打架，数字化转型之路难以推进。

其次，学习模式和背景不同的文、理科人才都需要掌握将感性思维和理性思维结合运用的能力。感性思维出身的业务运营人员需要学会运用理性思维度量真实现状，采用科学技术优化业务场景；而理性思维出身的数据技术人员需要学会运用感性思维掌握沟通技巧，用心感受人与业务场景的关系。

业务人员和数据人员需要尝试互相学习、补足对方的专业知识。业务人员应该尝试着去学习数据知识，掌握数据的基础概念，了解数据分析、运营、使用的基本工具和技能，最终将业务问题转化为数据需求。数据人员也应该尝试着去了解业务，掌握业务流程知识，学会业务术语，能与业务人员进行"正常"的业务沟通和平等对话，最终实现用业务语言解释数据概念（换位思考）。在企业实际运转过程中，因为业务价值比较容易凸显，业务部门往往比较强势。一般建议由数据部门人员主动向业务侧靠拢，将数据技术转化为业务工具，为业务部门赋能。

大型企业中往往设有商业分析师这一岗位，其职责是实现数据端和业务端的打通和连接。他们身处业务部门，配合业务人员一起参与业务流程制定，了解业务痛点，梳理数据需求并对接给数据开发团队进行大规模的数据加工；同时能完成自研式的数据分析工作，帮助业务人员快速产出临时性的数据分析结果或研究式的数据探索结果。在一定程度上，商业分析师推动了数据价值的实现与传播。

但是数据人员与业务人员之间的理解冲突，单纯通过人与人的沟通、解释、传递只能解决小规模问题。如果需要数据赋能的场景越来越多，数据积累与数据技术越来越丰富，业务侧对数据需求日益迫切，就能再让"人"成为制约数据发展的瓶颈。我们需要找到一种能自说明的数据方法，让数据资产自己将自己说明白：它是什么，它从哪里来，可以怎么用。

1.5　数据人员的梦魇，数据治理永远没有尽头

说起数据人员最大的苦恼，非数据治理不可，但是数据又不得不治：随着数据量的大爆发，很多数据从产生到采集、存储、生产、使用等的过程中，存在噪声和错误记录的可能。如果数据没有得到良好的治理，就无法判断数据的准确性，更无法判断通过这些数据得出的间接结论和由其支撑的数据服务能否带来预期的效果。

传统的数据治理通常包括数据标准管理、元数据管理、数据质量管理、数据安全管理、数据生命周期管理等内容。在数据治理领域比较著名的理论有以下几个。

- DMBOK（数据管理知识体系指南）：由 DAMA 数据管理协

会编著的数据管理指南，包含数据治理、数据架构管理、数据开发、数据操作管理、数据安全管理、参考数据和主数据管理、数据仓库和商务智能管理、文档和内容管理、元数据管理、数据质量管理等 10 个领域的知识。

- DMM（数据管理成熟度模型）：由 CMMI 协会推出，由五大核心过程域和一套支撑流程组成，五大核心过程域为数据管理战略、数据治理、平台和架构、数据运营、数据质量。

- DCMM（数据管理能力成熟度评估模型）：由全国信标委大数据标准工作组根据中国数据治理现状梳理而成，包含数据战略、数据治理、数据架构、数据标准、数据质量、数据安全、数据应用、数据生命周期 8 个核心领域及 28 个过程域。

这些理论对数据治理各细分领域都有非常详细的技术论述，但是企业在实际的数据治理过程中仍会遇到众多困难和阻碍，如图 1-7 所示。

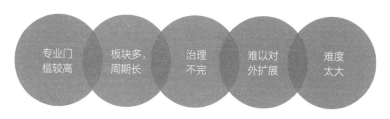

图 1-7　数据治理的 5 大典型困难

1. 传统数据治理的专业门槛较高

传统数据治理涉及对数据的标准进行统一制定，对数据的安全进行分类分级，对数据的质量进行控制和迭代优化，对数据的元数据进行一一梳理并归档，对数据的生命周期进行全链路跟踪并构建溯源机制……这些工作不仅有体力活，更有脑力活和心力活，需要有具备更高视野的数据管控者进行全局考虑，并且具体执行者需要掌握数据治理专业技能，才能进行具体操作和衔接。这对数据人员的要求较高，一般的数据开发人员可能无法胜任。而业内专业的大数据专家或大数据治理人才非常稀缺，聘请成本高昂。

2. 传统数据治理涉及的板块多，周期长

数据治理所涉及的治理领域较多，因此一个数据治理项目往往会持续一年或一年以上。在数据治理项目实施过程中，可能会面临不同板块之间的衔接问题，因此需要一个治理总工程师来统筹规划：确定统一的治理目标和原则，安排好合理的治理计划和路径，选择适配治理目标和流程的工具产品，挑选并培养数据治理队伍，制定确保数据治理平稳推进的工作机制等。但在漫长的治理过程中，可能会出现人员更替、信息缺失、事项遗漏等无法避免的问题，这些都是数据治理工作中不得不面对的困难。

3. 治理工作一遍又一遍，治理不完

治理工作初始阶段定下的目标，很可能在治理到一半的时候，因为数据的来源、生产、使用等重要环节发生改变而不得不修正，治理工作需重新进行。例如数据来源发生了变化，如新增数据、替换或删除了原有数据，都会使数据部门不得不重新对数据源进行治理；又或者数据生产过程发生了变化，例如在治理过程中因为数据质量存在问题，进而牵扯出标准、安全等问题，这样由一个问题引发出多个相关联的问题，导致治理工作量越来越大，最终可能远超原来预估的工作量。

另外，数据治理完成后，在使用某部分数据的过程中，业务端也可能会提出进行质量调优或变更原有数据开发代码的需求，那么数据治理的其他相关模块都要相应修正。因此从这些点上看，数据治理因其周期长，且在治理过程中势必会发生数据变化，而容易进入一直无法收尾的怪圈。

4. 治理工作难以对外扩展，获得配合

传统的数据治理项目往往是由技术部门或数据部门来主导，但是数据部门其实只能影响数据生命周期的中间环节，即数据的生产和加工环节。数据的两端（来源端和使用端）并不属于数据部门能掌控的范围，更多属于业务部门控制的范围；而数据治理所包含的多项重要工作，如数据标准、数据安全、数据质量、数据生命周期等，都是全链路工作项，如果缺乏两端的配合与支持，是无法顺利完成的。

例如，即使数据部门制定了数据标准，但是业务部门认为不符合业务实际，难以执行，那么数据从业务端采集开始，就没有遵循统一的标准记录；数据的溯源记录也是如此，如果数据流向的各环节部门不配合，数据就难以真正得到治理，更不用提数据的融合、校验和挖掘。

5. 治理难度太大，是一项系统工程

综合以上各种原因分析，会发现数据治理难度非常大，它其实是一项模块多、跨度周期长、技能要求门槛高、受外界环境影响大、需要多部门联动配合的系统工程。这个系统工程如果仅由数据部门来强力推进，很难做好。

数据治理工作，大家都知道重要，但是又难以迅速开展和得到广泛支持，这其中不乏技术工具储备积累的问题，也不乏管理机制和数据认知的问题。技术问题好解决，最难解决的是人心。企业开展工作不能仅仅依靠政策指导、领导站台、规章考核等方式强硬地层层递推。

传统的数据治理理论和工作模式都强调从数据出发，想要将所有的数据都治理干净。这是一种数据人的理想结果，在现实的企业经营场景中往往会碰壁。人性是趋利的，要么让业务人员真正懂数据，会用数据，要么就向其展示、证明数据对业务场景的显著提升作用，这样才能拉动业务侧一起积极配合、共同治理。

那么可不可以跳脱出原来固化的数据治理模式，寻找一种数据资产管理的新模式？可以从业务出发，找到数据核心价值，以价值来联动数据与业务两个部门，共同完成数据资产设计、数据资产治理、数据资产使用等过程，将数据以资产的形式高效运营起来。

1.6 数据部门的尴尬，被命运扼住咽喉的成本中心

数据部门在企业中的尴尬位置在前面对数据治理困难的介绍中也可窥见一二。在一些小型传统企业中，数据部门隶属于 IT 中心或技术部；在大型集团公司或数字化转型企业中，数据部门可能会单独作为一级部门，负责企业的数据战略、数据架构和数据建设。不管数据部门作为一级部门还是二级部门，总是逃脱不了成本中心的弱势地位。

数据部门势弱，主要原因在于业务部门势强，这从部门职能定位和项目推动力两点上可见端倪，如图 1-8 所示。

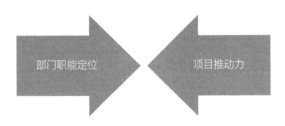

图 1-8 数据部门与业务部门势能区别的两个观察点

1. 部门职能定位：业务部门是利润中心，数据部门是成本中心

企业不是慈善机构，其根本目的就是追求效益：为客户创造价

值，为员工谋求福利，为股东带来回报。因此在企业经营中，开疆扩土、赚钱养家的业务部门自然会十分受重视。也正是业务部门作为企业的利润中心，持续养活后端的研发部门、生产部门、职能部门等，因此业务部门自然掌握了话语权，能够得到全公司最多的资源和支持。

反观数据部门，它们总是摆脱不了成本中心的尴尬地位。在不重视数据的传统企业中，数据人员往往由技术人员兼任，或做好基础的数据库管理员角色，或协助业务、职能部门做报表统计分析工作；在重视数据的数字化转型企业或自带数据基因的互联网企业中，数据部门采购了大量的服务器资源、数据平台工具，申请动辄投入几百万、上千万的数据建设、数据治理项目。不管是哪个时期、哪类公司、哪种位置，数据投入一直是企业的成本支出，数据部门被视为成本中心。数据负责人总是需要不停地向董事长、CEO 解释为什么需要这么多的数据基础投入，数据预算为什么不能再降低，数据到底可以为企业带来多大的价值。

即使在数据战略得到贯彻执行、已经完成数字化转型的企业中，数据价值已经得到体现，业务部门已经广泛用上数据服务，数据部门仍然会作为基础的职能支撑部门，作为企业的基础设施之一。数据部门的 KPI 设定往往是自我建设和对外赋能：完成企业数据架构设计，完成数据平台底座建设，完成数据资产目录梳理，完成数据产品系统开发；支撑业务部门对数据的规模调用，支撑数据赋能下的业务持续增长，支撑企业经营管理中的数据呈现和数据决策，支撑企业数字化转型战略……最终数据部门的年终考评，往往是在模块架构图汇报或业务部门的强力赞誉下"完美收官"。殊不知，其实在企业领导和财务人员眼中，数据部门的投入为支出成本，收入项为 0。在企业发展良好的情况下，自然是一团和气；但当企业遇到经营困难或各部门发生利益冲突时，数据部门往往会因为在财务报表上的不利地位而受到挤压。

2. 项目推动力：业务部门无往不利，数据部门步履维艰

另一种地位的体现是在企业运行过程中各项目方案的推动力上：由业务部门牵头主导的项目方案往往无往而不利。项目的目标和价值可以用数字和金额清晰地定义；每个项目参与人都可以切身体会到项目的战斗力和自豪感；数据部门、人力部门、财务部门等都纷纷配合有效联动，否则很有可能会被打上配合不力的标签。而数据部门牵头主导的项目方案，就不太容易推行：数据项目的目标和价值往往比较基础且沉闷，只有数据人才能体会其中的美妙和兴奋；业务部门、管理部门等强势部门可能需要经过多轮反复的沟通，才会点头配合。

作为一名数据人，你不禁想问："数据部门是否有改变自己尴尬位置的办法？"答案是不依赖领导的站台背书、政策制度的强制、兄弟部门的同情与共情，而是依靠自己的武器——数据价值去扭转局面，跳脱出成本中心的桎梏，努力将自己打造成利润中心。也许你会面临众人的不解和嘲笑，但是这时你仍要自信地反问："谁说数据部门就不能是利润的汇聚点？"我们就是要明知不可而为之，这也许就是生而为人的价值所在。

稻盛和夫经营学中的阿米巴经营法将每个生产制造工序转化为能独立核算的作业单元，下游的作业单元就是上游半成品的买家。在企业内，可以尝试着将数据部门作为一家数据公司看待，其所采购的服务器、数据源、工具平台等可看作成本支出，其所产出的数据服务、数据应用可看作定价售卖的数据产品，各业务部门需要为数据价值进行收益上的定量拨付或财务核算，这就是数据部门的利润收入。

采用这种模式来发展数据部门的数据业务，可以最大程度调动数据人员的积极性。每个数据人员都会关心数据成本：没有用处的数据源不收，不必要的数据存储运算不做，将没有价值的数据服务

下架或优化。数据部门对各业务的支撑作用不再停留在业务部门赞美中的定性价值，而是切实可计量、可核算的定量货币价值。数据资产复用价值越高，数据服务越健壮、高效，每单位投入下的收益回报越可观，最终在财务报表上就可以迎来扭亏为盈的那一刻！高管们在数据部门的那一行记录中看到的是数据为企业带来的有视觉冲击力的价值和不容忽视的数据爆发力量。

源：6 段由来过程

标签类目体系方法论源自对数据问题的思考与解决过程，经过了 4 段数据资产发展过程和 2 段方法论抽象过程的沉淀打磨，是笔者多年来在数据项目实践中的切身体会和总结提炼。笔者进行标签化数据资产的构建、使用、优化的过程既像探险片一样激荡起伏，又似谋略片一样伏脉千里，这段过往非常有意思，对大家也许有借鉴意义。随着标签类目体系方法论在企业中的不断深入，标签体系在数据资产、数据中台乃至数据战略中都慢慢有了自己的定位和定义。在正式学习标签类目体系方法论之前，读者需要先对相关名词的定义有充分、准确的了解。

2.1 数据资产发展的 4 个阶段

标签类目体系是笔者从多年的数据资产构建经验中总结提炼出

的一套方法论，因此要了解标签类目体系方法论的由来，必须先了解笔者实践参与的数据资产构建的诞生、生长、延伸等过程，这些过程具体可以分为 4 个阶段，如图 2-1 所示。

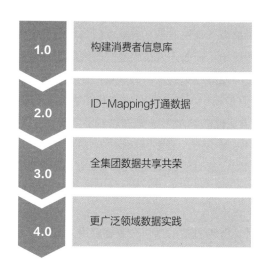

图 2-1　数据资产构建的 4 个阶段

2.1.1　数据资产 1.0：构建消费者信息库

1. 数据侧与业务侧的初次接触

作者在初入职场时加入了一家大型电商平台公司，恰逢公司将传统 B2B 业务的数据部门与新兴 C2C 业务的数据部门合二为一，统称为数据事业部，部门主管直接向 CEO 汇报，享有全集团数据的管理使用权限。

虽然数据事业部是由 CEO 背书的全集团数据管理中心，但是数据部门依然处于前文中提到的各种窘境之中。在成立初期单凭行政命令向其他部门伸手要数据，以建设全集团统一的数据池，是不可能成功的，因此数据部门要做的第一件事是把 B2B 和 C2C 两块核心业务的数据用起来。

电商平台公司自然重视消费者数据。每个数据产品经理都会先研读完《消费者心理学》和《消费者行为学》这两本书，再去找业务部门的业务人员、运营专员学习业务知识，调研业务需求。

在数据价值尚未探明时期，数据部门的姿态往往是很低的：数据人员到业务现场，在业务人员眼里有时纯属占用时间。这时数据人员就要用交朋友的心态或者以协助者的身份去接近、帮助业务人员，"偷学"业务知识。业务人员在工作辛苦之余，也偶尔会发出"哎，要是有人能提供××××数据就好了，我就可以早点下班了"或者"有××××信息，我们就能推测出消费者真实需求，去触动他"之类的感叹。这时候数据人员的"天线"就需要马上支起来快速运转，将业务诉求转化为数据解决方案，找到合适的时机就一遍遍讲解给业务人员听。

数据侧为业务侧打造的第一个数据解决方案一定要成功，必须在首次合作中为业务人员把数据项、数据加工逻辑、数据使用方式、数据赋能效果等全链路内容设计到位，保障业务人员低门槛地使用数据方案。得到业务的初步认可后，数据合作的第一步就完成了。

深入业务一线的数据产品经理们会持续将业务部门的数据需求回传给数据部门，数据部门根据这些数据需求就可以构建起数据资产的 0.1 版本。

2. 激发业务人员使用数据的兴趣

营销业内一般将个体的属性特征统称为"标签"。一开始，为业务人员设计的标签大多为原始类标签，即现有数据库表中的字段经过清洗登记后即可提供给业务人员使用。例如消费者注册会员时登记有基本信息项，如"性别""年龄""手机号""所在城市"等标签，除此之外，交易类标签也可以通过从已有的消费者交易明细表中直接查找相关字段获得。

　　慢慢地，数据产品经理开始给业务人员设计一些更具有业务气息的统计类标签，例如"最常上网时间段""购买周期""最近一次搜索商品品类""平均消费客单价"等标签，这些标签可以通过统计函数加工运算实现，而"品牌偏好""消费力等级"等标签也可以通过简单的规则逻辑进行加工运算得到。

　　在业务人员逐渐熟悉标签，对标签的兴趣被大大激发之后，业务侧会主动提出一些算法类标签的要求，例如"预测性别""预测年龄""人生阶段"等需要通过大量行为预测的基本状况属性标签，或"RFM 价值""电商指数""兴趣爱好""购物习惯"等价值、爱好类标签，如图 2-2 所示。这些属性标签逐渐深入到人的核心本质层面，也更贴近业务端对消费者画像洞察的要求。数据侧提供的标签信息带动和激发了业务侧的数据场景想象力。

图 2-2　兴趣爱好类标签取值示例

3. 实现数据资产商业价值闭环

在一边支持业务人员使用，一边收集整理标签的数据工作线之外，必须紧密围绕另一条标签使用价值的主线。只有价值线和数据线同频共振，互相迭代，企业的数据资产体系才能真正构建起来。

数据事业部选择和广告部门合作，将广告业务场景作为数据资产商业价值的重要试验田。广告业务在经过十几年的流量粗暴使用后，尝试探索精准营销模式。数据事业部派出了由几十人组成的精锐力量，在广告部门驻场超半年，全力配合广告端数据赋能。其中标签小组持续不断地与广告部门同事梳理已有可用标签，制定新标签的开发计划，保质保量完成标签生产上线，并以第一优先级的资源供给保障广告核心引擎使用数据资源的通畅性。

半年后，通过黑白盒测试、A/B 测试、性能压测等一系列的测验要求，广告部门的精准营销产品 Beta 版上线，开放给试用意愿强烈的 30 家品牌商内测。在试用初期，数据能量就强烈地爆发了出来：后台回流数据表明，对数据敏感的品牌运营团队可以将 ROI（投入产出比）提高到 4，乃至 8 以上，而同时段普通通投广告的平均 ROI 一般在 1.4~1.8。

试用期后，广告部门逐渐让更大的流量进入精准营销产品中，并向外部广告主品牌商陆续开放。数据价值在广告业务中得到了显著而直观的体现：精准营销模式下的广告流量收益是原有流量价值的数倍，消费者体验更好。精准营销的广告收入超出无差异广告投放的部分就可以简单视为数据资产的价值增益。

在当年的部门绩效考核中，数据事业部凭借对广告业务的数据支持一项工作，就获得了高业绩评定。同时，在公司内部，陆续有其他部门主动关注和咨询标签。数据事业部花了 1~2 年时间，在支撑业务的同时逐步收集整理了 100 多个消费者标签集合，并通过标签资产门户的形式对外展示和宣传这一数据产品。这个版本的标签体系成果可以视为数据资产 1.0 版本。

2.1.2 数据资产 2.0: ID-Mapping 打通数据

1. PC 向无线转型是 ID 打通的历史契机

2013~2014 年是中国互联网时代从 PC 向无线的转型时期,很多大型集团树立了主营业务由传统 PC 端向手机端转型的战略目标,笔者所在的电商平台公司也不例外。对于这个生死重任,公司 CEO 要求全体员工从上到下严格执行,如果有人不认同或无法按规配合,可以立刻找 HR 办理离职手续。因此全公司从上到下迅速统一了认知,资源调动顺畅,目标拆解层层落地。

为了响应和配合集团战略,数据事业部设定了数据目标并制定了行动计划:在数据层面全力支撑集团 "All In 无线" 的战略计划,优先保障无线新业务的数据供给和场景赋能。

工作初期,标签小组梳理了无线端的行为日志数据、联网设备数据和无线端交易记录。通过这些基础数据可以梳理出无线端设备信息、行为动作、偏好习惯等新增标签。但标签小组很快发现,由于无线业务刚起步,无线端行为数据处于原始积累阶段,且无线端访客并没有关联原有 PC 端用户账号的习惯,导致很多无线端用户没有标签取值,数据一片空白。此时,无线广告部门主动找上了数据部门。

广告业务中,对营销对象的识别非常重要。在 PC 端广告业务中,对每个访客都会用 Cookie 来进行临时标记,当该访客再次出现时,通过过去已经标识的 Cookie 就能找到该访客以往的营销记录和营销特征,进而实现广告重定向和营销数据回流计算。因此在传统广告业务中,很多标签特征是围绕 Cookie 这一 ID 进行关联和运算的。无线端兴起后,Cookie 技术不再适用,在无线日志中能获取到的是无线设备码 Device-ID,例如 IMEI、IMSI、IDFA、MAC 等。

无线广告部门面临着与数据事业部一样无处发力的困局:无线端用户的 ID 识别率不到 30%,即无法识别大量无线端用户以往的行为数据，更不用提精准营销了。如果重复 PC 端积累数据的模式，则至少需要一年时间进行无线端数据积累。

2. 为无线广告部门提升 ID 识别率

基于以上分析可知，要快速实现无线端访客的精准识别和洞察，就需要完成 PC 端 Cookie 与无线端 Device-ID 之间的关联打通。通过无线设备 ID，识别到该用户的 PC 账号 ID，进而关联使用 PC 端丰富的标签信息。借助 ID 识别技术和 PC 端数据资产积累，可以实现无线端广告业务的快捷发展，无须再重复 PC 端经年累月的数据累积过程。

同时，只有完成了多渠道 ID 的识别打通，才能实现跨屏联动、多屏影响的广告策略。例如某消费者在 PC 端搜索并浏览了风衣外套，但始终没有发现合意的款式，在下班回家路上，他用手机看新闻的时候，广告栏适时推送了几款符合其心意的风衣外套。他点开广告链接，发现价格、评价等要素也满足诉求，于是很快完成了下单交易。这样，一次精准的跨屏营销过程就迅速完成了。

在明确目标、研讨可行性、制定方案并达成共识后，数据部门和广告部门再次成立联合项目组：由多名资深算法工程师、数据开发工程师、产品经理等组成的精锐研发力量。他们封闭式地讨论、研发出了一项能识别多个核心 ID 间关联关系的 ID-Mapping 技术。通过该项技术成果，对无线端用户的识别率可从 30% 提升到 70%。

ID-Mapping 技术在广告领域中的另一个里程碑意义在于：从此精准营销确立了从数据接入→客户识别→人群圈选→透视分析→定向投放→回流优化的完整闭环链路（见图 2-3）；同时这种营销链路具备了与外部数据资源对接、共享数据资源的能力；从数据层面论证了广告联盟生态的可行性，对广告生态系统产生了重要的推动作用和影响。

图 2-3　精准营销的完整闭环

3. ID-Mapping 技术实现各源数据打通

通过 ID-Mapping 技术，消费者标签库首先突破无线数据瓶颈问题，实现无线端与 PC 端数据的共享互补，并且支撑或创新了 20 多种无线业务场景。数据资产 2.0 版本形成了。可以说，无线新业务在诞生的那一刻就被注入了数据基因，数据服务支撑一直伴随着它的成长和自我更新。这是数据观注入、数据架构深度参与的最好模式，无线端业务部门在往后的多年中都是消费者标签库的重要合作伙伴。

随着数据战略部署的深入，集团也在逐步考虑数据板块上的战略投资和并购。通过消费者标签库对数据价值的不断验证以及 ID-Mapping 技术持续打通不同板块间的数据，数据合作和收购的进程不断加快。在往后数年，公司通过 ID-Mapping 技术实现了消费端、资讯端、社交端、支付端、广告营销端、娱乐端等多业务板块间的用户账号打通，如图2-4所示。在这一基础上，各端数据信息有效融合打通，促进了消费者线上线下，工作、生活、娱乐等各方面标签的完整设计，真正做到了对消费者全维度的"肖像"刻画。

图 2-4　ID-Mapping 技术打通各账号 ID

2.1.3　数据资产 3.0：全集团数据共享共荣

数据事业部从最初依赖于 B2B 和 C2C 的数据资源梳理起家，到绑定广告部门进行战略合作，同时回流营销端数据资源，已经搭上 PC 向无线转型的高速列车，并见招拆招，沉淀出 ID-Mapping 技术，向业务注入数据应用的基因。最终数据业务蔓延到各细分领域，生态板块业务方纷纷主动问询，向数据事业部寻求数据赋能。

经过几年的业务飞速发展，公司成为生态型集团企业，数据事业部也通过深耕积累，成为事实上的数据中心：数据生态联盟伙伴超过 20 家，涉及 100 多条业务线的数据服务；真正实现了全集团数据的统一汇聚和统一服务输出。同时，部门也开始重新审视自身定位，尝试采用一种全新的数据价值评估模式，以从成本中心的职能设定转型为利润中心。

其中有几个具有代表意义的事件，下面将其拆解出来详细剖析。

1. B2C 业务板块的融入

B2C 业务板块的数据源接入与数据服务输出是一个有重要意义的里程碑。B2B、C2C、B2C、广告四大业务板块是公司营收的四大重点，也是数据资源原始分布的四大核心。完成 B2C 业务板块的数据源接入与数据服务输出，数据事业部才真正统一了集团分散在各部门的核心数据资源，成为事实上的数据中心。此时，数据事业部开始制定数据资产使用的共享原则：加入数据联盟的生态伙伴在获得其他伙伴数据资源的同时，需要贡献其自身业务板块的数据资源，即"用给同频"的合作模式。

B2C 业务板块中有非常多的行业频道，数据部门与行业频道的数据合作和对接都顺畅到超乎想象。例如与汽车频道对接的时候，对方主动提出要将业务不断收集的车主信息直接存储到数据中心，并要求数据中心保障数据服务的调用性能，双方各司其职：数据部门做好数据资源的统一管理和调用性能的稳定保障，而业务部门则可以专注于业务场景优化和打磨数据创新应用。

数据融合必须达到 1+1>2 的效果。正是由于深耕不辍、一点一滴地收集着数据资源，同时坚持不懈地为业务提供有价值、有保障的数据服务，数据团队才能把数据资产逐渐做大。随着消费者标签库的数据来源越来越多，数据体量越来越大，标签的完备率和准确率也随之提高。当"在数据中心之外，找不到比这更好更全的数据资产"这句话变成事实时，客户就会将自己的数据后背交给你。而你要做的事情越来越纯粹，就是一定要把数据资产做得更好！

2. O2O 数据接入

对于数据中心的运营者来说，每个业务板块的数据都有其独特性和重要性，因为每个业务板块都可以折射出消费者身上某一段的光谱信息。只有将一个人的光谱带全部补充完毕，才算完成对他的完整刻画。因此在数据资产3.0阶段，我们一直致力于打造数据联盟生态圈。

各业务板块负责人在是否加入数据联盟的选择上持有不同的态度。中小板块的业务伙伴为了能使用已见成效的集团核心业务的数据资产，拿自己的"小"数据作为进场门票，换取"大"数据的共享权利，意愿强烈。而对大业务板块或新兴业务板块的伙伴来说，存在一方面想用数据中心的数据资产，另一方面不愿意割让自身数据的纠结心态。那么怎么样才能将这些纠结的心态转变为明确的合作结果？对于不同的场景对象可以采用不同的方法。

某次梳理数据生态地图时，标签小组发现缺少了当下最热门的O2O数据，因此主动找到O2O数据负责人，洽谈数据合作。但对方表现得比较冷淡："O2O业务刚刚起步，当前部门内的数据已经足够使用。"面临这一僵局，我们选择的对策是：向O2O部门开放所有可用标签，让对方业务人员可以自由查看、使用消费者标签库中的标签资产，并安排数据产品经理向对方业务人员提供数据使用上的贴身服务。

当对方业务人员开始熟悉并逐渐使用标签，提出需要定制加工的标签需求时，就可以适时地向其业务部门提出数据共建的合作意向：将O2O数据资源注入，为业务部门加工所需的定制标签。在这次带有解决方案属性的数据合作倡议下，O2O业务部门内部进行了充分交流。最终业务人员给我们带来了好消息：O2O 业务成为数据联盟生态中的新成员。

3. 金融数据合作

如果说与 O2O 业务合作的模式是一种"软"模式，那么在与金融业务合作的过程中，数据部门采用了一种"硬"模式。

与其他部门在数据使用上高举高打的风格不同，金融部门"安静"地使用着标签资产。等到双方进行数据合作洽谈时，金融业务对标签资产的调用量已经非常大。

初次沟通时，业务方表示金融数据高度敏感，无法分享给集团内其他部门使用，但是部分金融业务已经非常依赖由集团内其他部门数据所形成的消费者标签库，必须继续使用。

此时，数据部门采用了一种强硬的合作方式：金融部门如果不作为数据生态联盟伙伴提供脱敏的数据资源，就无法获得准入门票，数据即将对其断供。双方关于数据合作的谈判又进行了好几次，愈演愈烈，惊动了集团高层。最终金融部门与数据部门就数据共享签订了数据备忘录，奠定了今后合作的整体基调和安全规范：金融数据在安全脱敏后进入数据中心，数据资产保障金融业务平稳使用。现在看来，这是一场以数据价值为武器的逆袭。

4. 数据化运营

在数据资产不断服务各业务部门的同时，集团又加置了一枚重量级的砝码：各部门年终考核项中都需要考核其数据化运营程度，最基本的判断方式为接入使用标签资产库的程度。

从此数据联盟生态形成了稳定的自主循环：各业务数据系统都插有数据回流的接口，数据源按周期调度并与数据中心同步，实现数据资源更新和数据资产的自动化加工，按需配置的数据服务被各业务系统平稳有序地调用和运行。各业务部门不再费心维护数据，养成了遇到业务难题找数据办法解决的思维习惯。由于各端数据源源不断地汇入，全集团数据的共享共荣时代真正到来了。

数据资产建设在联盟生态阶段发展到3.0版本：消费者标签体系已经基本储备完整（见图2-5）。

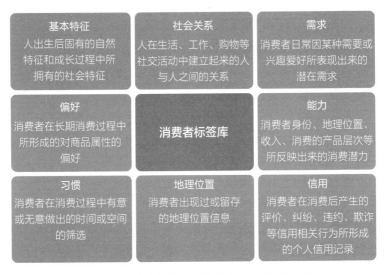

图 2-5　消费者标签库所包含的主要属性维度

5. 职能定位的变化

数据事业部多年以来一直在探索数据价值的衡量与"变现"，尝试将数据应用的价值采用记账的方式在一定的账单周期内进行结算和划拨。

由于和广告部门合作密切，数据事业部首先在精准营销中探讨数据价值的计量方法：采用多日多轮 A/B 测试的方式测验在相同流量相同广告内容下，使用数据的精准营销与不使用数据的通投广告的广告收益差别。经过大规模校验测试并扣除成本后得出使用数据的精准广告比通投广告收益增加的系数 X，将其作为数据部分的价值衡量。此后所有的精准营销广告收益乘以 X 系数后的收益部分就可以作为广告部门向数据中心采购数据服务的"费用"。

与广告部门实现数据价值核算说明了数据"变现"的可行性。之后数据事业部一对一地与其他业务部门就数据价值的衡量方法或可承受的数据服务费用进行了持续讨论和确认。在每个结算周期，由财务部门牵头，各业务部门计算自身业务产值的同时，按约将一部分收益"划拨"到数据事业部的结算清单中。扣除设备运行费用、人员薪酬支出、部门管理成本等费用后，可以测算得到数据产值与利润。数据部门终于摆脱了说不清道不明的尴尬位置，从成本中心转型为利润中心。

2.1.4　数据资产 4.0：更广泛领域的数据实践

在对全集团数据进行完整汇聚，开放给企业内各业务条线使用后，数据工作者们又给自己设定了新的目标：将这种数据使用的能力、经验带给外部企业，特别是传统企业，他们更需要数据的唤醒与赋能。

数据人员按工作室划分组织，就像一个个小型作战单元。每个工作室人不多，一个产品经理、一个数据开发、一个应用开发就组成了一个创始团队。

这段经历将笔者原有局限于电商生态的视角一下子打开，扩展到更广泛的领域——制造业、地产业、金融业、医疗业等传统纵深板块。笔者白天不断学习各行业领域知识，深夜就将行业知识映射到数据世界进行重组。在这一阶段，数据资产体系逐渐从对现象的归纳转变为对方法思路的思考，主要在以下两方面产生了重要的发散扩展，如图 2-6 所示。

1. 对象扩展

在原有的电商环境中，很容易将视角局限在消费者身上；当视野放在更广泛的社会领域时，才会发现有太多的事物都需要标签化：商品需要有商品标签库，楼盘需要有楼盘标签库，员工需要有员工标签库，乃至于生产、运营、导购等过程都会有流程记录和相应的属性标记。

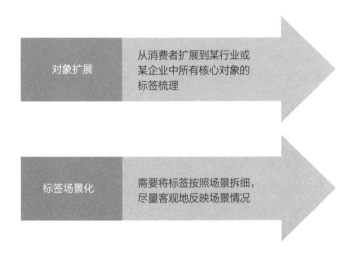

图 2-6   两个重要扩展方面

因此数据资产的构建内容从消费者扩展到了某行业或某企业下所有核心对象的标签梳理。例如在保险行业内，不是所有的业务都围绕客户（保险人），也有专门的保险产品设计部门，该部门需要查询、分析、研究的工作都是围绕保险产品展开的，因此需要专门构建"保险产品"标签库。而财务审计部门关心的是交易流水记录，需要能根据任意条件查询或按一定条件规则生成统计报表，因此也需要对"购买"构建标签库。

在对保险行业进行全面的业务梳理后发现，至少需要构建"保险人""代理人""保险产品""保单""购买""回访""理赔""保全"8个对象的标签库，如图 2-7 所示。只有将各种对象进行标签梳理后，才能灵活地对各类对象进行数据分析和智能应用。

图 2-7　保险行业所涉及的对象

2. 标签场景化

跳脱出单一行业或单一领域，才会发现原来对人的刻画过于片面。也许一个在电商场景中消费力很高的人在实际生活中消费力反而很低，因为他看中电商场景价廉物美的消费优势，所以偏好电商购物。可见通过电商数据预测出的"消费力"标签不能直接平移到现实生活或线下购物场景。因此不能用单一领域数据推测其某一通用维度的标签取值，而需要将标签按照场景拆细，尽量客观地反映场景情况。

在实际生活中，不少人会有非常多个形象 / 角色，以满足其在不同场合下的心理所需。例如一个生理性别为【男】的人在电商场景中采购一些男性生活用品，因此其购物性别为【男】；但是其在社交游戏中又以女性身份自居或自我设定，因此其社交性别为【女】。我们需要将"性别"这个标签拆分出"生理性别""购物性别""社交性别"等细分标签，以实现对复杂个体的精准刻画。

连"性别""年龄"这种静态属性都有不同的细分属性，就更不用说兴趣、能力、价值等综合类标签在不同场景中的差异性了。人是一种很复杂的动物，在不同的环境中，人的心境、喜好、自我认定都会主动或被动地发生改变，每个人都是复杂特性的集合体。在一个特征维度上，同一个人会有相互矛盾的取值表征，这种情况并不少见。

　　不管是偏理性的科研工作者还是偏感性的人文工作者，都强调尊重事实，不要将人简单地视为纸片人。标签设计工作也一样，应该仔细推敲，增加标签的场景、时空维度，使标签能真实还原出任意场景中的立体对象，或该对象身上任意切片的全光谱信息。

　　通过更广泛领域中的数据实践，数据资产版本更新到了 4.0，在这一版本中，对象概念有了初步的提炼和扩展，并且在标签的颗粒度处理上有了思维认知的提升。

2.2　方法论抽象的 2 个阶段

　　前四阶段进行了数据资产版本的不断更新，形成了贴合业务发展、较为系统的、完整的资产目录。不过这些工作仍然停留在对现象的梳理归纳层面，如果切换一个行业，就需要重新构建。从历史积累的工作流程中抽象出通用的资产设计方法，经历了方法梳理和原理研究两阶段。

2.2.1　方法论 0.1：方法梳理

　　不同行业、场景的数据资产设计的共性部分是否可以抽取提炼成数据资产设计方法论？优秀的资产架构设计师不应该停留在为企业一家家地设计标签体系的层面，这仅仅是结果、现象层面的产出。

　　在人生第一次的晋升答辩中，笔者被一位评审专家问到："设计标签的能力可不可以产品化？产品经理的使命是将社会问题通过可复制的产品能力来解决，而不是单点单次地重复。"

　　这几句话让笔者开始思考：与其一个人设计、管理、维护标签体系，不如将自己多年来设计标签体系的思路逻辑梳理出来，并将规范性的做法传授给其他产品经理或数据工作者，让他们也参与进来，大家一起研究标签体系，形成标签体系方法论。

于是笔者停下忙碌的跑客户、调研需求、梳理标签等事务性工作，将以往的标签设计结果一一翻晒出来，去伪求真，找寻不变的核心主干，并将关键概念更加清晰地梳理和定义出来。

1. 先梳理标签还是对象

业内也有一些同行或客户在提"标签"乃至"标签体系"的概念，但是这些标签就像指标一样，看上去接近业务需求，但并不接近核心本质。有时候领导们从宏观到微观讲了很多指标要求，最不用心的做法就是将其一一记录下来，梳理之后丢给数据开发人员进行具体的指标开发。

如果将这些指标一一摊开、仔细检查，会发现一个很大的问题：指标这么多，很可能并不指向同一对象。企业各项经营管理的核心指标中，也许有一些是消费者层面的指标，有一些是商品层面的指标，还有一些是交易流水层面的指标。例如"历史交易总金额"这个指标，它有可能是消费者的汇总金额，也可能是商品的汇总金额，还可能是交易流水订单的汇总金额。计算口径不一致，可能会导致数据结果并不一致。

因此在梳理数据资产设计方法论的过程中，第一件事情并不是直接关注"标签"，而是把注意力放到标签的核心本质——"对象"身上。只有把一家企业经营流程中涉及的所有对象都整理和筛选出来，才算确立了标签生长的根基。

2. 对象到底有哪几类

数据资产设计方法论中，对象分为"人""物""关系"三种类型，但这不是在一开始就明确的，而是经历了自我推翻的痛苦辩证过程。在 O2O 重点发力时期，受到"人－货－场"概念的影响，方法论将对象分为"人""物""场景"三种类型。这种分类法起初并没有明显问题，但是数据产品经理们逐渐发现，"人 / 物"与"场景"并不是平级的，"人 / 物"应该被包含在"场景"中。那么之前定义的那个"场景"又真正指向什么？原有的对象分类方法是整个资产设计方法论的基础，如果修改会导致所有的资产构建过程都要重来，是整个推翻还是对原有的"场景"定义进行修饰？

事情很多，需要一件件解决。其中最重要的一定是对本质问题的确认：原来定义为"场景"的概念到底是什么？清空既往认识，从头开始梳理，之前想要定义的其实是一种"人与物""人与人""物与物"两两之间的关系连接，这种关系连接很可能通过实际动作表现，例如生产、购买、使用、开会等；也可能通过虚拟联系表现，例如认识、推荐、潜在消费、风险关联等。而"场景"应该是"人""物""关系"概念之上更高一层的概念：某一场景中至少包含一种"人"、一种"物"、一种"关系"。

想通了上述核心概念，答案就不言自明了：不能在原有"场景"概念上进行修饰，因为"场景"和"关系"是截然不同的两个概念。将对象的最新定义及时同步给数据产品经理，建议他们在了解最新的对象定义后，再梳理或修改已有的数据资产设计。

3. 标签类目体系雏形

在确认对象后，开始梳理对象的属性——标签。标签是数据资产的载体，要实现某一对象的完整刻画，就需要将标签充分梳理出来。当标签达到一定的数量时，就需要有一种标签的分类管理方法，即合理设置的标签体系。

本方法参考了商品类目体系思路，将某一对象下的标签集先按照一级类目的方式进行划分。如果某个一级类目下的标签过多，就将这个一级类目拆成两个一级类目，或下分两个二级类目。慢慢地，一个标签类目体系就逐渐构建起来了，如图 2-8 所示。

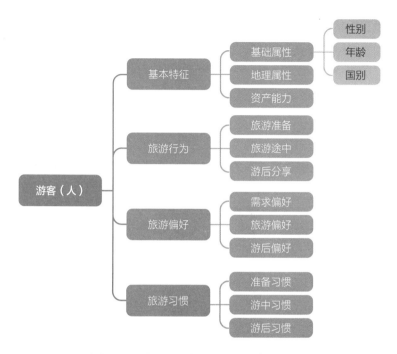

图 2-8　"游客"对象的标签类目体系示例

在标签的具体设计上也形成了一系列的规范原则，目的是统一标准，让标签设计师们少走弯路，保障数据资产设计的质量和效果。这些规范原则都提炼自过去几年在资产设计全环节客户业务部门、公司法务部门、公司数据安全部门、公司财务部门等各方提出的各种建议和要求以及数据部门自身的经验教训，已经是比较全面的标签规范集锦。

2018 年是数据中台元年，在这一年中，对数据资产的精准定义引发了多轮大讨论，引起了社会各界的重视。标签作为数据资产的组织载体，也被准确定义。2019 年恰逢数据专家们探究数据中台的前世今生、定义逻辑、架构分层与全链路管理，初版的标签体系方法及数据资产体系的管理、服务、运营理论被融入《数据中台：让数据用起来》一书中。

在这一时期，标签类目体系的方法初具雏形，可以推广给数据产品经理们进行基本概念的理解，作为资产设计的实操规范，是方法论的 0.1 阶段。

2.2.2 方法论 1.0：原理研究

在确定标签类目体系的基础定义、构建原则后，还是缺少一样东西——原理。由于缺少基础原理，标签类目体系只是一种从实践中归纳总结出的方法，离真正的科学体系方法论还差了一截。原理的补足至少经历了三个重要过程，如图 2-9 所示。

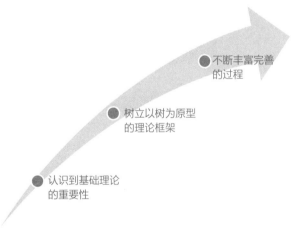

图 2-9　原理研究的三个重要过程

1. 基础理论的重要性

一门学问要成为真正的学科，要形成独立的学术专业，就必须有自己的基础原理或者第一性原理。每一个学科都有在其逻辑奇点上生长出的系统边界，如果对某一学科研究得足够透彻，我们就能找到更大的逻辑奇点，打破原有的系统边界，获得更大学科的系统边界。而找寻逻辑奇点不要用归纳法，而应该用纯逻辑，因为归纳是基于现象的总结，而对现象的观察容易受到当前思维认识的局限而变形。要用纯逻辑，则需要熟练掌握逻辑知识、现象发生过程，在脑中进行上百次的推演论证，直到某天"牛顿的苹果"砸下。

思维认知的井盖打开之后，再回头看十几、二十几年前学的知识，一下子清明很多。原来思维认知不够时看不懂的概念，被所谓专家们模糊解读的知识，自己学得磕磕绊绊、一知半解的道理，都豁然开朗：不要被现象所蒙蔽，了解事物的核心本质即可。另外我开始关注"基础定义"，即一个概念最原始的定义。有了基础定义，才会有后续的演绎推导，很多争论和怀疑就自然消解了。在具体行动之前，要先了解清楚定义和基本原理，这非常重要。

2. 以树为原型的理论框架

某一天我在办公间向窗外看去，正对着几棵生长茂密的树木。在微风中，树枝与树枝交错摆动，好像在传递着什么信息和能量，也好像在诉说着什么秘密。我仔细打量着眼前的树木，从树根，到错综复杂的树枝，再到最末端的树叶：茂密的树叶容易将内部的树干和树枝遮挡住；每一片树叶都不尽相同；树与树之间可以通过树叶接触、投影；阳光照射最充足的树叶生长得特别健康（见图 2-10）。

那天激烈翻涌的思路形成了标签类目体系的基本原理框架：数据资产树的基本结构、生长原理、栽种与使用模式。"树形结构的标签树"这一第一性原理虽然比较抽象，但是可以很好地推演出标签树的类目结构、生长与凋零的仿生学过程，以及种树与用树的区别及联系。有了这一基本原理，标签类目体系才有可能成为数据资产管理领域下的一门细分科学与方法论。

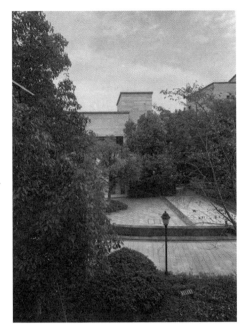

图 2-10　窗外的树

3. 不断丰富完善的过程

至此，标签类目体系才算初步成形，可以进行正式的书写。我将基本原理扩充完整之际，数据产品经理们联系我写一下标签类目体系的价值意义，因为他们在对外宣讲时，经常会遇到客户或业界伙伴对标签价值的"拷问"。

在对外商业化培训的过程中，我也收获了许多活跃反馈：在讲解基础理论的同时，需要配合生动的案例剖析与有效的工具实操，这才是真正对商业有帮助的培训。因此我又开始了坐在窗边打字的日子，而窗外的几棵樟树依然陪伴在我的身边，对我书写的内容进行讨论和评判。

现在，标签类目体系方法论正式进入 1.0 阶段，涵盖了由来、原理、方法、实践落地等基本要素，经历了大量复杂项目的适用性考验。以标签为载体的数据资产构建模式在各行业头部企业中都被广泛传播并重点引入。方法论的抽象过程并非一蹴而就，而是经历了日耕不辍的修补完善与攻关阶段的清修顿悟。它的优化迭代穿插在热火朝天的客户现场、塑造价值的数据生产车间和安静自律的研究桌案之间。

2.3　标签在数据系统中的定位

标签是面向业务的数据资产组织方式，因此标签在数据系统中处于核心位置。可以说，对标签的来源加工、体系管理、服务应用串联起了数据系统的功能架构与模块连接。

2.3.1　标签在数据资产中的位置

原始数据加工成标签，即可认为是简单意义上的数据资产化过程。数据不再是业务、信息系统的记录或存储，而是转化成带有商业价值的标签，标签是具有业务含义或对业务有指导意义的数据定义，可以说，完成了标签类目体系的组织和标签设计开发，才算是真正建立了数据资产的本体。数据资产价值主要通过资产服务化生成相应的数据服务，帮助业务增值或企业降本增效来证明。

从广义上讲，企业拥有的所有数据资源，包括原始数据、中间数据、临时数据、数据类目体系、标签类目体系、标签、标签类目体系方法论等都是数据资产。对于广泛意义上的数据资产来说，标签、标签类目体系及方法论是其重要的组成部分。在方法论的指导下，原始数据、中间数据、临时数据可以按需加工、挖掘成标签，标签按照类目体系的方式进行规划、串联和管理。对于一家企业来说，其长期积累和建设的数据、标签、标签类目体系及经实践修正后形成的自有方法论都是其数据资产。图 2-11 为广义数据资产范畴。

图 2-11　广义的数据资产范畴

从精准定义上讲，数据资产是指由企业拥有或控制的、能够直接为企业带来经济利益的数据资源。以标签形式组织的数据资源就是数据资产的最佳呈现方式。由于标签是业务导向的组织方式，通过元标签信息能让数据资源变得可阅读、易理解；同时标签态的数据组织方式是最小使用和管理单元，能让数据资源兼具好使用、有价值的核心特点。通过标签对数据资源进行转化和组织，才能最佳实践数据资产看、选、用、治、评的完整运营链路，如图 2-12 所示。

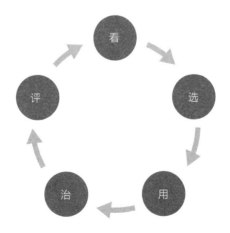

图 2-12　数据资产运营闭环

以标签为组织载体的数据资产区别于传统的数据资源，具有 8

个显著而独特的重要特征，如图 2-13 所示。

图 2-13　数据资产 8 大特征

1. 能确权

所有的数据资产都应该是由某企业或机构合法取得或有效管理的数据源清洗加工而来，否则不能称为资产。企业对其合法获得并构建的数据资产拥有归属权、管理权、使用权等权利。

一些企业将私下采购或不合法收集的数据源加工和包装成自己的"数据资产"，进行不当使用或资产估值，最终被举报、清查、法律惩处。因此企业或机构必须重视自身数据资产来源的合法性并合规使用，将确权工作与数据安全工作联动开展。

在大型集团公司中，会划分拥有数据资产归属权、管理权、使用权的角色：数据源采集、提供部门拥有数据资产的归属权；数据资产的设计、加工、管理、运营部门拥有数据资产的管理权；数据资产的使用、消耗部门拥有数据资产的使用权。

2. 可阅读

通过数据标签化，将难以触碰的数据信息转化为前端业务可获取的标签信息，实现对象类型可筛选，类目体系可折叠查看，标签列表可阅读：数据人员或业务人员可以按需调取任一标签的所属类目、标签名称、标签定义、标签逻辑、标签取值等基本信息，同时在标签详情中可以看到该标签适合的数据应用场景、历史业务端服务调用情况、数据资产消费方的评价反馈等使用信息。标签化使得数据可阅读，推动了业务侧参与数字化转型的建设过程。

3. 易理解

在将数据标签化的同时，利用元标签将难以理解的数据术语转化为通俗的业务术语，并通过标签创建、设计时的规范操作使元标签信息都得以完整记录。

以往在数据仓库建设时，表或字段的备注、元数据信息往往由数据人员登记，对业务人员并不友好。并且由于数据人员较多关注在实现层面，对文档、信息类的管理登记工作不够重视，经常会出现数据表、字段已经开发完成但信息备注和元数据信息并没有同步关联登记的情况。等到业务人员想要了解数据信息，或数据部门自查数据规范性，又或者若干年后数据人员更迭交接的时候，就会发现存在非常多的数据信息缺项和填写不规范的问题，最终只能进行信息补录或元数据管理。很多大型集团企业每隔几年就需要开展一次大型的数据治理。

元数据是对数据对象的信息解释，因此非常重要。元数据如果缺失较多，数据对象的指向或属性就会模糊不清，甚至影响该数据项的可信度，从而影响其使用。从数据到标签的转化，不仅实现了数据术语向业务术语的转化映射（元标签采用业务视角对标签概念进行充分解释），而且在标签设计的过程中，标签方法论要求每个标签设计师都按照规范填写《标签详细设计文档》（元标签信息的规范填写和完整登记是标签创建和开发任务下发的前提条件）。

4. 好使用

标签化的数据资产将数据可用单元切割到最小粒度。使用标签的思路也向业务端靠拢：将数据最小可复用单元封装成"商品"。数据管理部门负责将标签商品上架展示，业务部门作为消费方可以在标签集市中搜索、查看、收藏、下单。申请审核通过后，业务部门就可以在服务管理中导入、配置标签的使用方式，最终创建完成一个数据服务接口或数据应用系统。

这种使用数据的方法摒弃了传统代码开发的弊端：所有数据项的开发逻辑都写在同一段代码中，出现数据故障时难以排查；数据服务所产生的价值难以溯源衡量。标签创新了一种数据使用模式：将数据打散到最小粒度单元，每次使用时，以搭积木的方式灵活选取所需零件，通过工具或平台支撑快速完成某一数据服务或数据应用的装配。

5. 可计量

通过标签将最小可复用单元数据进行了"商品化"的转换，因此某一项标签数据的搜索量、浏览量、申请量、调用量等都可以被系统记录和计量。可计量的特性有利于标签的优化和运营，帮助控制标签的安全使用，评估标签的业务使用价值。

6. 有定价

数据资产一定有价值，其价值如何衡量？数据要素如何参与价值分配？这些都是当前大数据领域中热门讨论的话题。随着数据标签化，数据资产的价值衡量迈出了商品化的第一步。数据资产的定价由市场决定，成本决定，还是由利润决定？这个问题可能在不远的将来就能得到解答。

此处提到的"有定价"不是指数据资产一定要通过"金钱"购

买，而是其一定存在可衡量的价值裁定。在数据价值探索的商业世界中，必须关注成本支出与利润回报：数据资产有采集、生产、管理、运营等成本，数据资产的使用方需要为数据资产的使用"记账"或"买单"，同时数据管理方必须从价值的考量出发，不断优化和更新数据资产的最佳配置。

7. 可管控

数据资产必须是可管控的，否则会有巨大的安全风险和管理成本。

标签化的数据资产可以通过标签管理系统进行全生命周期的运营管理，包括元标签信息管理、标签标准管理、标签安全管理、标签质量管理、标签成本管理、标签价值管理等。业内已有非常多的成熟工具可以对标签进行基本的管理控制，例如阿里云的DataQuotient、数澜的标签中心、百分点的用户标签管理、神策的用户画像、易观的方舟智能画像、个推的个像等。

8. 可增值

数据资产是一种越用越多的特殊资产。这种可增值性并不像风险投资一样具有很大的不确定性。只要按照标准动作规范建设数据资产，并以数据价值为导向运营数据资产，其价值就会不断迭代，具有不可限量的增值空间。

2.3.2 标签在数据中台中的位置

伴随着云计算、大数据、人工智能等技术的快速发展，企业数字化、智能化转型步伐逐渐加快。数据中台是 2018 年逐渐兴起的数据概念，核心要义在于增援未来，以发展的眼光解决企业未来可能面临的各种场景问题。面对不确定的未来，企业需要组织沉淀可复用的标签资产，加强数据服务能力，构建出自己的数据中台，才能符合数字化转型的时代要求。

1. 什么是数据中台

从定义角度看，数据中台是一套可持续"让企业数据用起来"的机制，是一种战略选择和组织形式，是依据企业特有的业务模式和组织架构，以有形的产品和实施方法论为支撑，构建的一套持续不断把数据变成资产并服务于业务的机制。

从架构角度看，数据中台上承业务数据积累，通过自己的数据平台工具，将原始数据加工成数据资产，并通过数据资产服务化下启数据应用场景，帮助业务端或管理端降本增效。数据中台不只是一套生产加工的流程，它对企业的战略定位、组织保障、基础设施等方面都产生了深远的影响，如图 2-14 所示。

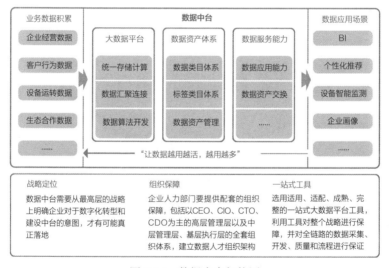

图 2-14 数据中台架构图

从实施角度看，数据中台是以数据资产为核心，以实现数据资产可见、可懂、可用、可运营的系列目标为出发点，配以平台工具、流程规范、应用建设等必要环节，最终落地的数据解决方案，如图 2-15 所示。

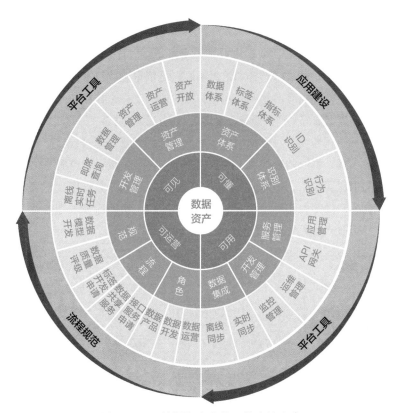

图 2-15   以数据资产为核心的实施配套

2. 标签在其中的重要位置

将企业的完整技术架构图抽丝剥茧，可以看到"标签"在数据中台中的具体位置：数据中台位于云底座与上层业务应用之间，即位于稳定厚重的技术大后台与灵活多变的业务小前台之间。通过数据中台对底层复杂技术能力的抽象封装，前端业务可以自由、轻便地使用数据能力，弥合前后端步伐不一致的问题。

在数据中台内部，具体又细分出开发工具层、数据资产层、资产管理层、数据服务层、数据运营体系、数据安全体系等模块，如

图 2-16 所示。原始汇入的数据通过开发工具层转变为企业自有的数据资产；在资产管理层对数据资产进行不断的治理优化；最终通过资产服务化将数据资产输送到业务各端，实现数据价值；统一的运营体系和标准安全管理主要从流程机制层面保障整个数据中台的平稳有序运行。在数据中台中，开发或管理工具是可以直接采购的，运营体系和标准安全规范的方法论是可以学习的，但是数据资产和数据服务必须是企业自行建设和实施的结果，它们是数据中台的核心部分，没有捷径可走。

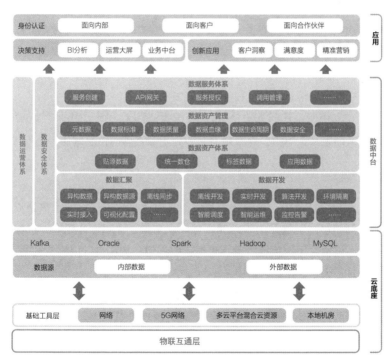

图 2-16 标签在数据中台中的位置

数据资产和数据服务中最核心的是标签：数据资产本身以标签为组织载体，而数据服务本质上是一种将标签传递给业务端使用的价值管道。标签是数据中台价值链路中"核心的核心"。

2.4 关键术语的定义和解释

在后续章节中会出现非常多的数据专有名词和术语。为方便读者阅读，统一在本节对这些名词术语进行定义和解释，做好铺垫。

数据

数据是指对客观事件进行记录并可以鉴别的符号，是对客观事物的性质、状态及相互关系等进行记载的物理符号或这些物理符号的组合。数据可以是连续的，比如声音、图像，称为模拟数据；也可以是离散的，如符号、文字，称为数字数据。在计算机系统中，数据以二进制信息单元 0 和 1 的形式表示。

在本书所论述的方法论中，"数据类目体系"概念中的"数据"是狭义的定义，单指企业原始拥有的、未经整理的信息载体。

数据资产

在传统概念中，企业认为其所拥有的所有数据资源都是数据资产，例如存放了好几十年的纸质文件、光盘、视频、音频等。这些资源还停留在原始数据阶段，必须从中整理和提炼出可用的信息项，才能真正为企业产生价值。

因此当前对数据资产主要关注其精准定义（狭义）：由企业拥有或控制的，能够直接为企业带来经济利益的数据资源。通常需要有较好的组织形式，数据资产才可以被编目、被管理、被高效使用。

数据中台

数据中台是一套可持续"让企业数据用起来"的机制。数据中台是依据企业特有的业务模式和组织架构，以有形的产品和实施方法论为支撑，构建的一套持续不断把数据变成资产并服务于业务的机制。

标签

标签指从原数据加工而来，能够直接为业务所用并产生业务价值的数据载体。从本质上讲，标签本身也是一种数据（或映射指向数据），它是对物理层数据信息项的业务化封装，是数据资产的一种良好组织形式，是一种概念、逻辑定义，因此标签必须是可阅读、易理解的。

从粒度上来讲，标签往往映射为某一对象的属性，包括固有属性和动态属性，一般都需要结构化到字段粒度，保障可被后续数据服务便捷使用。它面向数据应用的业务端，核心解答的是数据怎么用、资产价值在哪里的问题。根据加工方式的不同，标签可以分成基础类标签、统计类标签和算法类标签。

元标签

元标签是标签的标签，即对标签的属性信息（特别是业务化属性信息）梳理。通过元标签，业务人员可以快速理解标签定义，获取标签设计、加工、管理、使用等相关信息。

类目体系

类目体系指的是对某一类 item（事物）的分类、架构、组织方法。类目体系结构可以用树状结构来类比，第一级分支称为一级类目，从第一级分支中长出的第二级分支称为二级类目，从第二级分支中长出的第三级分支称为三级类目，以此类推。没有上一级类目的叫一级类目，没有下一级分类的类目叫叶子类目，挂在叶子类目上的具体叶子就是 item。有下级细分类目的类目是下一级类目的父类目，有上级类目的类目是上一级类目的子类目。图 2-17 所示为标签体系类目。

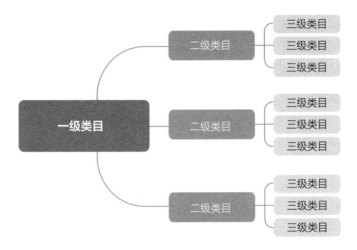

图 2-17　标签体系类目

类目体系设计好之后，可以将 item 分入合适的类目中。例如对商品的组织梳理可以形成商品类目体系，对标签的组织梳理可以形成标签类目体系。

数据类目体系

数据类目体系是将企业原始拥有的数据字段，采用类目体系的方式进行梳理所形成的目录结构。

标签类目体系

标签类目体系是将企业业务上所需的标签，采用类目体系的方式进行梳理所形成的目录结构。

对象

标签类目体系方法论中的对象指现实世界中所需要研究的目标。

结合数据库理论，实体（Entity）和关系（Relationship）在标签类目体系方法论中都属于对象，因此从对象类型上可以分为实体对象和关系对象，其中实体对象还可以细分为"人"和"物"。

数据世界中的对象可以和现实世界中的事物相映射，"人""物""关系"是对现实世界所有事物的数据抽象。

人

标签类目体系方法论中的"人"指会主动发起行为动作的对象。人包括自然人、自然人群体、法人、法人群体等，例如消费者、消费者协会、电商企业、电商企业联合会等。

物

标签类目体系方法论中的"物"指行为动作中的被动对象。物包括物品、物体、物品集合等，例如商品、仓库等。

关系

标签类目体系方法论中的"关系"指人和物、人和人、物和物等两个对象间发生的某种连接。关系包括行为关系、归属关系、社交关系、同好关系等各种强、弱关系。

场景

标签类目体系方法论中的场景指某环境下，具体对象（人、物、关系）在时空中的表现。在某场景内，对象可能是某个人或某群人，可能是某个物或某群物，也有可能是发生着的某种关系或某系列关系集合。因此任何一个事件，无论简单还是复杂，都可以用场景来表达。例如，"午后我在发呆""机器设备异常运行""消费记录源源不断产生"等都是场景。

前台标签类目体系中的场景往往指的是前台业务使用数据资产服务解决自身业务问题、提升业务效率的数据应用场景。

后台类目体系

标签类目体系在企业实际应用过程中可以拆分为后台类目体系和前台类目体系。后台类目体系面向数据资产管理人员，是企业数据资产的全集，较为稳定，按照统一的分类方式进行标签的挂载、查看、管理。资产设计师或管理员可以创建、维护后台类目体系，业务人员只能查看使用，无法修改后台类目体系的类目格式。只有拥有一定权限的数据资产管理员才可以在经过审批的情况下低频修改后台类目体系。

前台类目体系

业务人员通过后台类目体系选择并获得标签使用权后，可以根据场景需要，将标签按照前台场景组织新类目，形成前台类目体系。例如在后台类目体系中，"性别"属于【基本属性】分类，"消费力"属于【能力价值】分类，但前台业务想通过"性别""消费力"等维度对会员进行客户洞察分析，那么可以在前台创建一个【客户洞察】的分类，将"性别""消费力"等标签挂入这个前台分类中。前台类目与后台类目仅存在映射关联，并不直接挪动标签的物理位置，因而前后台是相互隔离的。因此前台类目可以灵活多变，并不影响后台类目的稳定统一。

义：3 点产生必要

标签类目体系方法有什么用处？对企业来说究竟有什么好处？企业数据部门人员经常会对标签类目体系存在的意义产生疑问。如果不建设标签类目体系，用传统的数仓建模是否也可以？数据部门负责人在汇报企业数据资产建设方案时，也面临着如何向CEO 说清楚构建标签类目体系的原因和标签化的数据资产价值等难题。

3.1 数据资产可复用

标签类目体系是中台概念的核心落地点。中台概念最近非常火，它源自阿里巴巴过去几年在数据技术、中间件技术等领域的积累。

1. 前台、中台、后台三者之间的关系

后台就像海面以下部分的海岛，有些可以连接，有些天然就无法连接。企业的业务库、信息库、资源库等就是企业的后台，数据库、计算引擎、信息技术、硬件设备等有些可以兼容，有些无法兼容。很多企业，特别是大型集团企业在采购底层支撑系统和服务时，会刻意选择不同厂家的产品，防止构成对某一家企业产品的强依赖而陷自身于不利位置。

前台由业务、应用等组成。随着近几年互联网技术的发展，数字化转型的深入，消费者诉求的转变以及市场竞争的日趋激烈，前台业务形态逐渐向场景化、灵活化、精细化转变。传统的流程型组织系统（ERP、OA、CRM 等）已经无法适应变化多端的前台业务需求，企业迫切需要一种新型的组织系统来承载前台业务随着场景不同而快速形成的资源间的柔性组合。哪家企业的前台业务能真正做到随市场和客户而动，响应迅速，哪家企业就能真正占领市场，赢得消费者，具有更强的生命力。

前台和后台之间的某些属性是相矛盾的。

1）前台要灵动，后台要稳定。

2）前台要连接打通，后台资源有时天然不打通。

3）前台越拆越小，要的是速度，因此叫小前台；后台越建越大，要的是全面，因此叫大后台。

前台和后台之间需要一个中台来承接、消弭它们之间的差异，如图 3-1 所示。

2. 数据中台的两大要义

数据中台最核心的要义有两点，如图 3-2 所示。

前台应用

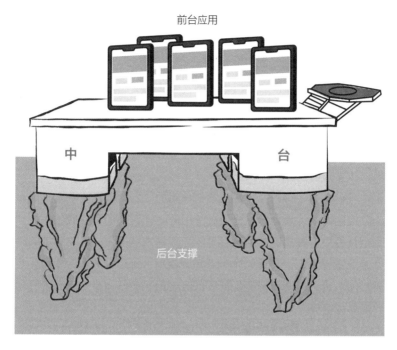

图 3-1 中台与前后台的关系示意图

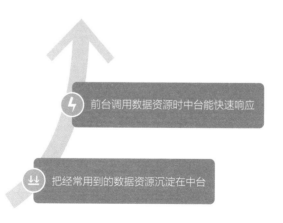

图 3-2 数据中台的核心要义

1）在底层数据打通后，把经常用到的数据资源提炼、沉淀下来放在中台。

中台最核心的目的就是完成前台业务对后台资源的快速调用、快速试错。那些经常会被调用、可复用的资源能力可以从后台中提炼出来，存放到中台中，并通过良好的接口预留，实现与前台的无缝对接。就像我们浏览网页时，很多常用的信息、图片都会提前加载在前端服务器上，并不需要每次都去后端数据库读取，从而提升用户体验和业务效率。

既然数据中台的第一要义是把常用的数据资源沉淀下来供前台业务快速调用，那么标签作为可复用的数据资源的最佳载体，自然就是数据中台理念的落地核心了。标签越来越多，就需要标签类目体系来进行组织，其目的在于更好地梳理、使用标签。标签和标签类目体系始终围绕数据的价值、价值运营、高效运作等原则来管理和规划数据资产。

2）前台业务调用数据资源时中台能快速响应、无缝连接。

如果没有中台，前台调用一个数据资源需要直接到后台数据库中查找，查找流程复杂且性能低下，往往需要几天时间。此外，前台业务并不能直接将后台系统改造成适合自己使用数据的方式，否则可能会对其他前台业务产生较大影响。

当中台使用标签对可复用的数据资源进行沉淀并提供快速运用时，就能保障数据中台第二个要点的平稳落地：前台业务通过选取标签、配置所需的数据服务，将数据资产转化为对前台业务赋能的数据应用。

3. 标签的适用范围

如果企业仅需在小系统范围内使用数据，例如构建一个简单的报表看板，不考虑复用性和后期维护优化，那么可以不采用标签和标签化处理方式，此时考虑的是如何快速支撑当前局部业务的需求。

标签和标签类目体系主要关注的是哪些数据可复用，因此它们一定不是用来解决单一场景问题的。

当一家企业要正式构建数据资产时，就需要使用标签类目体系方法对数据资源进行完整梳理和规划。当企业发展到众多业务都需要数据服务支撑，特别是到了交叉数据源的开放共享阶段，就必须在标签方法论的基础上构建上层业务对数据资产的应用机制。

4. 数据资产化的必经之路

随着企业对数据价值认知的不断深入，数据自然需要资产化，即对数据资源进行标签封装：从命名、规范、质量、安全等维度对每一项数据资源进行标注、说明、定义。数据不能再像以前面向单一场景时那样怎么快怎么用：数据没有备注，或只有数据操作者自己看得懂，甚至只要系统能跑通，业务上能使用起来，数据端没有注解都没关系。

数据资产化的最终目的就是让业务人员也能阅读、理解、方便地使用数据，因此将数据资产转化为可阅读、易理解的载体就是把数据资源标签化。很多企业虽然没有提出"标签化"的概念，但也在努力让资产往业务方向靠，其实也是在做标签化的趋同动作。

在这种思路下积累起来的标签集合可以通过标签门户向业务人员开放，供其查看、了解数据资产分布，并配合标签服务工具来方便业务端操作，从而激发业务活力，完成对多变场景的超速响应。业务人员查看数据资产就像逛淘宝一样简单，可以随时随地通过搜索或者类目分类查看企业可提供的标签。这些标签的解释术语（元标签）都是按照业务可理解的方式来组织和描述的，因为只有业务人员能看懂，他们才有兴趣进一步查看详情。在详情中还会具体罗列这些标签的历史使用情况：已经被哪些部门在哪些业务场景中使用，是怎么用的，用的效果怎么样。遇到合适的标签，业务人员可以将其加入购物车或者收藏夹，保存为自己的标签集。确定这些标签要为业务使用时，通过标签服务工具，让业务人员自己通过交互界面以无代码的方式创建数据服务或数据应用。

例如某业务人员查看了"性别"和"年龄"标签后觉得不错，可以先将其加入收藏夹。一周后业务场景提出数据服务需求：针对不同性别、年龄的消费者显示不同的活动内容。此时该业务人员可以申请收藏夹中"手机号""性别""年龄"等标签的使用权限，获得授权后导出到标签服务工具中。在标签服务工具中选择【数据查询】这种服务类型，将"手机号"标签设为输入项，将"性别""年龄"标签设为输出项，即可快速配置出一个通过消费者手机号查询其性别、年龄的数据服务接口，供业务系统调用。

3.2 面向业务可理解

最近几年大数据实践逐渐转向成熟期，关注点从数据同步、数据开发逐渐转移到数据资产管理和治理。业内因此衍生出了多种数据资产建设管理办法，但当前主流方法，如 DAMA 数据管理知识体系、数仓建模理论等，都偏向于底层技术实现，而非从上层业务应用角度对资产进行统一管理。

1. 需要更具价值的数据资产

数据资产之所以称为资产，是因为它是从价值出发，经整理、管理、优化，对业务真正有帮助、能带来效益的数据资源。那些扔在数据库中、不知道是什么的原始数据项并不是真正意义上的数据资产。即使经过了数据开发者大量的治理工作，数据项如果不是业务上可用想用的，那么也只能称为数据负累。

企业一方面鼓励业务人员要研究数据、数据化运营，但另一方面数据支撑却没有建设充分：业务部门提一个数据需求，往往需要在数据部门排期 2～3 个月后才能得到数据结果或数据服务响应。业务人员受不了长时间的等待想要自己去查看数据，面对着的又是一串难以理解的英文、数字编码。因为数据库原理、数仓知识最初都是从国外引入的，企业内的数据环境对业务人员非常不友好，业务人员连数据信息都无法理解，更不用说上手直接操作了。

因此企业需要找到一种更具价值的数据资产建设办法。更具价值是指，能让业务用起来，帮助业务人员解决问题。把数据资源封装成业务人员能理解的形态是后续资产价值化的必要前提。标签类目体系方法论通过"标签"这种载体将数据资源转化为业务人员能理解的资产形态。业务人员可以通过标签的定义、逻辑、值字典、常见应用类型、使用效果等维度来全面简单地理解数据资产。例如"性别"这个标签，逻辑描述不会是"取 IDCard 字段，先校验是否为 18 位数字，是则取倒数第二位数字，该数字为奇数则本记录取值为女，为偶数则本记录取值为男"，而应该是"取消费者实名认证时上传的身份证信息。根据身份证号码的倒数第二位数字判断男女"。

业务人员快速理解标签信息后，可以选取所需标签并申请使用，第二天数据服务接口就能提供，第三天业务系统的技术人员就能和自身系统对接联调完毕，第四天这些标签就能被实际使用起来。当然 4 天时间还是太长了，在工具平台打造得非常顺畅和智能后，业务人员可以在一天内完成标签的申请到使用。在标签使用的过程中，也可以根据实际情况修改、删除原有标签，同样在一天内生效。此时业务部门对数据的使用效率就会非常高，试错成本非常低，最终以较低的成本找到数据价值路径。这样业务部门就有意愿主动完成数据业务化的转型工作，同时以业务的高频使用来试验标签质量，带给数据部门最真实的反馈信息。

2. 好数据资产设计办法的特征

1）好的数据资产设计办法是桥接数据和业务的中间逻辑层，让数据变得可阅读、易理解。在这里要注意，这个中间逻辑层不能只有和业务的连接，而忽略与底层数据的映射，毕竟有数据的流通传递数据资产才能真正发挥价值，空有架子外皮没有意义。

2）好的数据资产设计办法是一种统一的对象数据描述办法，应该把个体刻画升级为群体刻画。举例来说，对人的研究必须找到对人群的共性刻画。只要是"人"这个对象，那么就会有性别、年龄等特征，每个个体都可以在特征值维度找到个性刻画，而不是一上来就去研究个体，专注于这个人具体怎么样，那个人具体怎么样，每当有新人出现时，又必须重新刻画，永无止境。

3）好的数据资产设计办法具有第一性原理，通过学习方法论＋演绎推导即可构建具体的企业资产，而非经过大量实践后再归纳总结。

标签类目体系方法论可以满足以上 3 个特征要求，理由如下。

第一，标签作为面向业务的数据资产载体，一方面以标签的形态串联业务端的理解和操作，另一方面每一个标签都会与底层数据字段相映射，以实现底层数据的切割、相连、操作等。

第二，标签类目体系是一种以对象为基础的数据资产梳理方式，对某一类对象的标签类目体系的构建实际上是完成了对某一类对象的模式设计。对这一概念的详细解释可以查看标签类目体系第一性原理的具体内容。

第三，标签类目体系有自己的第一性原理，根据第一性原理，得出具体的方法、标准、实施步骤和模板工具，而不是某一场景中数据信息的简单收集和罗列。

3. 数据资产必然走向业务导向

未来能够大规模高效使用数据的不能只有技术人员，还必须有广大的业务人员。

谷歌搜索引擎的核心算法并不是基于多么高深的人工智能算法，也不是基于人工维护的绝对准确的网页信息库，而是基于大量普通用户在网页访问、跳转间的行为记录，来推算网页之间的关联关系，进而为广大用户提供高质量的目标网站。在其中发挥最大作用的就是群体智慧，其价值比专业人士的专业整理还要高。同样，到底要打造哪些数据资产，数据资产怎么用，需要发挥业务人员的群体智慧，根据大量的业务行为进行群体决策，这也符合用数据来判断的主旨。

如果重要环节都需要专业人士来整理、把关、判断，专业人士就一定会成为阻碍业务发展的瓶颈。专家资源有限，而优秀业务的发展速度一定会快于专家的培养速度。因此数据资产的建设运营不能完全等待数据专家来判断，需要一种自发流畅的机制来自动化保障数据资产的有效优化。所谓业务导向，并不是说要听业务专家的意见，而是要听业务流程、业务人员、业务数据所表达出来的意见。

真正能够发挥数据价值的地方在业务前线。必须以数据的最终价值来驱动数据的全链路运营过程。真正持久的数据资产建设一定不是从治理出发，干的都是苦活累活但是效果却不显著，业务并不为苦劳埋单，而要从价值倒推，让业务部门通过收获数据红利来反向促动数据部门治理和优化数据，并按需主动提供新的数据源。

4. 数据操作系统下的数据资产流向

企业构建数据资产起初主要是为了对数据进行有效运算并得到结果。在发展过程中，要解决的问题逐渐转变为：如何让业务人员能够快速使用数据资产去产生价值，缩短业务部门和数据部门之间的距离？其中包括加深对对方部门的理解（例如让业务部门理解数据，让数据部门理解业务），让后端计算引擎等数据技术资源良好匹配前端业务性能要求等。等到了数据操作系统时代，业务端可以通过智能系统自动串联前后端信息流。试想一下，有一天业务人员只需要对着数据操作系统说一句"我要 A 公司全体员工的性别分布，以饼图呈现"，系统就会自动地先将语音转成文字，将语义解析为多条指令，再从员工资产库中选取"性别"和"所属公司"这两个标签，配置分析服务引擎进行数据加工运算，最后通过饼图可视化组件呈现满足要求的数据交互界面，以供业务人员使用。

在数据操作系统模式下，对数据资产进行操作是一个横向流程，如图 3-3 所示。在业务系统侧，业务人员会向数据操作系统发出数据需求指令；之后数据操作系统就会将这些语音指令转化成真正的系统指令代码逻辑，发送至数据库表进行相应的运算；最后在将运算结果回传给数据操作系统后，系统选择合适的数据可视化效果呈现给业务端。在整个过程中，业务人员向系统发出语音指令的动作是高频的，说明业务需求活跃；而数据开发工程师预设数据库表和标签、创建映射的动作应该是相对低频的：在保障稳定的同时，让更多工作由系统自动化完成，可以防止全流程卡在数据开发工程师这一侧。

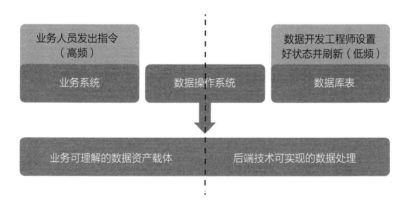

图 3-3　数据操作系统工作流程

数据资产操作过程中的业务半程，即图 3-3 中虚线左侧流程中的重点是构建业务可理解的数据资产载体。虚线右侧是技术半程，重点是打造后端技术可实现的自动化数据处理过程。当前业内提到的数据资产构建方法其实有两大派系：一种是技术派系，类似数仓建模理论、数据治理方法等，目的是使海量数据能够稳定、高效地运转，属于技术半程范畴；而另一种就是本书所倡导的以标签作为数据资产价值载体的标签类目体系方法论，其目的是激发业务诉求，寻找并发挥数据价值，是面向业务半程的。

3.3　数据价值可衡量

数据已成为五大生产要素之一。它作为一种可再生资源，可以通过劳动加工获得价值并参与价值分配，它像土地、劳动力、资本等其他生产要素一样，是可交易、有回报的。数据不再是躲在业务背后的支持力量，它已经走到台前，自身就具有商业价值。

1. 什么是数据商品化

数据可交易、有回报，意味着可以将数据作为一种资本妥善运营，这是一种比数据商业化更大胆也更直白的提法。多年前就有企业在探讨数据的商业价值，相信会有越来越多的企业来共同探索数据资本化的方式和路径。

数据资本化的核心前提是数据商品化，如何将数据切割清楚、组织封装、服务配套成独立的商品单元，并形成数据商品售卖、使用、售后等全链路的运营闭环，将是这几年大数据领域中的研究重点。

企业迫切需要一种数据转化方式将设备中的信号、数据库中的字段、业务人员口中的指标等，映射和封装成一种可确权、可交易、可持续、可衡量的数据商品。一定不能直接将数据信息打包售卖，这种粗暴、低价值的售卖方式容易触碰信息安全的红线，不利于数据价值的衡量，且容易造成数据资源的贱卖 / 高卖，这些都不利于数据生态的稳定发展和数据价值的长期积累。

标签对数据的业务导向封装正好匹配了数据商品化的思路：将数据拆解成最小粒度单元，既具备某一对象的共有属性，又有丰富的多样性。通过标签这种组织方式，可以实现对数据资产的管理、使用、衡量的全链路闭环，因此标签完全符合数据商品化的载体要求。这一点也佐证了标签类目体系对数据资产的刻画方式是顺应时代发展要求的：提倡从价值角度梳理、组织数据资源形态；只有让数据资产通过数据价值参与分配，才能进一步解放数据生产力，极大地发挥数据的作用。

2. 数据价值分配模式

数据商品与普通商品不同，它们参与价值分配的方式也不太一样。数据商品包含数据本身和数据服务，类似于实体商品本身和商品配套服务，却又有不同：很多实体商品可以脱离服务单独售卖，但是数据商品中的数据本身并不能直接售卖，必须通过数据服务才能让最终用户接触到并使用，因此能定价交易的是将数据封装在数据服务中的组合商品形态。

数据商品在参与价值分配时，不能直接对数据本身定价或分配价值，只能对带有具体数据的数据服务形态定价或分配价值。例如，不能直接说用户表中的性别字段值多少钱，定价多少，而应该看在某一场景中，选择"用户 ID 查询性别"这一数据服务的使用者具体查询了几次用户的性别信息，这些查询为他们带来了哪些价值或对该业务场景产生了多少价值，以及从这些价值中分配给该数据服务的价值是多少。慢慢地，大家形成了一种共识——这种类型的数据服务的单次使用价值是多少，这种共识就可以作为这种数据商品的单价。

3. 标签是数据商品最适合的颗粒度

数据商品中的数据本身根据不同的颗粒度可以分为对象层、表层、字段层、字段取值层。例如，用户是一种对象，用户下会有用户基本信息表、用户交易明细表、用户注册认证表等表级信息组织。每张表里都会有围绕这种表的详细字段，例如基本信息表中会有性别、年龄、职业等基本信息，用户交易明细表中会有交易时间、交易金额、交易商品等交易信息，用户注册认证表中会有注册日期、注册会员号、注册手机号、认证日期、认证绑定身份证号等注册认证信息。在职业这个字段取值中，会存在教师、医生、工人等多种取值类型。表 3-1 为不同的数据粒度示例。

表 3-1　不同的数据粒度示例

数据粒度	示例	数据粒度	示例
对象层	用户	字段层	职业
表层	用户基本信息	字段取值层	教师

从中可以发现，同一对象群体的不同个体在"对象""表""字段"层面都具有相同的信息项，在字段取值层面存在差异性。字段粒度是刻画某一对象群体通用特征的最小粒度。例如每个用户都会有其"基本信息表""职业"等信息，但是在"职业"的字段取上每个用户都不太一样。

可规模化商业运作的商品应具备一定的通用性和多样性，以达成有效平衡：过于个性化的商品不利于规模化组织、售卖、管理，过于笼统的商品分类又不利于商品的有效选用。

在标签类目体系方法论中，对象对应于根目录，多种表对应于多级类目，属性 / 字段对应于标签，属性 / 字段值对应于标签值，如表 3-2 所示。标签类目体系中的标签是属性粒度的业务向资产形式，最适合作为数据商品中数据本身信息的业务逻辑封装形态。

表 3-2　标签类目体系方法论中各概念与数据粒度的对应关系

数据粒度	示例	标签方法论
对象层	用户	根目录
表层	用户基本信息	类目
字段层	职业	标签
字段取值层	教师	标签值

4. 数据商品化全流程运营

以标签为核心的数据商品化全流程运营过程如下。

1）根据业务场景需求，按照标签类目体系方法论设计标签集。例如某女装频道的业务部门打算开展千人千面的精准营销，需要对用户进行肖像刻画，数据产品经理会与业务人员沟通，然后设计业务部门所需的标签，例如"性别""年龄""预测购买力""预测风格偏好""最近购买品类"等。

2）标签创建后生成标签开发任务，分配给数据开发工程师或算法工程师。当具体字段开发完成后，将数据字段与标签进行关联映射。至此，标签的设计就完成了，经过审核后可以在标签集市中上架，作为数据商品信息呈现。

3）业务人员可以搜索、浏览、查看标签化的数据商品信息，包括标签名称和标签详情、功效、可应用场景、用户评价等。如果发现自己需要或感兴趣的标签，业务人员可以将其加入购物车或收藏夹，以供下一阶段配置数据服务使用。

4）通过服务化的工具，可以将选中的标签集合快速配置成数据服务或数据应用（真正的数据商品形态），供业务部门使用。

5）业务使用过程中所沉淀的日志、反馈、事故等信息都可以用来更好地管理标签和服务，帮助优化数据商品的质量。

6）标签管理过程可以更好地优化现有标签设计。例如，对于质量不高且无人使用的标签，可以吸取教训，避免以后再设计类似的标签；对于质量不高但需求高的标签，寻找更好的设计思路来提升标签质量；对于质量高但需求不高的标签，分析原因后修正标签设计思路；对于质量高且需求高的标签，可以不断优化或设计出更多类似特征的标签。

通过标签化的数据商品参与价值分配，可以预见以下几个结果，如图 3-4 所示。

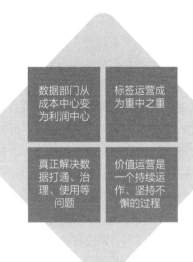

图 3-4　数据商品化的 4 个导出结果

- 数据部门将会从成本中心变为利润中心。**数据部门生产的数据商品会在业务中发挥价值，并通过商品化进行价值衡量与结算，而不产生价值的数据都会被下架以减少成本支出，最终数据部门会收支平衡，乃至变成一个以数据作为核心生产要素的产能工厂，实现数据变现。**

- 数据部门中的标签运营部门会成为重中之重。**标签运营部门的人员包括数据产品经理或标签设计师、标签管理员、标签运营专员等。标签运营部门会以业务为导向，以实现数据价值为目标，全链路开展标签价值的测算、计量和扩大化的工作。**

- 通过价值才能真正解决数据打通、治理、使用等"老大难"问题。对奋斗在第一线的数据人员来说，数据打通、治理、使用是压在心上的三座大山。**数据打通是数据资产化的前提，但因为存在部门墙、信息孤岛等问题，大家对原始数据**

过度保护了。数据治理环节复杂、推动困难，导致业务人员没有耐心，数据人员没有信心。数据使用问题是针对业务人员而言的，有时候数据部门非常希望业务部门的人员能对数据感兴趣，能使用起来，但往往因为沟通不畅及数据门槛较高，双方在认知层面存在较大鸿沟。通过标签可以很好地将数据价值发挥出来，用价值倒推业务人员主动理解数据。DT 时代，谁掌握了数据谁就有制胜权，没有使用上数据的公司、业务只能被动受限。在数据价值展现后，业务部门会主动与数据部门沟通数据源打通、数据质量提升优化、数据场景化使用等问题。这些问题在价值面前都能迎刃而解，千万不要仅仅依靠技术手段或行政命令来解决。

- 数据价值运营是一个持续运作、坚持不懈的过程。数据价值运营是一个艰苦、持续的运行态，环节中的任何一环"罢工"，都会使得整个环节运行卡顿或减慢速度。例如数据源头有 3 个月不更新，产出的数据质量就会变差，业务部门就会投诉或拒绝使用。一旦业务部门在整个闭环中的参与度降低，三座大山又会从头再来。所以数据问题不是解决一次就能"长治久安"的，数据事业是一条需要长期耕耘、时刻警惕的艰辛之路。

对于以数据价值实现作为自身理想坚守的数据人来说，当数据魅力真正迸发的时候，那种兴奋和感动会让我们觉得人生的价值也一起得到了实现，也许就像有人说的，人生和理想互指迭代、同频共振了。所以真正的数据人并不会在数据问题面前失落和放弃。

理论篇
基础原理与演绎推导

　　数据是一种特殊的能量，它像电，能让世界"亮"起来，具有改变社会、改变未来的深远意义。人类必须先研究和了解电路原理、数电、模电等基础理论知识，才能安全、高效、便捷地使用电力资源，如架设电网、设计电器、制定接电插口标准、普及安全用电知识、对电量定价计费等，进而成就现代社会的繁荣和文明。在大数据这一领域，也需要对数据资产有完整、充分、深入的理论性认知，才能开展后续数字基建、数据应用产品、数据资产标准、数据资产安全、数据资产计量等方面的工作；先有第一性原理，才能演绎推导出具体的规则方法和现象级应用。方法论既是本又是因，场景应用是末也是果，想要在业务终端充分释放数据能量，就必须先掌握方法论原理。

第4章 | CHAPTER

道: 4 个核心原理

高中和大学教授的基础理论知识, 例如几何学、牛顿物理学, 看似无法直接作用于实际工作和生活, 但是却支撑、推导出了工作和生活中具体使用的工具、技术和普适认知 / 常识。本章会重点阐述标签类目体系方法论的 4 点核心原理: 根、枝干、叶 / 花; 能量、养分和凋零; 分形结构与资产树栽种模式; 资产树使用模式推演。其中会涉及一些抽象的概念、定义, 也许会有一定的学习困难, 但是却是支撑后续具体操作落地、工具、模板的基础, 更重要的是, 在这里可以打开数据资产认知的天窗, 进行数据理解的跳跃和想象。

4.1 为什么要先讲道

从学校毕业正式进入职场, 人容易陷入知识的单纯输出期: 只有输出，没有输入。一方面可能觉得十几年的学习生涯已经习得足够支撑工作的知识，更多考虑的是如何将知识转化为工作能力和业绩；另一方面，工作的压力和焦虑容易让人沉湎于娱乐之中，而非苦修自律、研读思考。直到工作生涯到了瓶颈期，或者遭遇重大挫折，才会意识到过去积累的知识已耗尽，亟须回炉再造。

4.1.1　思维认知之重

提升思维认知比单纯阅读效率高。阅读是一个宽门，进入门槛很低，一般人发现某方面知识缺乏，就会选择阅读这种提升方式。但能从书中读出道理的人少，能从道理中真正有所领悟、获得精进的人就更少了。"懂得很多道理却依然过不好这一生"，这句话有很多种诠释和理解，但至少反映了一点：只读书、听道理是没有多大用处的，这种方式的转化效率太低。高效率的做法是提升思维认知，这里我们可以用水杯接水来打比方。如果水杯是漏的，往里面灌再多水也留不住，而一个逻辑自洽的思维认知就像完好的水杯，能尽可能留住吸收进来的知识。思维认知层次就像水杯的杯壁，杯壁越高，能装下的知识和能力就越多。

提升思维认知后再去学习点状知识。这世上的知识非常多，你可能经常听到有人推荐各种极具吸引力的课程，这些知识点就像一个球面上的点一样，是无穷无尽的。不要用有限的生命去无规则地学习无限的点状知识。建议先建立成熟的思维认知，用武装好的大脑去学习最核心的原理性知识、方法论。在现实社会中遇到具体问题或对某方面知识产生兴趣时，再有针对性地补充点状知识。

曾经有实习生问我怎样才算是良好沟通，是不是要表达有条理、态度真挚。我虽然不是沟通专家，但也知道要做好沟通，首先要知道什么叫沟通。没有目标的沟通最多叫通知。在沟通之前，要先观察和分析沟通对象，比如他是什么性格，待沟通事项对他意味着什么，当前他对这件事持什么态度，等等，最后才是考虑具体技巧，当然也许到这里已经不需要技巧了。

4.1.2　什么是道

在这里不讨论老子的"道"，因为他也说了，说出来的道就不是原来的道了。本章提的"道"有两种形态：其一是一种思维认知，是人学习、思考、成长的容器（容器没有做好就拿去"接水"，这是在浪费时间）；其二是一门学科最根本的原理和方法论，如图 4-1 所示。

图 4-1　道的两种形态

1. 正确认识表现为思维认知的道

思维认知是有层级的，不同层级的思维模式形成了思维金字塔，如图 4-2 所示。在每个人各自的思维层级内，认知是从当前所在的那一级思维向下展开的。人需要不断打磨自己的思维层级，因为各个思维层级下所能展开的思考认知意味着不同等级的思维工具，即思维层级对应着思维工具的级别。工具越高级，能领悟和解决的系统问题越大。

2. 正确认识表现为基础原理的道

人们总结出了两种理性思维：归纳法和演绎法。归纳法是日常使用最多的方法，例如看到优秀公司分享出来的做法或产品，让大家领会学习。归纳法的优点是传递快，但缺点是迁移难。演绎法是真正的逻辑学，只要有一个基石假设，根据逻辑必然可以导出结论。这些听起来好像离日常工作太远，却决定着事件结局的走向。许多人热衷于听牛人分享干货，希望学会后立刻指导工作，而当牛人讲到基础原理时，却容易听得云里雾里。能指导当下工作的方法往往带有时代的局限性，换到另一种时空场景下，就不再能发挥作用；而原理性知识是历久弥新的，它是一种窄门，学习领悟起来很难，但是一旦掌握，就能揣摩事物发展的规律，一眼看到终局。

图 4-2　思维金字塔

做数据资产设计也需要掌握基础原理。本书不涉及很多技术实现和编程开发，更侧重于数据资产设计的基础原理，因为从方法论中可以推导出任意时空场景的标签类目体系实例并作用于业务，发挥价值，将数据能量与商业价值嫁接。掌握这种能力的人就是市场上最缺乏的既懂数据、又懂业务、还会方法论的人。

埃隆·马斯克说过："物理学之所以能在违反直觉的领域（例如量子力学）获得进步，就是因为它将事物拆分到最基本单元，然后从那里开始推导，这是唯一有效的。但大多数人都采用类比思维从众，看上去很诱人，听上去很有说服力，又不用动脑子，但这样得到的结果就仅仅是个故事而已，无法了解真相，也无法进行改造。"

采用习以为常的归纳法去认知世界，容易形成对世界的错误认知，这是对人类认知的最大限制：以为的快反而变成了一种遥不可及的慢。另外，由于不知道核心本质，就无法从内在结构上进行变革，获得突破性进步。因此我们希望各位读者转变思维认知，不要过多执着在现象级世界中，凡事都深挖一下水平面以下的核心原理，带着这样的思维习惯做事，这样的"慢"会是真正的"快"。

4.2 业务与数据的连接发展

当前有非常多的数据人员在研究数据技术、数据系统的发展历史和未来趋势。也许看清数据系统的趋势走向后，大家会对业务与数据之间的关联有更深的认识。业务是数据发展的来源，也是归宿，因此我们倡导一种面向业务的数据操作系统和数据资产组织方式。

4.2.1 数据系统的发展历程

数据系统的发展一般会经历 3 个层次，如图 4-3 所示。

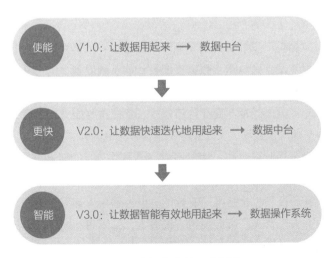

图 4-3　数据使命的 3 个层次

层次一：使能

用平台工具提升数据处理的操作效率、降低技术操作门槛，这是一种让技术人员将数据使用起来的层次。

层次二：更快

将技术、数据、文化这三个要素在数据中台中进行统一，提升企业业务应对变化的能力（因此中台战略的核心在于让业务人员利用可复用的技术方法快速试错），这是一种让业务人员更快地使用数据、试错的层次。

层次三：智能

让数据智能有效地用起来，一方面数据操作系统更智能地理解含义，自动操作数据全链路；另一方面在数据应用上不断创新和深挖，这是一种让数据自己生长起来、繁衍生息的层次。

4.2.2　业务系统与数据系统的关联

通过对数据系统发展历程的剖析和预判，我们会发现，数据系统与业务系统存在千丝万缕的联系，这种连接，不仅是数据来源上的连接，更是数据赋能商业的价值连接。因此需要继续梳理业务系统与数据系统的连接历史。

1. 初始阶段，业务人员自己理解并操作数据

在初始阶段，业务人员或运营人员可以通过各类表格或分析软件（Excel、SPSS、SAS 等）对数据进行简单的统计分析，如图 4-4 所示。但是到了信息时代，随着数据量越来越大，计算复杂度不断增加等，业务人员慢慢地难以自行处理海量数据，与数据的距离越来越远。

2. IT 时代，数据库技术实现对数据的专业操作

信息技术大爆炸时期，数据库技术通过 E-R 模型将现实世界的

事物关系投射成数据库表结构。但是数据技术的不断发展和深入也造成了普通业务人员理解、学习数据的壁垒；各岗位细分明显提升了工作流水效率，但也造成了数据开发人员离业务较远，无法感知业务信息。因为业务人员与数据技术人员的信息交流困难，产生了数据分析师、需求分析师等岗位作为中间转化桥梁，如图 4-5 所示。但随着业务规模和形式的快速变化，分析师们也深陷在数据图表的泥潭中，出现人力瓶颈。

图 4-4　初始阶段业务使用数据流程

图 4-5　IT 时代业务使用数据流程

3. DT 时代，路在何方

DT 时代，企业能否找到一种方法论＋数据操作系统工具，让业务人员能够理解操作数据，从而解放数据生产力（见图 4-6）？

图 4-6　DT 时代可能的业务使用数据流程

本书所阐述的方法论是为了建设业务人员能阅读理解、选择使用、高频试错的数据资产，属于图 3-2 中虚线以左所涉及的业务范畴；而数据操作系统如何和底层数据库表对接，通过何种建模方式构建数据仓库，实现系统化的数据开发、任务调度等则属于数据技术范畴。当前已经有非常多的数据技术公司、数据研究机构、数据治理协会正在探索和制定相关标准。

4.2.3　面向业务的数据资产组织形式

为了实现业务系统与数据系统之间的无缝连接，即寻找业务人员可理解的数据资产方法，应该围绕"建设业务人员能阅读理解、选择使用、高频试错的数据资产"这一核心目标。

数据资产指企业所拥有的能够带来经济价值的数据资源，一般都有较好的组织形式来保障完成资产"看选用治评"的经济价值链路。"组织形式"这个概念比较模糊，在具体落地时我们采用标签作为数据资产的最小组织单元，用标签类目体系作为数据资产的整体组织结构。

由来篇中提到，标签类目体系方法论的第一性原理是"树形结构的标签树"，这一基础原理可以通过 4 个核心二级理论来具体阐述：

- 根、枝干、叶 / 花
- 能量、养分和凋零
- 分形结构与资产树栽种模式
- 资产树使用模式推演

4.3　根、枝干、叶 / 花

标签类目体系的基础结构就像一棵树。树一般由根、枝干、叶 / 花等核心结构组成，在标签类目体系中，也有对应于根、枝干、叶 / 花的核心结构，即对象、类目和标签。

4.3.1 树的根决定了这是一棵什么树

设计标签类目体系需要从"根目录"开始梳理。"根目录"所对应的数据粒度为"对象"。从根上生长出来的枝干与叶/花都由根来决定性状，例如根是柳树根，那么从根上生长出来的树就是柳树。如果对象确认为"人"，那么就会形成"人"的标签类目体系，"人"就是标签树的根目录。"对象"分两大类型：实体对象（人、物）和关系对象（强关系、弱关系）。因此存在两大类的标签类目树：实体树和关系树。

实体对象和关系对象定义受到数据库 E-R 模型影响：实体（E）和关系（R）都有大量属性来对其进行刻画，如图 4-7 所示。

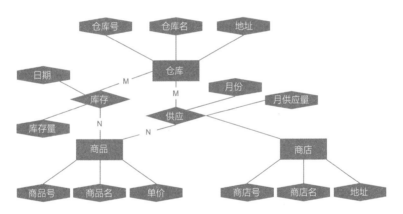

图 4-7　数据库 E-R 模型样例

4.3.2 树的枝干对应标签分类

树的枝干部分对应的是标签类目体系中的类目，即标签分类。类目是一种分形结构，可以不断分化下去；也可以根据场景需要，截取任意一个子系统作为独立的标签类目使用，如图 4-8 所示。需要特别注意的是，类目是对"标签"的分类，而非对"对象"的分类。

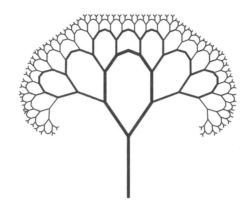

图 4-8　类目分形结构示意图

4.3.3　树的叶 / 花部分指向标签

树的叶 / 花部分对应的就是对象的各种属性，即标签。标签在数据库表中映射为字段，是经过大量数据应用实践验证的最合适的数据资产粒度。将根、枝干、叶 / 花串联在一起就构成了一棵标签树的基本结构，如图 4-9 所示。

1. 叶和花就像动态标签、静态标签

叶和花都属于枝干延伸的末端组织分化，相互之间存在区别和联系；标签也可以分为动态标签和静态标签，相互之间也有区别和联系。

（1）动、静标签的区别

动、静标签的区别在于某一对象个体在该标签下的标签取值是否会经常变化。例如"性别"标签，某一消费者个体在该标签下的取值判定为【女】⊖ 后，一般就不太会发生变化，因此"性别"标签是静态标签；而"消费金额"这个标签，某一消费者个体在该标签

　　⊖　为了直观起见，本书中用""和【】来分别表示标签和标签值。

下的取值存在经常变化的可能，因此"消费金额"是动态标签。

图 4-9 一棵完整的标签树示意图

（2）动、静标签的联系

其一，静态标签的取值可能会影响动态标签的取值。例如静态标签"性别"取值为"女"，很可能会影响一些行为动作类标签取值，例如"偏好服装风格""最常购买品类"等标签取值会有女性消费特征。

其二，由大量动态标签的取值可以推测和演算出静态标签的取值。例如通过大量的消费、浏览、收藏类标签取值可以反过来推测"性别"标签取值。

2. 叶和花似基因，影响群体性状

类目树上的叶 / 花就像基因片段一样，一一映射、影响着种群

个体的属性表现，取值不一；而种群中正常个体的基因类型都一样多，标准统一。人类有映射血型的基因片段，有映射单双眼皮的基因片段，有映射某些先天疾病的基因片段，所有的基因片段汇聚在一起就组成了人类基因组。基因片段类型有很多，可以分成形体类基因组、智力类基因组、性格类基因组等。这就类似"人"这一对象有"血型""眼皮类型""是否血友病"等标签，标签多了需要类目分类，最终组成了标签类目体系，如图 4-10 所示。

图 4-10　人的标签类目体系树示例

3. 标签类目体系实质上是对对象属性的模式设计

某一类对象的标签类目体系设计实际上完成了对该类对象属性的模式设计。设计好的标签类目体系就像模具一样，能将该类对象下具体个体的形象特征快速标准地刻画出来。例如消费者标签类目体系设计好后，所有的消费者都拥有相同的标签及类目结构，但具有不同的标签取值，如图 4-11 上半部分所示。每个个体拥有不同的标签取值，相当于每个个体实例树具有不同颜色的树叶，如图 4-11 下半部分所示。

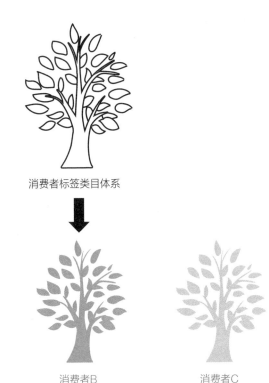

图 4-11　消费者标签类目体系对不同个体的快速刻画

　　每一类对象都拥有自己独特的标签类目体系结构（可简单理解为模具），例如人的标签类目体系和物的标签类目体系结构是完全不一样的。而人这种对象可以细分为消费者（人）、员工（人）、法人（人）等亚根，亚根还可以再细分，例如员工（人）可以再细分为市场员工（人）和技术员工（人）。某一对象是否需要持续细分出不同的细根，取决于待细分对象的"树形轮廓"是否发生了质的变化。就像基因片段发生一定量变后会造成物种隔离，形成一个新物种, 当量变引起质变时, 就需要梳理一个新的根目录对象。

例如某企业初期设计有统一的员工标签类目体系结构, 适用于全体员工的基本属性刻画。在一段时间的经营和发展后, 市场员工的某部分属性数据一直没有办法采集到, 同时在其他方面衍生出了很多独有属性, 那么此时原有的员工标签类目体系就不再适用了, 而要细分出不同对象, 分别为其构建标签类目体系, 如图 4-12 所示。

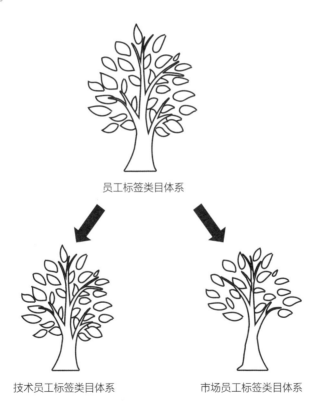

员工标签类目体系

技术员工标签类目体系   市场员工标签类目体系

图 4-12　某一对象标签类目体系的细分过程

4. 打标签和标签设计的区别

在日常口语中人们习惯用"打标签"来指代给每个个体具体属性值进行标注的行为，例如销售给某个客户打上"女"白领"30岁"等"标签"。口语中的"标签"并不等同于标签类目体系方法论中的"标签"，而应该等同于其中的"标签值"。打标签类似于对具体实例树的某一片叶子涂上颜色，即标注标签值或计算标签值；而标签设计则是在模板层面的性状设计，两者不在同一维度。可以这样简单理解，当看到一棵有具体颜色（取值）的树（个体）时，那是具体对象个体；如果看到有颜色的叶子，那是具体对象个体的标签取值；如果看到的是没有颜色的树形轮廓模板，那就是该对象的标签类目体系，如图 4-13 所示。

消费者A   消费者标签类目体系

图 4-13　打标签和标签设计的区别

5. 元标签

叶 / 花本身是对对象的属性刻画，同时也存在一些属性是对叶 / 花进行属性刻画，例如叶形、叶脉等，如图 4-14 所示。这些用来刻画标签的标签称为元标签。标签需要有一系列的元标签来详细刻画。

图 4-14 每片叶子都有不同的形状、叶脉走向等属性

标签体系设计是一种对对象统一进行本质刻画的数据描述办法：把个体观察升级为群体观察，而非过去对个体现象的归纳，更具有面向未来的场景化适应能力。数据资产设计师们可以从标签类目体系的第一性原理出发，通过演绎法推导出各种行业场景的数据资产样式及资产使用方式。

4.4 能量、养分和凋零

关系树是一种能量，可以连接实体树，也可以被实体树追溯，每新增一种关系树，就可以在实体树上映射转化出一片新类型的叶子；业务使用是对标签树的养分供给，业务调用量大的标签会生长茂盛，没有业务使用的标签会凋零下架，这是标签的生命规律。

4.4.1　实体树之间通过关系树连接

例如消费者（实体）与商品（实体）之间会通过浏览、交易、评价等行为（关系）产生连接，通过这种连接，消费者（实体）与商品（实体）除了静态标签之外，还衍生出了很多动态标签，使得对象刻画变得更为丰富和完整，如图 4-15 所示。

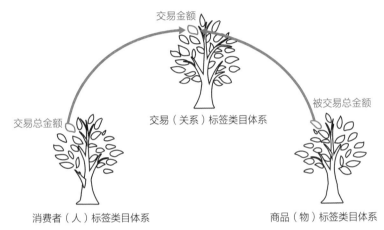

图 4-15　交易关系树连接消费者实体树与商品实体树

但是这些动态标签不能简单地直接从关系树上摘下叶子，粘贴到实体树上，其中有个转化过程。

1. 对象角度的转化

例如"商品 ID""交易金额""交易时间"等都是交易关系树的标签。把这些标签转接到消费者实体树时需要进行转化，比如"商品 ID"这种商品角度的标签名称就需要转化为"购买商品 ID"这种消费者角度的标签名称。

2. 统计形式的转化

关系对象的标签往往是刻画每一次关系过程或关系条件的属性

标签, 标签取值是具体、个别的。例如交易对象有"交易金额"和"交易时间"等标签, 每一个交易订单实例在这两个标签下的取值反映的是每一次具体交易金额和时间。而实体对象的标签往往是较为稳定、抽象、统计层面的特征属性, 例如"性别""品牌偏好""累计消费金额"等标签。

因此, 如果要将交易关系的标签"交易金额"转化为消费者实体的标签, 建议转化为"最近一次交易金额""第一次交易金额""历史交易总金额""平均交易金额""交易消费等级""偏好的交易金额分段"等统计类或算法类标签。这些标签不再指向某一次具体的交易, 而是被提炼为一种可复用的、带有"业务意义"的标签, 化零为整。

如果业务端需要查询消费者每一次交易的消费金额, 可以通过查询交易对象的"交易金额"标签实现; 也可以通过消费者对象的键值类型标签实现, 如"历次消费金额", 这种标签的实际取值由"Key: 交易时间 / 交易订单"与"Value: 消费金额"组成, 多次交易之间通过分号分隔。

4.4.2　从实体树叶子回溯打开关系树森林

实体对象的动态类标签往往经过统计或算法计算, 是对一系列明细行为类数据再加工所得。因此从实体对象树上的一片"有颜色"的动态叶往往可以回溯出一大片具体的明细行为叶, 甚至打开一片具体的关系实例树森林。

例如消费者 A 有一个标签为【历史交易总金额】, 具体取值为"240 元"。通过这个"240 元"取值可以回溯消费者 A 历次交易明细金额, 即通过一个具体实体对象的某动态标签取值可以连接到与之相关的众多关系树标签实例, 化整为零, 如图 4-16 所示。

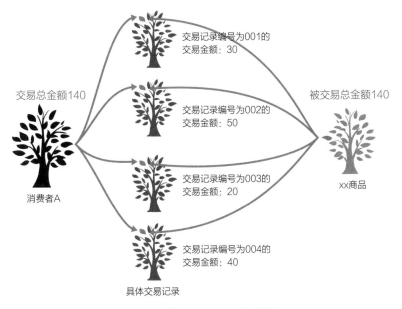

图 4-16　实体叶与关系叶的回溯打开

4.4.3　关系树向实体树赋予能量

实体对象的标签会随着与之相关联的关系对象增多而相应地增多和丰富起来。每新增一种动作、行为、连接，即关系树，就会在实体树上映射转化出一片新类型的叶子，如图 4-17 所示。

实体树要想长出足够多类型的叶 / 花，就需要关系树赋予能量。关系树本身越茂盛，即关系对象的属性项越多，它能映射转化出的实体树叶 / 花也会越漂亮、越繁多；反之，关系树能量不足甚至枯萎，实体树上相应的叶 / 花就会随之枯萎消失。

1. 关系树产生基因突变

前文曾比喻过，标签类目树上的叶 / 花就像基因序列一样决定着具体实例的表现形状。但是如果基因不突变、不更新，种群就很难适应动荡变化的环境。在这点上，关系树发挥着使基因突变更新的作用：只要有一种新关系形成，就会影响实体树上长出与之相对应的新类型树叶。而这种新关系往往与业务环境变化密切相关，因此通过新关系所带来的实体新标签能更好地匹配变化后的业务环境新需要。只有基因 / 标签呈现出多样化的生态密度，才能充分应对环境的不确定性，优胜劣汰，保障生物 / 企业生命的延续。

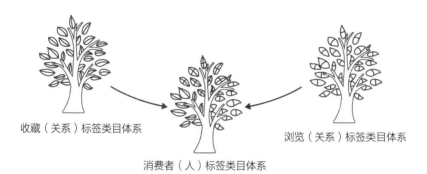

收藏（关系）标签类目体系

消费者（人）标签类目体系

浏览（关系）标签类目体系

图 4-17　关系树对实体树进行新叶映射

例如，一家电商公司起初做电商交易业务时，构建的消费者标签除了基本属性之外，还会有电商交易类标签。该电商公司持续发展，开始设立广告部门来增加营销业务，这时营销（关系）树开始生长，自然会将能量映射到消费者（实体）树，增加了营销类标签；而营销类标签又可以对营销业务进行数据赋能，例如生产出营销分析、定向圈人等数据服务，比基础类、交易类标签更贴合营销业务场景需要。

2. 多种关系树形成基因重组

将多种类型的关系树能量同时映射到某一实体树上时，会产生一种更奇妙的效果：得到一类具有多重含义的融合标签。类似于基因重组或基因杂交，这种能量映射也促进了基因多样性，极大丰富了树叶种类，使得实体树拥有了更强大的适应能力和生命力。

　　例如将浏览（关系）树、收藏（关系）树、评论（关系）树能量都映射到消费者（实体）树上时，除了新增"浏览类""收藏类""评论类"标签之外，还可以设计出"关注类"标签，即综合浏览、收藏、评论等行为标签计算后的综合类标签，如图 4-18 所示。

图 4-18　浏览关系树与收藏关系树融合生成关注类标签

4.4.4　业务使用是对标签树的养分供给

　　有些叶 / 花由于得到的营养不够，很容易凋落，而有些叶 / 花却因营养良好而枝繁叶茂，衍生众多。这就像标签，如果标签在业务中被广泛使用，则价值地位非常稳固，且会在数据资产体系中得到相应的服务保障，如数据治理、资源优先、运营营销等；但如果标签只被使用一两次就被搁置，或完全没有业务使用，则会因为营养不足而凋零下架。将没有复用价值的标签下架是必须考虑的标签生命周期过程，否则企业很容易面临数据资产爆炸的风险，即数据项越来越多，管理运营成本巨大。

　　例如一家零售企业，由于其零售业务活动的大量开展，可以在消费者对象上梳理出零售类标签，其中零售偏好类、零售营销类标签被持续应用在用户画像、客户关怀、精准营销等业务场景中并发挥数据价值。从业务需求出发进行标签治理、优化是非常顺畅的事。而提供给某次活动使用的一次性标签，例如"是否在最近 22 天内完

成 ×× 活动且消费金额在 199 元以上"标签，在该业务使用结束后，不会再被其他业务使用，就需要从标签池中下架。

4.4.5　最终梳理出一片森林而非一棵树

每一种实体对象、关系对象都会形成一棵独立的类目树，因此一家企业要梳理的类目树不少。确实，对企业数据资产用标签类目体系的方法梳理后，一般会整理出非常多的树结构（不同对象的标签类目体系）。例如对于一家服装品牌企业，最终可以梳理出消费者标签类目体系、员工标签类目体系、供应商标签类目体系、商品标签类目体系、门店标签类目体系、仓库标签类目体系等多棵标签实体树，以及生产标签类目体系、库存标签类目体系、运输标签类目体系、交易标签类目体系等多棵标签关系树。

关系树结构一旦形成就会比较稳定，而不太会发生形态变化，而实体树结果则会随着关系树的新增、消亡而发生相应的树形变化。也可以将关系树理解成中间态的过程树，能量通过中间态的过程树辐射到最终态的实体树上。

对于企业来说，需要重点维护的就是使用频繁、具有复用价值的实体树，因为业务关系是现象，而实体则往往是商业本质。那些只用过一次、不会再直接使用的关系树在将能量映射到实体树之后可能就不复存在了。

4.5　分形结构与资产树栽种模式

经典类目体系结构是一棵可以不断分形的树，因此可以通过促进其不断生长并对其进行修剪、插枝等来持续使其完善。

现实世界中最经典的分形树状结构就是生命进化树：通过界、门、纲、目、科、属、种不断细分下去，同时通过分支分化出新的物种来丰富生物的多样性，以适应环境变化。在进化树中，重要的不是对某一条物种线的极致进化，而是不断分化的分支，如图 4-19 所示。

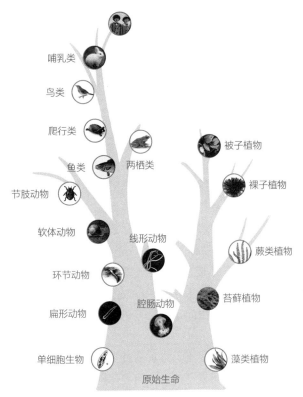

图 4-19　生命进化树

　　标签类目树和生命进化树一样，受到能量、环境影响而不断分化、形成丰富的标签簇，标签簇会经历优胜劣汰，自然选择。类目树会自然生长，而非通过人为画线得到。就像无法预测在漫长的进化中人类会成为万物灵长一样，我们也无法提前知道到底哪个标签会是最有价值的数据资产，一切都和环境场景密切相关。

　　最终的标签类目树形态是适应环境自然生长的结果，但这并不意味着不能提前规划一个较好的类目树初始形态。虽然初始形态和过程阶段形态并不一致，可能会经历调整优化，但是先有一个初始形态，才能帮助大家理解标签类目树的概念，并将数据资产送入数据应用的运转周期内发挥价值。

　　因此，当一家企业需要构建其自身的标签类目体系时，可以基于一个已沉淀好的某某行业对象标签类目体系模板，例如零售行业中的消费者（人）标签类目体系模板，快速进行规划设计和修正优化。按照建设数据资产的目的和节奏不同，有两种模式可供参考借鉴，下面来一一介绍。

4.5.1　完整规划，由浅入深

　　如果企业构建资产的目的是形成数据资产的完整规划，指导数据收集、整理、加工、挖掘等各阶段工作，并愿意花费较长时间来实施数据资产的整体规划，那么可以选用这种模式。

　　1）选取对象经典类目树中最基础的枝干部分，如图 4-20 中被圈中的部分。在基础枝干类目下，按需添加标签，形成 1.0 版本的消费者标签类目体系。

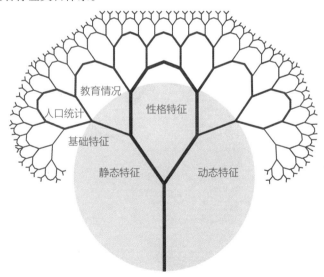

消费者（人）标签类目体系

图 4-20　1.0 版本的消费者标签类目体系

2）根据业务发展需求，进行中圈、大圈等的全面扩展，此时类目树逐渐生长，类目众多，标签丰富，如图 4-21 所示。

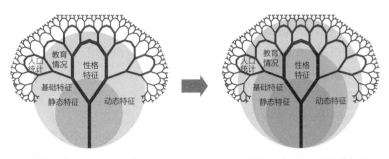

图 4-21　逐渐完善的消费者标签类目体系结构

3）当现有基础数据或业务发展比较单一，或某一业务发展迅速、滋养某一类型的标签快速发展时，也可能会出现单侧扩展，如图 4-22 所示。

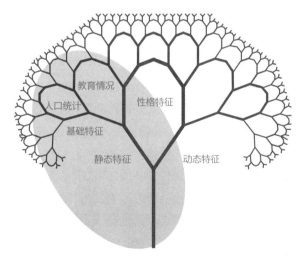

图 4-22　单侧扩展的消费者标签类目体系结构

无论采用以上哪种方法，都需要从根部到基础树干，到细分枝干，再到树叶，体现的是一种整体规划思路。这种模式的优点是全面规划，面向未来，可以指导企业在数据端的全面布局；缺点是建设周期长，见效慢，因此会遇到的阻力也很大，必须作为一把手工程才能最终完成全面数据资产从规划到落地实施的全流程。

4.5.2 纵深打穿，从局部直接截取

如果企业构建资产的目的是支撑业务场景，特别是使多个业务场景间能快速复用标签资产，需要快速见到数据成效，那么可以选用这种模式。

直接从对象经典类目树上任意部分截取所需的部分分支，拼装上根与叶子即可。因为标签类目体系是一种分形结构，整体和局部有同构性，任何一个局部分支都可以剪切出来作为独立的类目树。例如当前某业务部门只需要研究用户的基础特征，则可以直接从经典类目树上截取图 4-23 左上角的基础特征分支，作为独立的类目树。此时该用户的一级类目就是基础特征，直接跳过了"静态特征"和"动态特征"这两个更基础的类目。

更极端的情况是，只保留经典树的根，将标签直接挂入根中，省略分支类目。这种处理模式仅适用于标签数量少于 20 个的情况，这时只需要梳理清楚标签所属的对象信息即可，无须在标签分类上投入较多成本。当标签数量多于 20 个时，建议对标签进行简单分类，否则不利于标签的查找、管理和使用。

这种模式的优点是标签直接作用于业务，可以快速得到业务滋养并呈现数据价值，受到的质疑与阻力较小；但缺点是当业务、标签不断变化调整时，整个类目结构可能会有较大的变动，甚至重构，影响较大。

标签类目树的优化过程可以参考生物进化论，也是遗传变异与自然选择的结果。企业在构建具有其自身特点的类目树时，初版可以遗

传自某经典类目树的基因组：从基因库中筛选出合适的基因序列进行组装（遗传），并根据企业自身实际情况进行调整（变异）。初版类目树设计好后，将其放到业务环境中供人使用，以此对其进行优化，完成环境选择的过程（自然选择），最终实现类目树的不断进化与迭代。

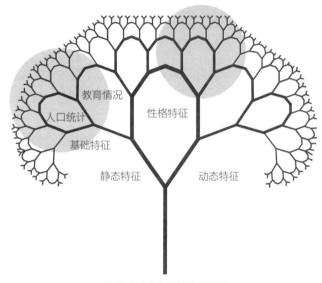

消费者（人）标签类目体系

图 4-23　截取的类目体系

前面提到过，在进化过程中，重要的不是对某一条线的极致进化，而是不断分化的分支。处于数字化转型中的企业在面对未来变化莫测的环境时，需要做的不是在某个单一领域中将数据治理透彻，因为极致和典型态未必就是方向和出路。企业应该梳理出全集团多业态多部门尽可能多的数据，不断进行能量映射和基因交叉，形成丰富有趣的标签簇，并通过标签类目体系方法进行有序整理和组织，使数据资产不仅能满足将来各种场景的需求，还具有非常旺盛的自我迭代能力和很好的可延续性。

经典树是不是也在进化和迭代？答案是肯定的。但在真实场景中，几乎不会出现一棵非常完整的经典树，因为它是生活在纯理想状态下的树，是作为参考标杆使用的。在真实环境中，不同的企业水土中会长出不同的适应态类目树。

4.6 资产树使用模式推演

通过标签类目体系方法论所形成的数据资产库包括资产清单和资产实体。

资产清单

资产清单类似于资产目录，用户可以通过资产目录／门户／集市界面，清晰明了地看到所有对象的标签类目体系（梳理了哪些树）。在选中某种树后，可以看到这种树的具体枝干轮廓：一级类目、二级类目等。选中某叶子类目后，可以看到其下所涵盖的所有标签列表，如图 4-24 所示。

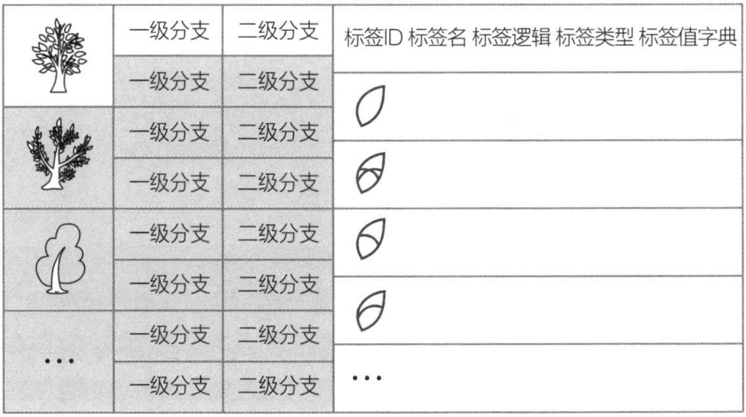

	一级分支	二级分支	标签ID 标签名 标签逻辑 标签类型 标签值字典
	一级分支	二级分支	
	一级分支	二级分支	
	一级分支	二级分支	
	一级分支	二级分支	
	一级分支	二级分支	
	一级分支	二级分支	
...	一级分支	二级分支	...

图 4-24 资产清单示意图

每个标签就像一片独特的叶子，拥有独立的 ID、名称、逻辑、类型、值字典等元标签取值。对于百科全书中的知识点，要想让读者正确认识，就必须要有充分全面的信息描述，并配以通俗易懂的描述方式。同样，标签能否让业务人员、管理人员、技术人员理解，重点就在于元标签信息是否充足及描述方式是否符合他们的心理认知。

元标签中涉及业务元标签部分的，应该以业务人员日常沟通交流的方式进行描述，例如标签名、标签业务逻辑、标签场景示例、标签价值等都属于业务元标签范畴；涉及技术元标签部分的，应该以技术人员日常工作沟通的方式进行刻画，例如标签血缘、标签开发逻辑、标签源表、标签物理存储方式、标签映射字段等都属于技术元标签范畴。

资产实体

资产实体指的是在设计好的标签类目树模式下的具体个体实例，即每个对象个体。资产实体都具有该对象类目树包含的标签及标签分类。根据前文提到的实例，可以简单认为资产实体是具体不同颜色的树，因此在某对象实体库中，会存在由非常多颜色各异但轮廓相同的树所组成的实例树林。在库表存储层面，资产实体可以映射为加工后的标签表中每一条具体的数据记录，这些数据记录拥有统一标准的列信息，但是具体的列取值则各不相同，如图 4-25 所示。

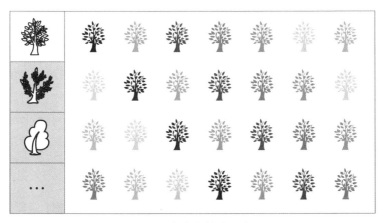

图 4-25　资产实体库示意图

当数据资产构建完成后,最重要的是将其合理高效地使用起来。下面通过三种最常见的数据服务场景来讲解标签类目体系是如何快速转化为数据服务的。

4.6.1 查询服务

查询服务经常会运用在业务系统中的 OLTP 事务型数据操作中,例如在海量数据中快速查找某辆汽车的违章信息,或在营销活动中实时判断某位消费者是否达到准入门槛或完成活动任务。查询服务的主要过程如下。

1)确定待查找的对象是什么,是车辆、消费者、订单记录,还是其他?

2)选中对象(某种树),例如"消费者"后,可以在服务管理中选中"查询"这种服务类型,进入"消费者查询"服务的创建过程。查询服务有几个必选的配置项:查询输入项的 ID 标签和查询输出项的标签。其中 ID 标签指的是能作为唯一识别属性的标签,即每个实例在该标签下的标签值都不相同,不允许出现标签取值相同的两个个体。会员号、身份证号、驾照号、指纹图形等都属于 ID 标签。例如,选择"会员号"标签作为输入项,"户籍地"标签作为输出项。查询服务可能还会涉及性能要求、场景要求等参数配置环节,但不属于标签范畴,因此这里不详细介绍。

3)查询服务创建好后生成 API 或交互界面,具体业务系统或业务人员即可调用 API 或通过界面系统操作来使用该服务。例如,输入一个具体的会员号【1000234】,后台系统即可通过该 ID 标签取值在资产实体库中找到唯一对应的个体实例,并根据所需输出的标签信息定位到该个体在"户籍地"标签上的具体取值——【浙江】,并将该取值传递到接口进行输出或通过界面呈现,如图 4-26 所示。

图 4-26　查询服务过程示意

4.6.2　分析服务

分析服务经常会运用在业务系统中的 OLAP 分析型数据操作中，例如对消费者群体进行客户透视画像，或对企业经营状况进行财务分析等。分析服务的主要过程如下。

1）和资产构建过程一样，对象的确认仍然是第一位的。分析也要先梳理清楚分析的对象是什么。客户画像的对象比较单一，就是客户；企业财务报表的对象比较多，有资产、订单、项目、商品等。

2）选中对象（某种树），例如"消费者"后，可以在服务管理中选中"分析"这种服务类型，进入"消费者分析"服务的创建过程。分析服务有几个配置项可以选择：待分析的维度（标签）及分析类型（求和、求平均、最大值、最小值、取值分布等）。例如，选择"性别"这一维度并设置"取值分布"这一分析类型。

3）分析服务创建好后生成 API 或交互界面，具体业务系统或业务人员即可调用 API 或通过界面系统操作来使用该服务。例如，后台系统根据"消费者"对象的确认，找到消费者对象库中的所有具体实例树（具体消费者个体）；根据"性别"标签的类目信息索引找到所有实例树中"性别"树叶位置；将所有的有颜色的"性别取值"树叶提出并排列好；根据"取值分布"的要求对不同颜色的树叶进行颜色归类并分类汇总计算。最终，业务人员可以通过 API 或界面系统查看消费者在性别上的取值分布图，如图 4-27 所示。

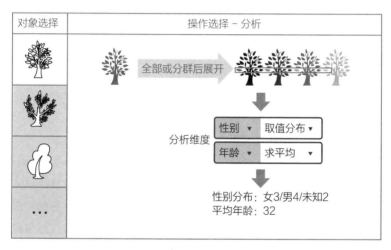

图 4-27　分析服务过程示意

从以上处理过程中可以发现，数据分析就是对某一对象群体在某一属性标签上的取值处理，即对有颜色树叶在某一维度切面上的不同变形；取值分布就是将颜色分布变形为不同数据轴上的数量表示；求平均就是将各种颜色在数量上差异变形为最终的调和色彩。有时候处理数据的最终结果是产出取值分布结果或平均值结果，它们和标签不同，是标签取值在不同维度切面上的变形结果，如图 4-28 所示。

数据资产设计师一定要分清楚什么是数据资产，什么是数据资产服务化的数据结果，即学会把"种树"和"用树"两个阶段分开，而不是杂糅在一起。否则需要长久使用的树没有种好，临时用树的时候却手忙脚乱，分不清逻辑。

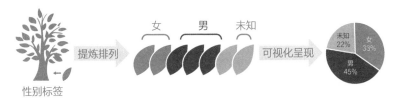

图 4-28　标签信息在数据分析过程中的变形

4.6.3　圈选服务

圈选服务经常会运用在对特定目标对象的操作中，例如广告系统中的精准营销、LBS 服务中的地理围栏或数据化运营中的定向投放等。圈选服务的主要过程如下。

1）同样，先确认并选中对象，例如"消费者"后，可以在服务管理中选中"圈选"这种服务类型，进入"消费者圈选"服务的创建过程。选择需要作为圈选条件的标签，并设置圈选中的目标群体输出时需要带有的标签信息。例如，选择"性别""年龄"等标签作为目标群体圈选的条件维度，设置"会员号"标签作为目标群体的输出信息项。

2）圈选服务创建好后生成 API 或交互界面，具体业务系统或业务人员即可调用 API 或通过界面系统操作来使用该服务。例如，选择"性别"等于【女】且"年龄"小于【30】的消费者群体。后台系统根据"消费者"对象信息，找到消费者对象库中的所有具体实例树；根据"性别"标签的类目信息索引找到所有实例树中"性别"树叶位置，筛选留下"性别"树叶具体取值为【女】的实例树集合；同样操作筛选留下"年龄"树叶取值小于"30"的实例树集合；将这两个实例树集合取交集；找出交集中每个实例树的"会员号"标签取值，并将该取值集合传递到接口进行输出或通过界面呈现，如图 4-29 所示。

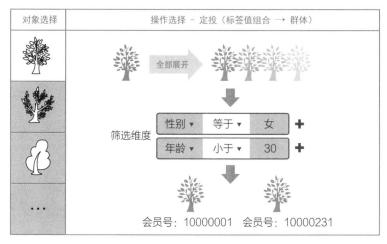

图 4-29　圈选服务过程示意

如果没有从原理上理解数据资产设计的标签类目体系方法论，大多数人进入数据森林的时候会迷路，因此我们倡导一定要先学会资产设计的方法，再进行资产的沉淀和使用。在学习的过程中，需要注意以下几点：

- 种树和用树要分开，即种即用的情况也会有，但是仅适用于小园子；
- 不考虑种树，直接奔着用树去的时候，会手忙脚乱且容易一叶障目；
- 找到一种高效办法串联好种的树（资产）和用的树（服务）。

第 5 章 | C H A P T E R

法：完整的设计方法

不同的学科有不同的方式来表达和定义事物，例如语言学通过文字字母来表达和定义事物，图形学用图像符号来表达事物。大数据理论中，世上的万事万物都可以由数据来记录、标示和表达，包括对事物对象、属性类目、属性取值的定义等。这种通过数字化方式将现实世界事物映射到数据世界对象的过程也称为数字孪生。

5.1　3 个构建前提

在学习具体的设计方法前，建议初学者先了解标签类目体系设计的三大前提。就像服药需要药引，排兵布阵需要全局地图，只有先了解全局，才能厘清思路、学习具体的技术方法。三大构建前提包括统一的数据思维、充分的前期调研、正确的落地思路，如图 5-1 所示。

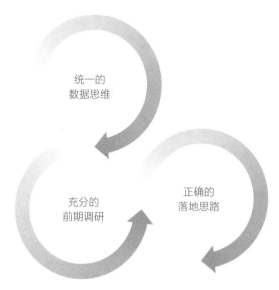

图 5-1   三大构建前提

5.1.1   统一的数据思维

经常有人问何谓数据思维，如何才能加强数据思维。这些问题可以借用哲学思维来讲解。哲学主要研究什么？答案是"我"，再发散一些就是"我是谁，我从哪里来，我将要到哪里去"。这些问题需要深入内省，知道"我"现在是什么样子，"我"为什么会变成现在这样，"我"将来要成为什么样的人。如果一个人在工作、生活、娱乐中都用这种思辨性思维去分析和思考问题，就可以认为他具有哲学思维。

数据思维的核心本质是什么呢？说是"数据"不太准确，更准确的说法应该是数据能量。就像哲学家研究"自我"，并不是围绕组成人的物质展开，而是在探讨人的能量来源、能量现状和能量潜力。数据能量是数据的一体两面，或是更深层次的价值体，只有带有能量的数据，才是值得研究的对象。因此现实世界中对自我价值的哲学提问在数据世界中就变成了对数据能量的三大价值思考：数据能量是什么？数据能量来自哪里？数据能量如何发挥价值，其价值如何度量？

如果我们在日常工作、生活、娱乐过程中，时不时地就会发现和观察数据，并思考此时数据能量的外在表现是什么，哪些因素会影响这些数据能量，这些数据能量用在哪里会爆发出更大价值，我们这就是拥有了数据思维。

企业要构建统一的数据思维，主要是要建立对以下几方面的统一理解。

1. 数据认知

判断企业对自身数据是否有清楚统一的认知，主要看它能否回答好以下三个数据问题并形成统一答案（见图 5-2 ）。

- 数据在哪？
- 数据价值在哪？
- 数据怎么用？

图 5-2　数据认知三大问题

这三个问题和数据能量的三大价值思考一脉相承，对这三个问题是否有准确统一答案，是否有持续思考并努力寻找，是否有行动上的一致习惯，就给出了是否具备统一数据认知的答案。如果能回答出以上 3 个问题，说明企业对数据有一定认知；如果能回答并快速调取相关数据结果以作证明支撑，说明企业的数据化建设卓有成效；如果只是大概理解或需要他人帮助解答，说明企业的数据认知薄弱，数字化建设亟待加强。

2. 数据架构

IT 时代，企业信息架构是不言自明的基础设施；DT 时代，数据架构是用来保障数据流通畅，使数据资源运转为数据资产并作用于业务、产生商业价值的生命线。因此数据部门人员，乃至业务部门、服务部门人员，应该统一认识到数据架构的重要定位，并确保数据流向的清晰、准确、无障碍。

在数据架构中，最底层是各业务系统通过业务流程或有目标的数据留存所产生的信息系统数据。利用采集、交换等方面的工具，技术人员可以将各业务系统中的数据进行清洗、交换、汇总，形成企业的数据中心。这一过程完成了业务数据化。

在数据中心中，数据开发人员可以利用离线、实时、算法开发等不同的计算引擎工具对数据进行多种类型加工：将原始数据梳理、加工成可供业务理解、查看、使用的数据资产并存放于资产管理工具中，之后不断治理优化。此过程完成了数据资产化。

在资产中心中，经过标准化组织和梳理的数据资产经筛选后被灌入服务组件工具中，业务人员、产品经理、应用开发人员只需快速配置即可创建数据服务（API）。在服务中心中，可以对所有数据服务的调用、运行等情况进行计量、全局监控和调度配置。这一过程完成了资产服务化。

创建好的数据服务（API）可以直接对接现有的业务系统或者封装成带交互界面的数据应用产品，最终支撑业务解决问题或提升业务执行效率，产生商业价值。这一过程完成了服务业务化。业务所产生的数据又会开始新一轮的数据业务化过程。数据支撑业务逐步壮大，而不断壮大的业务又能提供越来越多的原始数据和越来越强大的计算引擎性能，最终使得数据架构闭环像滚雪球一样越来越坚实，并串联后端信息系统和前端业务系统，如图 5-3 所示。

3. 执行保障

要让企业从上到下具有统一的数据思维，除了统一数据认知和数据架构外，第三个要点的就是执行保障。执行保障指从企业的各个层级出发都需要做好相应的数据战略保障和响应工作：

领导层必须给出数据战略的方向指引，并调整组织结构以进行相应的组织支撑；

管理层需要将数据战略转化为战术保障，制定以数据为导向的具体作战计划和考核指标，引导数据战略的有效细化和向下传递；

执行层需要根据作战计划和考核指标，积极努力地保障数据流的平稳推进、数据架构环节的有序衔接，并通过数据思维、数据知识的学习不断提高操作、使用数据的能力和边界。

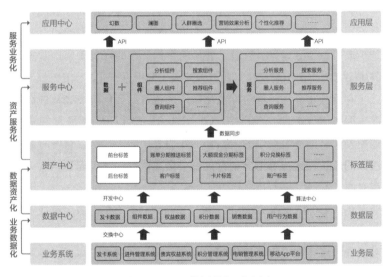

图 5-3　企业数据构架示意图

4. 价值驱动

企业要统一认识到，数据的打通汇总、资产的治理优化、架构的深度塑造、战略的保障实施最终都是以数据资产价值的实现为最根本目标。脱离了数据资产的价值体现，单独讲数据交换、治理优化、架构设计、组织保障都是空中楼阁。因此要打通哪些数据，构建哪些数据资产，如何治理优化，构建怎样的数据架构，配套哪些支撑，都需要从价值出发去思考。

5. 场景能力

传统的数据产品从需求出发，先有明确的使用场景，再定义清楚所需功能和数据项，最终按照既定的规则将它们开发实施出来。例如商业环境中常见的数据报表系统、精准营销工具、个人信用得分等产品。

随着时代的发展，消费者追求个性化，企业经营追求精细化。客户需求、业务模式等都可能随着具体场景的变化而变化，且未来场景无法提前预估或设计。面对不确定的未来，企业需要一种柔性的数据支撑能力：数据项之间、数据项和数据服务之间是松耦合的，能随时拆分，也能随时组合。具有复用价值的数据资产项和数据服务能力可以提前沉淀在数据中台中。当业务场景发生时，可以从数据中台中快速抽取所需数据资产项和数据服务能力，耦合在一起，供场景所用。当场景需求发生变化时，数据资产的新组合、资产与数据服务能力之间的新耦合都会随之产生或柔性变化，而这些新的变化并不影响企业数据架构及底层系统的稳定性。

5.1.2 充分的前期调研

在统一数据思维后，企业需要对业务场景、需求痛点、数据摸底等情况进行充分的前期调研，如图 5-4 所示。

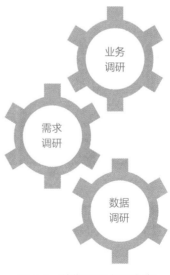

图 5-4 前期调研主要内容

1. 业务场景调研

待服务的客户是谁？客户的业务流程是如何开展的？

客户不应该是宽泛的，而是精准细化到什么类型的公司内什么部门什么岗位的客户。客户日常的工作流程是如何开展的？与其相关的上游节点是什么？下游节点是什么？客户当前的职责目标是什么？团队目标是什么？部门目标是什么？

同时为了防止在某一专业领域发生问答障碍，调研者应该在调研前补充学习、掌握专业知识，了解行业内的专业术语与核心理念。

表 5-1 给出了在做业务调研时可以借鉴参考的提问列表。

表 5-1　业务调研问题参考列表

提问类型	提问对象	提的问题
使用者情况	业务一线员工	您负责什么公司的什么部门的什么岗位？
		岗位职责是什么？核心关键指标有哪些？
工作内容	业务一线员工	日常工作流程是如何的？业务规则有哪些？关键节点有哪些？
		工作中是否操作相关的工作系统？是否能提供系统测试账号或功能演示？
		业务流量有多大？或业务操作频率有多快？
		有哪些部门人员会与您对接或与您有关？在哪些环节上有关？
部门情况	业务线负责人/采购者	团队目标是什么？部门目标是什么？
		部门架构是怎样的？部门决策人是谁？数据对接人是谁？
		部门内各人员的分工和相关之间的串联方式？
		部门所负责的业务系统是什么？业务逻辑是什么？
		部门内的流程和运转方式是什么？部门间的流程和运转方式是什么？
		行业发展情况如何？竞争对手如何？

2. 需求痛点调研

哪个业务环节上存在哪些痛点？这些痛点发生的原因是什么？这些痛点的严重程度如何，会产生如何严重的后果？因此产生了怎样的需求？

痛点需要了解透彻，摸清来龙去脉。从现状出发，因为现状是最好观察和发现的；研究清楚发生的原因才能对症下药，即做正确的事；了解到严重程度才能排出做事的优先级，有重点地做事，即正确地做事。在做需求痛点调研时，需要特别注意两个事项。

其一，擦亮眼睛，辨别真伪。找到真正的痛点来进行梳理和确定下一步工作的抓手，将虚假的、拍脑袋的、"政治应付"的需求剔除出去，因此这也考验调研者对领域情况的了解及沟通理解能力。

其二，痛点不等同于需求，需求不等同于功能。客户的原始诉求要仔细地听，但是没有经过产品思维训练过的业务人员讲的往往是痛点，例如"每天都要花 60 分钟时间上班，太浪费时间了"。有些客户甚至已经自己研究出了解决"办法"：能不能给我一匹跑的更快的马？这些只是诉求，并不是需求，需求应该是连接诉求和功能的转化过渡，需求能满足诉求，细化功能。因此在上一场景中拆解出的正确需求是，需要一种能承担得起、速度更快的交通工具来解决上班耗时太久的问题。从这个需求出发，可以设计一种叫"汽车"的产品，并根据客户经济、空间、时间等限制条件，详细设计出产品的具体构成：四个轮子、椅子、发动机、保护壳等。

表 5-2 给出了在做需求调研时可以借鉴参考的提问列表。

3. 数据摸底调研

数据产品设计比起一般产品设计的特别之处是需要对数据情况进行完整详细的摸底。

表 5-2　需求调研问题参考列表

提问类型	提问对象	提的问题
痛点本身	业务一线员工、业务线负责人、采购者	你在什么业务环节碰到了什么问题？
		这个问题是如何呈现、记录的？
痛点原因	业务一线员工、业务线负责人、采购者	您觉得这个问题产生的原因是什么？谁需要对此负责？
痛点影响	业务一线员工、业务线负责人、采购者	这个问题是如何影响现有业务的？如果不解决会有什么结果？
		这个问题是不是严重影响到您的工作开展？如果需要对严重程度打分，您会打几分（0～10）？
可行解法	业务一线员工、业务线负责人、采购者	您是否想过可能的解决办法？
		是否曾经尝试采用一些办法来解决？效果如何？
		如果能提供 ×× 信息 / ×× 辅助判断，是否会对这个问题的解决有所帮助？您是否会使用？
		时间点上的关键节点要求是什么？例如什么时候设计好？什么时候开发好？什么时候上线使用？
		解决方案在系统性能上是否有要求？例如响应时间？QPS？

数据摸底调研要求调研者具备一定的数据库或数据结构相关知识，能够从数据系统、数据库、数据表、数据字段等颗粒度层级进行数据项信息整理。在数据调研阶段，也需要注意两点。

- 不要让客户去假设有什么样的数据，而是实事求是，确实存在哪些数据就登记梳理哪些数据。当然在梳理过程中，如果发现重要信息没有采集或者有可以通过系统工具收集的数据，可以在调研报告中建议客户使用，以丰富数据源的广度。
- 不要让客户小看自己的数据。有时候在数据调研过程中，客户往往会表示自己的数据量不够或数据项很少。要让客户打消顾虑，尽可能多地提供数据信息。一般来说，百万级数据记录量就可以称为非常不错的数据积累量，足以满足大数据挖掘、应用场景所需。有时候数据项少但是仍然可以挖掘出非常多的可用标签，例如以下案例：2014～2016 年，O2O、LBS 服务盛行，各大型商场都布有 Wi-Fi 路由器，以便消费者随时免费连接网络，因此会有 Wi-Fi 路由器的日志数据留存。日志数据的数据项非常少，只有消费者手机 MAC（一种无线端设备编号）、连接的路由器 MAC、连接时间。路由器也有自己的维表信息：每个路由器摆放的位置，位置所涉及的店铺。通过合法取得的路由器日志数据和维表数据，可以将每个消费者的购物路径、购物习惯、购物兴趣等标签通过算法运算出来，极大丰富了大型商场对消费者的洞察认知。

表 5-3 给出了在做数据调研时可以借鉴参考的提问列表。

表 5-3　数据调研问题参考列表

提问类型	提问对象	提的问题
数据来源	业务系统开发员工、数据库管理员	现有业务系统产生了哪些数据？
		数据存储在了哪个数据系统中？数据采集的频率周期？
		是否已经进入数据部门统一管理？
		是否有数据系统的测试账号可以查看？
数据底层	数据库管理员、数据部门接口人	数据存储的数据库类型是什么？
		可用的数据计算的计算引擎有哪些？
		当前可用的数据计算资源有多少？已用多少？未用多少？
		计划采购或可申请的数据计算资源（预算）有哪些？

（续）

提问类型	提问对象	提的问题
数据权限	数据库管理员	数据系统一共有哪些权限角色？
		不同权限角色具有哪些权限功能？
		数据是否分安全等级？是否采用了脱敏处理？
数据表字段	数据分析师、数据开发工程师	是否有数据库设计的结构图或 E-R 图？
		有哪些表（含义）？表里有哪些字段（含义）？是否有详细的数据字典？
		每张表的存储位置、类型、字段格式、计算方式。
数据量	数据分析师、数据开发工程师	数据总共的存储体量有多少？记录的对象总数是多少？
		每张表对应的数据记录条数是多少？
数据质量	数据库管理员、数据开发工程师	数据表字段的空值率是多少？
		数据表字段加工的更新频率是多少？
		数据注释、字典信息、维护人的完备率是多少？

5.1.3　正确的落地思路

在进行充分的前提调研之后，就会进入标签类目体系的核心设计环节，如图 5-5 所示。

图 5-5　充分调研后进入标签类目体系设计

在具体落地设计动作前，需要对整体的设计环节有正确、全局的了解。

1. 根据业务流程梳理数据类目体系

从企业现有业务流程的信息化系统中，可以梳理出企业现有数据情况，进而构建出该企业的数据类目体系。它往往可以由按"流程"组织的数据、按"物"组织的数据、按"人"组织的数据组成，如图 5-6 所示。

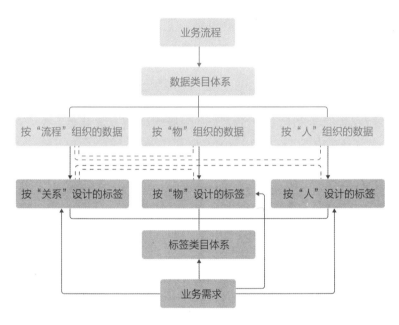

图 5-6　数据类目体系与标签类目体系的设计连接

信息化建设将企业生产经营过程提炼为系统标准流程，从而大大提升了管理效率。因此信息化企业拥有海量按"流程"存储记录的数据。即使是小型家庭作坊，出于记账算账考虑，也会有采购记录单和商品销售单，这就是一种最简单的按"流程"记录的数据。

表单中的每一行都会记录有时间、采购 / 售卖商品名称、数量、单价、总价、经手人等信息。"流程"是"关系"的一种，即人与人、人与物、物与物等发生的一种连接，例如，采购流程就是采购员与进货原料之间发生的一种采购关系，交易流程就是消费者与交易商品之间发生的一种交易关系。

重视数据信息的企业可能已经完成了从"流程"中抽取出"人"和"物"等对象数据的提炼过程，同时增补了对"人"和"物"等对象的信息采集工作。例如不仅从生产记录中抽取出员工的工作执行信息，也通过员工申报的方式采集员工基本信息。

2.根据业务需求设计标签类目体系

对企业现有数据进行完整梳理后，可以根据业务需求来设计标签类目体系。一家企业完整的标签类目体系包括按"人"设计的标签 / 标签类目体系、按"物"设计的标签 / 标签类目体系、按"关系"设计的标签 / 标签类目体系，如图 5-6 所示。

按"人"设计的标签一方面需要考虑业务的需求，另一方面也要基于按"人"组织的数据基础。如果没有相关的数据基础，就无法设计可落地的标签。同样，按"物"设计的标签一方面需要考虑业务的需求，另一方面也要基于按"物"组织的数据基础。

按"关系"设计的标签会包含现有"业务流程（关系）"中的属性标签信息，也会包含数据应用场景中新关系的属性标签信息。同时不管是原有的流程关系，还是数据应用中的新关系，关系中都会有关系人属性或关系物属性，因此在设计过程中也会涉及一部分按"人"设计的标签和按"物"设计的标签。例如采购关系中，会有"采购人姓名""采购人部门"等与"人"相关的标签。

以某电商公司的数据类目体系和标签类目体系梳理过程为例。该电商企业由于其互联网电子化属性，各业务端天然积累了大量数据，包括会员信息、商品信息、线上交易信息等。可以据此梳理出

"会员（人）"的数据类目体系、"电商商品（物）"的数据类目体系、"线上购物（业务流程）"的数据类目体系。

此时某业务部门提出两点数据需求：

第一，需要线上购物的报表分析，对内以供数据化运营；

第二，需要商品推荐服务，对外以供会员享受更智能的电商服务。

基于梳理好的数据类目体系和业务侧需求，数据资产设计师构建出了"会员（人）"标签类目体系、"电商商品（物）"标签类目体系、"线上购物（业务流程）"标签类目体系，"人货匹配（新关系）"标签类目体系。在数据资产构建完毕后，业务人员可以自由选择"线上购物（业务流程）"标签类目体系下的标签，导入 BI 分析工具中进行数据分析，自助式地得到线上购物的报表分析；也可以自由选择"人货匹配（新关系）"标签类目体系下的标签，导入商品推荐模型工具中自助创建商品推荐服务。

5.2　6 个设计步骤

本节正式进入标签类目体系方法论的详细介绍。该方法论基于"树形结构的标签树"第一性原理，涉及标签类目体系的重要概念、操作过程和疑义辨析。真正理解并掌握方法论的数据资产设计师能根据实际场景灵活地变换合适的实施路径，并随着业务、技术的不断更新，优化数据资产设计方法。具体的设计步骤如图 5-7 所示。

5.2.1　识别对象

标签类目体系方法并不急于设计标签，而是先研究对象，因为只有确定好对象，才算抓住了问题本质。

数字映射可以将现实世界中的一切事物归属为对象。对象分为"人""物""关系"三大类型。其中"人"包括自然人、自然人群体、法人、法人群体等，例如消费者、消费者协会、电商企业、电商企

业联合会，是会主动发起行为的主体；"物"包括物品、物体、物品
集合等，例如商品、仓库等，是行为中的被施与对象；"关系"指的
是人和物、人和人、物和物等在某时某刻发生的某种连接，包括行
为关系、归属关系、思维关系等各种强、弱关系；例如购物、运货、
聊天、监管等。可以采用这种对象识别方法将现实世界中的一切事
物、关系——对应到相应的对象分类中。

图 5-7　标签类目体系设计的 6 个步骤

三类对象有本质上的区别，具体如下。

- "人"往往具有主动性和智慧，能主动参与社会活动，发挥
  推动作用，往往是关系的发出者。
- "物"往往是被动的，包括原料、设备、建筑物、简单操作
  的工具或功能集合等，是关系的接收者。常规意义上的设备
  如果具有了充分的人工智能，能够自主思考、主动做出判
  断，变成真正意义上的机器仿真人，那么它就属于"人"这
  一类对象。"人"和"物"是实体类的对象，即看得到摸得
  着的对象。
- "关系"对象属于一种虚拟对象，是两两实体间的联系与连
  接。企业信息化系统中存在大量按"流程"关系组织的数
  据，因此需要将"关系"提升为研究对象，对"关系"进行
  充分的属性刻画和研究。

举例来说，一家生产通信设备的企业，如果要梳理出现有的

数据资源，首先需要抽象出企业经营管理、生产制造、市场营销等过程中涉及的核心对象。例如从"人"的角度出发，会有"消费者""员工""分子公司""经销商"等多种对象；从"物"的角度出发，会有"手机""交换机""生产设备""仓库"等多种对象；从"关系"的角度出发，会有"浏览记录""购买记录""生产记录""物流记录"等多种对象，如图 5-8 所示。

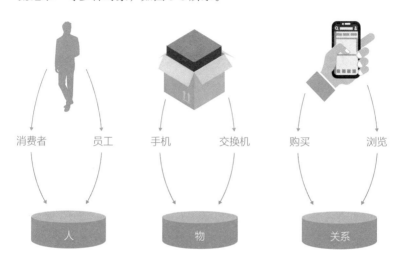

图 5-8　企业中所涉及的对象都可归入"人""物""关系"三种类型

5.2.2　同一对象数据打通

ID 是英文 IDentity 的缩写，身份标识号码的意思，也称为序列号或账号，是个体识别的唯一编码。不同的系统会对其系统成员颁发各自的 ID 编号。

由于同一个对象在多处系统留存有按不同 ID 组织的信息记录，因此需要进行多种 ID 间的同一对象识别打通。

例如某一个自然人，公安系统用身份证对其进行唯一识别，但他在看病时需要使用医疗系统给予的医保账号进行挂号缴费，缴纳生活费用时又对应有不同的水表账号、电表账号、天然气账号，购买了手机会有手机的设备账号，上网购物会有电商账号，上网聊天会有社交账号……不同的账号下都记录了大量的历史行为记录。要对现实世界的事物进行完整的数字转录，采用数据技术对研究对象进行深入的洞察分析，就必须先将多方数据进行 ID 打通。

1.ID-Mapping 技术

大数据领域的 ID-Mapping 技术就是用来解决某一对象多源数据打通问题的。输入两两 ID 关系对，采用机器学习算法进行概率匹配计算，构建 ID 关系网络。可以确立一个核心 ID，例如 AID、ONEID、XID（业内各种叫法不一）作为某对象的唯一识别码，将其他 ID 信息通过 ID 关系网络与之关联匹配。

例如用户会在 PC 端留有访问信息，PC 端的日志数据会按照 MAC 地址、IP 地址、Cookie 等 ID 进行组织；在手机端留有的访问信息会按照 IDFA、MAC、IMEI 等 ID 进行组织；在 TV 端留有的访问信息会按照 IP、MAC、IMEI 等 ID 进行组织……这些 ID 两两之间会天然留存有一定的映射关系，例如某用户经常用某台 PC 浏览网页，因此他浏览网页产生的 Cookie 与这台 PC 的 MAC 地址在日志数据中经常一起出现，存在连接。

2.One-ID

各网站可以为用户制定一个统一 ID，简称 One-ID。每个用户账号 ID 都可以唯一对应一个具体的 One-ID 编码。在某用户初期只访问网站但不注册登录时，系统会根据浏览器 Cookie 直接生成一个 One-ID 编码。直到某一天，该用户注册或登录了自己的网站账号，他的 One-ID 就会和他的账号 ID 关联起来，同时这个 One-ID 仍然保留与 Cookie 的连接。即便该用户下次以访客身份浏览网站（不登录账号），系统也会知道这个 Cookie 所对应的 One-ID，可以将他的访客行为、账户行为统一归并到其名下。

　　该用户某天在手机端登录网站后，通过 Web 端访问日志可以获得他的手机设备信息（如手机 MAC、IDFA、IMEI）与账号 ID 的关联关系。通过账号 ID，可以找到与之对应的 One-ID。慢慢地，通过中转 ID（如网站账号 ID、邮箱地址、手机号等）可以将唯一 ID 与各网站账号 ID、各端设备 ID 串联在一起。通过唯一 ID 的连接，可以实现任何两个 ID 间的映射运算，例如输入 Cookie，可以得到与之关联概率最高的手机号码。以往无法将 PC 行为和手机行为打通，而通过核心 ID 的中转可以实现在未登录账号的情况下，在 PC 端看到一半的电影可以在手机上继续观看，如图 5-9 所示。

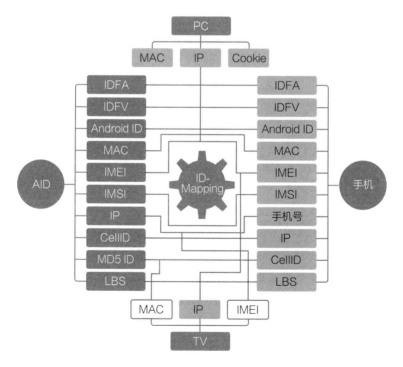

图 5-9　利用 ID-Mapping 技术将各 ID 账号打通

3.4 种级别 ID

根据类型不同，ID 可以分为 4 种级别，如图 5-10 所示。

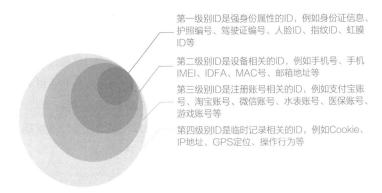

第一级别ID是强身份属性的ID，例如身份证信息、护照编号、驾驶证编号、人脸ID、指纹ID、虹膜ID等

第二级别ID是设备相关的ID，例如手机号、手机IMEI、IDFA、MAC号、邮箱地址等

第三级别ID是注册账号相关的ID，例如支付宝账号、淘宝账号、微信账号、水表账号、医保账号、游戏账号等

第四级别ID是临时记录相关的ID，例如Cookie、IP地址、GPS定位、操作行为等

图 5-10　4 种级别的 ID 信息

- 第一级别 ID：强身份属性的 ID，例如身份证信息、护照编号、驾驶证编号、人脸 ID、指纹 ID、虹膜 ID 等，是真实社会中用来唯一识别个体的编号。这类 ID 往往与核心 ID 建立一一映射的关系对（例如一个自然人只有一个身份证号），通常来自 CRM 系统，是用户注册登记时主动填报的。

- 第二级别 ID：设备相关的 ID，例如手机号、手机 IMEI、手机 IDFA、手机 MAC、PC MAC 等，它们和个体密切相关。当获取不到第一级别 ID 时，也常用第二级别 ID 来关联核心 ID，但可能会存在一个核心 ID 对应多个第二级别 ID 的非唯一映射情况（例如一个自然人有多个手机号的情况）。

- 第三级别 ID：注册账号相关的 ID，例如支付宝账号、淘宝账号、微信账号、水表账号、医保账号、游戏账号等，它们常常体现个体的社会化行为。管控严格的账号 ID 需要和第一级别的 ID 或第二级别的 ID 进行绑定映射，不做管控要求的账号会存在多个第三级别 ID 对应一个第一级别 ID 的情况。

● 第四级别 ID：临时记录相关的 ID，例如 Cookie、IP 地址、GPS 定位、操作行为等，这类 ID 是一种弱 ID，当没有更高级别 ID 可用时，也可以用它们来与核心 ID 建立临时关系。但这类 ID 会发生变化，且可能存在多个核心 ID 共用一个第四级别 ID 的混淆情况（例如多人共用一台电脑，且刷新浏览器后 Cookie 即发生了更改）。不过最新技术显示，通过多种第四级别 ID 加上时空属性组成轨迹序列，例如定位轨迹、操作轨迹，也可以高精度地定义某一个核心 ID。

4. ID 与 ID 间的关联运算

通过用户注册、活动填写、用户主动关联账号、网页埋点、运营商网络记录、公司间合并收购等各种方式，可以积累多种 ID 之间的关联关系。设置 One-ID 的创建规则后，将 One-ID 与其他 ID 进行信息打通。随着 One-ID 连接的关联 ID 越来越多，ID 之间的两两组合关系对数量会增长得越来越快。例如用户用同一个手机号（映射为 One-ID）分别注册了 A 电商账号和 B 社交账号，那么存在手机号—A 电商账号、手机号—B 社交账号、A 电商账号—B 社交账号三种关系对；如果再增加 C 应用账号，则关系对变为 6 种；再增加 D 应用账号，关系对变为 10 种……

除了各种类型 ID 之间有关联，同一对象下的任意两个 ID 之间也存在一定的关联概率。例如同一个手机号可能被用来注册了多个 A 电商账号，在 ID 关联表中就会存在类似于"138****1234—A 电商 ID 1234：90%"和"138****1234—A 电商 ID 1086：10%"的两条映射记录，表示 138****1234 这个手机号与 A 电商 ID 1234 账号的关联概率为 90%，与 A 电商 ID 1086 账号的关联概率为 10%。关联概率的高低代表这两个 ID 之间关系匹配的强弱。

这种关系对的分布是网状结构，随着 ID 类型的增多，关系对数量的增长非常快速。对象数量和账号 ID 数量都会严重影响 ID-

Mapping 的计算量和计算复杂度，因此计算逻辑及收敛规则的设置显得尤为重要。在对象数据量特别庞大（上亿级），账号 ID 类型又非常多，存储计算集群难以保障时效的情况下，算法需要从实际出发，降低弱关系或边缘关系的计算权重，保障核心关系对的有效运算。

5.2.3 数据化的事物表达

数据思维要求我们将现实世界进行快速的数据映射：将所有事物映射为"人""物""关系"三类，系统性地向下梳理各对象全维度属性，各属性下有具体属性值，如图 5-11 所示。在同一类群体中，属性具有一定的通用性，而属性值则体现了个体差异。

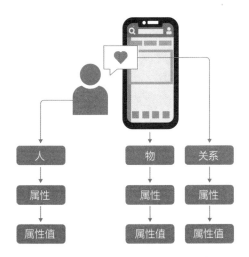

图 5-11　对象—属性—属性值的梳理流程

1. 实例解析

对于事件"爱读书的我今天在微信上花了半小时读了一篇很有意思的科技文章"，可以从中抽象出"读者（人）""文章（物）""阅读

（关系）"三个对象。

继续对"读者（人）"对象梳理出"阅读偏好度"和"今日阅读时长"等属性。在"我"这个具体读者实例中，"阅读偏好度"属性的属性值是"爱读书"，"今日阅读时长"属性的属性值是"半小时"。

在"文章（物）"对象下梳理出"有趣度""文章阅读渠道""文章类型"等属性。在"×××文章"这个具体文章实例中，"有趣度"属性的属性值是"很有意思"，"文章阅读渠道"属性的属性值是"微信"，"文章类型"属性的属性值是"科技"。

在"阅读（关系）"对象下梳理出"阅读渠道""阅读时长"等属性。在"某次阅读"这个具体阅读记录实例中，"阅读渠道"属性的属性值是"微信"，"阅读时长"属性的属性值是"半小时"。

读者们可以从以上示例讲解中理解"对象""属性""属性值"三者的区别和联系，并学习推演到其他一切现实世界中事物的数据化表达。

2. 参考语义解析

对于这种转化推演的练习，也可以参考语言学中的语句解析方法来加深理解：语言中的"主语"往往对应于本方法中的"人"，例如"用户""家长""老师"就是"人"的具体类型；"宾语"往往对应于本方法中的"物"，例如"商品""设备"等就是"物"的具体类型；谓语动词往往对应"关系"，例如"跑步""搬运""告诉"等就是"关系"的具体类型。通过"主谓宾"就能将"人""关系""物"串联起来。与主、宾相关的定语则对应于实体的"属性值"，例如"漂亮""干净""有趣""最高"等就是一些实体对象的"属性值"。与谓语动词相关的状语、补语则对应于关系动作的"属性值"，例如"很快乐""飞快""很慢"等就是一些动作关系的"属性值"。

3. 数据库表映射

有数据结构基础的数据人员可以参考数据库原理来加强理解：

"人""物""关系"对象往往对应着一张数据表中的主键或外键所指向的主体，而属性则对应着以这些对象为主键组织的表中字段/列名，属性值则对应该字段下的具体取值。

图 5-12 所示为某平台会员基础表，其中微信 ID、手机号、性别、年龄、所在城市为列名，三条横向记录为三个用户实例。这张表中主键是微信 ID，外键是手机号，微信 ID 和手机号所指向的主体为平台会员，这就是"对象"。该表中的列名微信 ID、手机号、性别、年龄、所在城市都是会员的"属性"，其中 ID 信息也是一种特殊的属性。"swie****01""138****0001""女""25""杭州"等具体记录行中的字段取值都是"属性值"。

主键	外键	属性	属性	属性
微信ID	手机号	性别	年龄	所在城市
swie****01	138****0001	女	25	杭州
qqrt****rd	135****0005	男	30	北京
or02****ch	136****0214	女	36	上海

（属性值：左侧三行记录）

图 5-12　某平台会员基础表样例

4. 数据化事物表达的意义

将现实世界通过数据映射方法转换到数据世界中，是企业数字化转型的基础，在 DT 时代具有深远的意义，主要体现在以下几个方面。

第一，这种方式是构建数据类目体系、标签类目体系的基础。只有将现实世界的模拟信息通过"对象—属性—属性值"这种数据化映射方法，才能转化为结构数据，这是后续数据资产构建的前提条件和数据应用基础。

第二，这种方式能帮助业务人员进行数据思维的转变，学会用数据语言表达、转化业务痛点问题。将业务问题转化为数据问题，能够更好地完成数据需求的输入信息整理，帮助业务需求更高效地完成与数据技术系统的衔接，最终设计出更适配的解决方案。

第三，通过这种数据化的拆解方式，可以将数据信息清晰而有条理地梳理出来，并且这种转化方式是根据现实世界中的事物映射而来，更好理解，能够帮助数据资产更快速地构建、选用、管理，最终帮助业务解决现有问题，产生价值。

第四，这种方式不仅能解决当前业务问题，也可以触发将来数据使用的灵感，创新场景。有时候数据会直接产生一些新的数据业务场景，前提是对数据的定义、使用、价值非常清楚。能否用数据作为抓手来解决问题或创新业务线是 DT 时代企业数字化转型成功与否的重要标志线。

5.2.4 构建数据类目体系

数据映射完成后，梳理出的数据类型会非常多：对象多，属性多，属性值也很多。因此需要一套系统的数据资产梳理方法对对象、属性、属性值统一进行体系化梳理。本节提到的"数据类目体系"中的"数据"特指企业初始存储的系统数据，是一个狭义的定义，与"标签"相对应。

1. 数据类目体系的对象抽象

企业信息化建设通过采、存、通等步骤沉淀各项原始数据，这些数据来源于各种业务系统，例如 ERP、CRM、OA、WMS 等。采集数据的方式可以是手工录入、埋点采集、系统生成等。由于企业的业务系统往往采用流程化的工作流来处理事务，数据的采集、传输、存储也往往是按"业务流程"环节来组织。因此对企业数据进行数据类目体系梳理时，往往会按照"人""物""流程"来梳理（流程也可以认为是关系的一种细分类型，是企业生产管理中常见的数据组织方式），如图 5-13 所示。

图 5-13 企业数据类目体系的构成

常规企业通常只按照"业务流程"来存储数据，例如生产制造系统中的生产日志记录、仓储物流系统中的物流记录、经营销售系统中的销售明细记录。有一定信息化基础或已完成数仓建设的企业，可能会专门将"人""物"相关的信息从业务系统的数据库中抽取出来，并结合"人""物"的基本信息表，建立对"人""物"的专有数据库，实现对实体对象的全面信息汇总。

例如，生产制造系统中的生产日志记录本身是对生产过程进行记录，但也包含生产类员工的操作记录（例如几点几分某员工开启了某件物品的生产加工，几点几分某员工结束了某件物品的生产加工）。仓储物流系统中的物流记录本身是对物流过程进行记录，但也包含仓库运输类员工的工作记录（例如几点几分某员工上架了某类物品，几点几分某员工完成了某件物品的上门送货）。经营销售系统中的销售明细记录本身是对销售过程进行记录，但也包含销售市场类员工的工作记录（例如几点几分某员工销售了某件商品，几点几分某员工组织了某场市场营销活动）。从这几类业务数据中可以提炼出该企业所有员工的工作行为记录，并结合人事部门的员工基本信息档案，建立全公司员工的完整信息中心。同样道理，也可以提炼出该企业所有商品的生产、存储、运输、售卖等全流程记录，结合商品的基本信息表建立全公司商品的完整信息中心。

数据类目体系先根据企业所涉及的人、物、流程进行对象划分。例如构建某服装企业的数据类目体系，需要先抽象出交易（流程）、库存（流程）、要货（流程）等业务流程的对象目录，然后将这些业务流程中所涉及的加盟商（人）、员工（人）、消费者（人）等人的对象目录构建出来，并将这些业务流程中所涉及的门店（物）、商品（物）、仓库（物）等物的对象目录抽取出来，如图 5-14 所示。

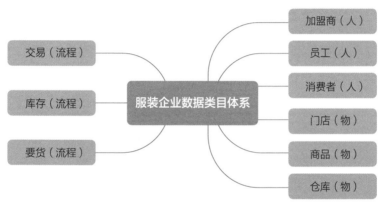

图 5-14　某服装企业的数据对象

2. 数据类目体系的类目梳理

对象目录确定后，需要进行对象下数据类目的展开。

1）梳理"流程"对象的数据类目。

流程类的数据类目往往可以按照业务归属、业务存储库、业务表等对数据进行分类。例如市场销售这一类业务部门可细分为零售交易业务线和批发交易业务线，零售交易业务线的数据库中又将数据按照交易人数据库、交易物数据库、交易记录数据库进行分库存储，交易记录数据库中又按照明细交易、日统计交易、月统计交易、历史统计交易等进行多表存储，交易明细表中除了交易记录 ID，还有交易时间、交易渠道、交易金额等字段信息。

对应于数据类目体系的梳理，就可以在交易（流程）对象下设置两个一级类目，分别是【零售交易】和【批发交易】⊖。【零售交易】一级类目下可以分为【交易人】【交易物】【交易记录】三个二级类目。【交易记录】二级类目下可以分为【明细交易】【日统计交易】【月统计交易】【历史统计交易】四个三级类目。在【明细交易】三级类目下，可以挂有"交易记录 ID""交易时间""交易渠道""交易金额"等字段，如图 5-15 所示。

图 5-15 "交易流程"的数据类目示例

2）梳理"人""物"等实体对象的类目。

信息化建设比较成熟的企业已经专门梳理有"人""物"实体对象的数据库。例如商品数据库中会有商品的基本信息表、服装属性表，也有从业务流程中抽取出来的以商品为主键的交易统计表、商品库存统计表等。商品的基本信息表中有"商品 ID""商品名称""商品类型"等字段，商品交易统计表中有"商品 ID""商品历史总交易量""商品平均交易单价"等字段。因此在数据类目体系

⊖ 为了直观起见，本书中用""和【】来分别表示对象和类目，与标签和标签值的表示方法类似。

中可以构建商品（物）对象目录，在商品对象下设置有【基本信息】
【服装属性】【交易售卖】【库存流通】【要货供应】等五个一级类目。
在【基本信息】一级类目下挂有"商品 ID""商品名称""商品类型"
等字段，在【交易售卖】一级类目下挂有"商品 ID""商品历史总交
易量""商品平均交易单价"等字段，如图 5-16 所示。

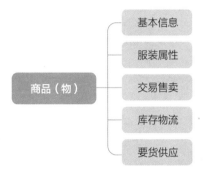

图 5-16 "商品"的数据类目示例

信息化建设比较落后的企业可能只有按流程组织的数据，并没
有单独梳理出"消费者""商品"等实体数据库，那么它们的数据类
目体系中就不用单独设列"消费者""商品"等对象目录。

数据类目体系反映了构建者对企业原始数据的理解，现实中数
据库、数据表、数据字段是如何组织的，就相应转化为数据类目，
不需要过于发散。

例如，企业原始数据里只有员工的简历信息表、课程的基础信
息表、课程培训的明细记录表、薪酬待遇的发放记录表。那么在其
数据类目体系中，"员工（人）"的对象下就只需要梳理出"基本信
息""教育信息""社会关系""工作经历"等四个一级类目，不需要
将员工参与过的课程培训、获得的薪酬都纳入"员工（人）"的一级
类目中，因为该企业当前并没有单独梳理出以员工为主键组织的课
程培训统计表、薪酬发放统计表。相同道理，根据原始数据的分布、
存储情况，可以梳理出"课程（物）"的对象目录及类目结构、"课程

培训（流程）"的对象目录及类目结构、"薪酬待遇（流程）"的对象
目录及类目结构，如图 5-17 所示。

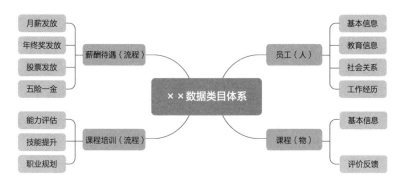

图 5-17　某企业数据类目体系示例

当将原始数据按照数据类目体系进行归整处理后，不管前端业务
对数据采集的形式、周期、传输方式等作出了何种改变，数据传递到
数据类目体系后都是稳定不变的。原始数据的管理即数据类目体系不
会随着业务形式、经营活动方案等上层形态变化而发生底层结构改动。

5.2.5　构建标签类目体系

梳理完企业原始积累的数据类目体系后，需要根据业务场景需
要，设计标签及标签类目体系。标签类目体系的设计过程比数据类
目体系更为复杂。

1. 什么是标签

上文提到"数据类目体系"中的"数据"特指企业原始数据，
尚未加工，是所有待清洗、可加工的数据范畴。它面向数据采集端，
解答的是"数据在哪里"的问题。而"标签"则是指从原始数据清
洗加工而来，能够为业务所用并产生价值的数据资源，一般都需要
结构化到字段粒度，保障服务化使用。它面向数据应用端，解答的

是"数据怎么用""数据的价值是什么"的问题。

1）标签设计的两大前提

标签不能凭空设计，必须考虑标签开发落地的数据可行性；同时标签必须是业务上需要的，能够帮助业务人员作出业务判断、支撑、帮助的数据项。在当前业务中，它经常也被称呼为属性、特征、指标、参数等，如图 5-18 所示。

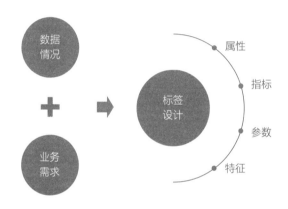

图 5-18　标签设计的两大前提

2）标签和标签值的区别

标签是对某一对象的属性刻画，是结构化到字段粒度的数据资源。例如"酒店信息"并不是标签，它是一种数据大类，其所包含的"酒店名称""酒店地址"才是标签；"女""33 岁""巨蟹座"在本方法论中并不算标签，它们分别是用户身上"性别""年龄""星座"标签的标签值，如图 5-19 所示。

有些公司或数据人员将本方法中的"标签值"称为"标签"，或没有严格区分清楚标签值和标签的区别，将它们统称为标签。这样做的结果是"标签"非常多，且没有组织标准，动辄成百上千，难以管理和使用。标签和标签值是不同颗粒度层级的数据资源，所指向的概念层级也不一样，需要加以区分和加强理解。

消费购物

消费偏好领域	服装
偏好品类	女装
偏好价格区间	偏高
消费频率	高频
近期消费次数	3
近期消费总额	725.0
使用手机类型	智能机
信用等级	4级

交际圈

交际偏好领域	陌生交友
微博粉丝数	246
微博关注数	270
微博互粉数	85
微博认证类型	无认证
微博认证原因	无
微博个人标签	美女
QQ群偏好特征	交友

基本属性

年龄	33
性别	女
生日	1981-06-25
所在国家	01
所在省份	51
所在城市	01
所在县区	00
故乡国家	00
故乡省份	00
故乡城市	00
故乡县区	00
星座	巨蟹座
血型	未知
学校	中医药大学

图 5-19   用户标签与标签值

在数据资产的建设、梳理阶段（种树阶段），最重要的事情是对某一类型对象下的各种属性值信息进行归类抽象。找到某一类对象的共性属性，实现对这一类对象共性属性的梳理、罗列、分类，以找到对象的本质刻画，这些本质刻画是不容易发生改变的。因此"标签"刻画某类对象的本质，例如每个人都会有性别、年龄、年收入、家庭地址、购买力等属性，都会有这些标签；而"标签值"是相，经常会随着时空变化而变化，每个人拥有的标签值各不相同。标签值往往在数据资产的使用阶段（用树阶段）发挥重要价值，日常数据信息的查询、分析、推荐、判断等使用环节中用到的都是具体取值。

2. 标签设计的 5 种思路

标签的设计一般来自业务诉求的梳理抽象。简单而言，将业务痛点拆解成应对的数据方案，将数据方案中的数据资源拆解到字段粒度，就是标签的设计过程。

在更发散的场景中，例如进行数据资产的整体规划或为业务部门想象数据空间（而非仅仅根据已知的业务需求完成数据执行的场合），可以有更多的标签设计发散思路，如图 5-20 所示。

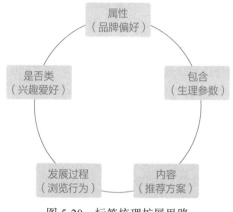

图 5-20　标签梳理扩展思路

思路一：从核心词属性角度发散，例如需要设计"品牌偏好"类标签，可以思考品牌有哪些属性。品牌有国别属性、档次属性、风格属性，因此可以设计出"品牌国别偏好""品牌档次偏好""品牌风格偏好"等标签。

思路二：从包含、拥有角度发散，例如需要设计"生理参数"类标签，可以思考生理参数包含哪些具体的特征信息。很容易联想到身高、体重、血型、三围、尺码等生理信息，因此可以设计出"身高""体重""血型""胸围""脚码"等标签。

思路三：从详细内容角度思考，例如需要设计"推荐方案"类标签，可以思考一个推荐方案往往会由哪些内容要素组成，进而可以设计出"推荐时间""推荐渠道""推荐逻辑""推荐对象 ID""推荐商品 ID"等标签。

思路四：从发展过程角度思考，例如需要设计"浏览行为"类标签，可以思考浏览行为的完整发展过程中所涉及的各项信息，进而可以设计出"浏览来源""浏览路径""浏览商品 ID""浏览是否转化"等标签。

思路五：有一种特别的标签设计思路来自对相同类型事物的统一抽象。例如提到兴趣爱好，大家立刻会想到吃货、购物达人、运动健将、音乐发烧友、户外一族、追星深粉、阅读者等，但是这些名词都属于标签值范畴。在这种情况下，建议设计一个"兴趣爱好"标签，将这些具体的兴趣取值作为这个标签的标签值。如果需要突出兴趣类型，也可以将取值转化为标签：为标签各取值加上"是否"前缀或"程度/指数"后缀，例如"是否吃货""吃货程度""吃货指数"。这样处理后，标签值就变成了标签。将这些同类型的兴趣爱好取值都进行相同处理，就变成了一批兴趣爱好类的标签，这些标签都可以放到【兴趣爱好】的类目下。

3. 为什么需要标签类目体系

按照数据映射原理可以预估，企业或企业业务线沉淀下来的数据项、业务需要使用的标签项将会非常多。标签量越来越多，查找、管理、使用标签就会变得越来越低效。一般当标签量超过 50 个时，业务人员查找或使用标签就比较麻烦，数据管理员要管理数据、标签也会存在障碍。因此需要一种分类机制来对标签进行系统分类。

1）标签类目体系可以实现标签管理的快速规整。

参考图书管理学中的经典方法，海量图书需要有专门的图书编目规则对书本进行编号并按照编号分柜摆放，如图 5-21 所示。阅读者只需要按图索骥即可快速找到自己所需图书，图书管理员也可以方便有效地理清现有图书状况、判断应该采购哪些新增图书以扩充图书馆的馆藏丰富量和热门度。将此思路推广到标签的梳理规划中，建立标签类目体系来对标签进行分类管理、治理优化、规划推进。

图 5-21　图书馆对图书进行编号摆放

2）标签类目体系可以对标签设计进行系统性的规划。

除了对现有标签信息进行有效规整外，标签类目体系也可以帮助企业合理规划、制定数据资产目录。当企业需要对自身数据资源进行盘点、规划时，可以采用标签类目体系的方式，从对象、类目出发设计标签。系统性地思考、规划数据资产的分类分级，从上而下、从粗到细组织生产标签。

4. 标签类目体系的构成

（1）根目录

构建标签类目体系首先需要确定根目录，即"对象"。根目录就像树根一样直接确定这是一棵什么树，比如根目录是"人"，则这个标签类目体系就是"人"的标签类目体系。"人"这种对象大类下可以细分为"自然人""法人""自然人群体""法人群体"四种亚分类。

"自然人"亚根类型中可以有"消费者""员工""用户"等具体对象取值，因此可以形成"消费者（人）"标签类目体系、"员工（人）"标签类目体系、"用户（人）"标签类目体系等标签树。"法人"亚根类型中可以有"公司""供应商""卖家"等具体对象。"自然人群体"亚根类型中存在"消费者协会""卖家联盟""直播圈"等具体的自然人群体对象。"法人群体"亚根类型中存在"行业协会""产业链"等具体的法人群体对象。

根据类似的方式，可以对"物"大分类细化为"物品""物品集"等亚分类；关系也可以细分为"关系记录""关系集"。物可以有"商品""服务"等具体对象，进而构建出"商品（物品）"标签类目体系、"服务（物品集）"标签类目体系。关系可以有"交易""交易中心"等具体对象，进而构建出"交易（关系记录）"标签类目体系、"交易中心（关系集）"标签类目体系。根目录分类、根目录亚分类、具体根目录、具体标签示例如图 5-22 所示。

在设计实操中经常会遇到一个关于根目录的梳理设计问题：现实中的细分群体映射到标签类目体系中，到底是细分根目录，还是不必细分，通过属性取值进行区分？例如现实世界中"员工"可以细分"销售部员工""生产部员工""设计部员工"，那么映射到标签类目体系中，到底是梳理成三个根目录，还是只设计一个"员工"标签类目体系，用"所在部门"这个属性取值来区分三类员工？

要想解答上述问题，必须先厘清以下几点。

1）细分对象的属性是不是很不一样？

例如，一家公司对其销售部员工、生产部员工、设计部员工收集的属性信息是一样的还是不一样的？信息化比较薄弱的中小企业很有可能对所有员工的基本信息录入、培训要求、考核方式等都是一样的，那么这些员工即使分布在不同部门，但其身上的属性标签是一致的，那么就不用细分多个对象，统一采用"员工（人）"对象，不同部门的员工用"所属部门"这一属性进行取值区分即可。

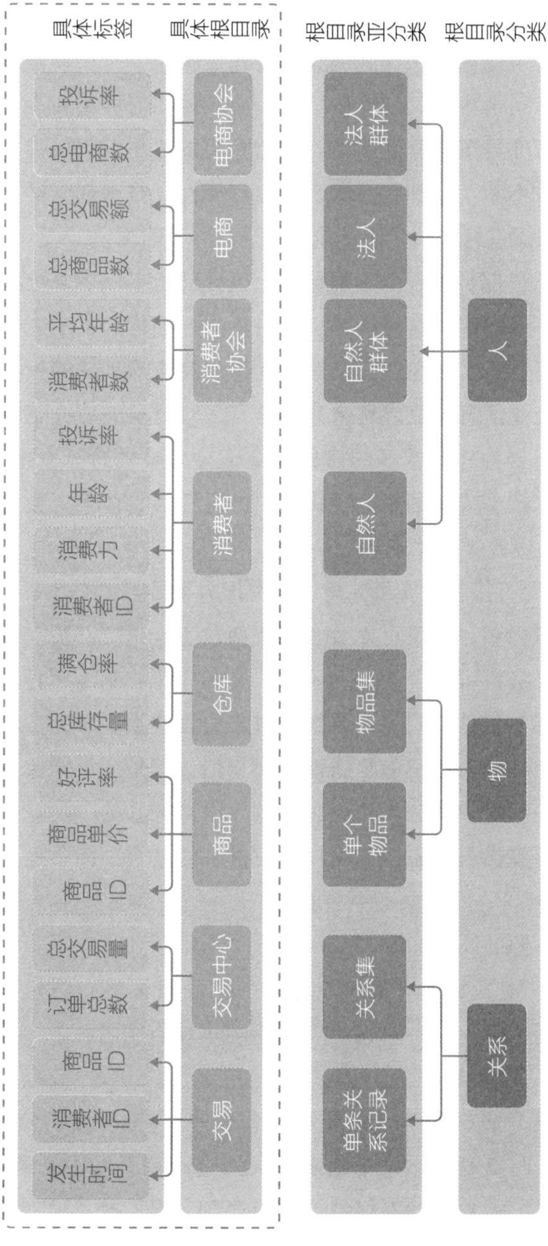

图 5-22　标签根目录分类、亚分类示例

但是，当企业管理越来越成熟时，对不同部门员工的信息记录、技能要求等可能都不一样。例如销售部员工需要对市场活动进行支撑，会有市场销售相关的属性信息，而其他部门员工并没有这部分属性；生产部员工会有商品生产制造相关的工作流程属性，而其他部门员工并不涉及生产相关的工作内容属性；技术部门员工需要对技术专业知识进行考核，而其他部门员工并不需要。

这时销售部员工、生产部员工、设计部员工三者身上的标签大量不重叠，因此建议直接构建三个对象——销售部员工、生产部员工、设计部员工，并在这三个对象上构建和梳理具体的标签类目和标签。当企业信息化建设越来完整丰富，对对象的研究越来越深入的时候，需要构建非常多的对象和基于某个对象的标签类目体系。一家数字化转型成功的企业所构建出的标签类目体系，会包含非常多的对象的标签类目体系。

2）不要直接将现实世界里的分类作为类目。

现实世界中，员工可以分为销售部员工、生产部员工、设计部员工，科研资料可以分为期刊论文、专利软著、基金项目。但是在转化为标签类目体系时，如果细分对象的属性类型不相似，就直接拆分为多个细分对象；如果属性轮廓相似，就是一个对象。不要把现实世界中对对象的分类作为数据世界中对标签的分类。必须要厘清的是，标签类目体系中的类目是对标签的分类，而不是对对象的分类。

（2）对象的属性标签

"人""物"实体对象天然具有一些静态标签，例如人有"姓名""性别""出生日期""籍贯"等标签，物有"名称""属性""成分""功能"等标签。

当"人"或"物"动起来，发生某种连接时，就会产生一个"××关系"新对象。这个新对象天然带有关系发生的动态标签。这些"关系"对象的动态标签可以投影到"人"或"物"身上，使

其也产生相应的动态标签。例如"人"浏览"商品"时，就会产生
"浏览"这个关系对象。"浏览"关系对象天然带有"浏览时长""浏
览渠道""浏览深度"等动态标签。这些动态标签投影到"人"身
上，就可以映射产生"总浏览时长""最常浏览渠道""平均浏览深
度"等动态标签，如图 5-23 所示。

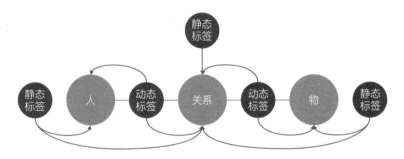

图 5-23　实体对象与虚拟对象之间的标签连接

　　"关系"对象也有属性来对其进行描述刻画，例如"关系类
型""关系发生的条件机制""关系所属业务""关系人姓名""关系物
名称"等静态标签，"关系发生时间""发生地点""发生人""发生
物"等动态标签。

　　静态标签和动态标签之间是辩证统一的关系，用"人"的标签
举例，"性别"和"年龄"是最基础的标签，是静态标签。基础标签
往上，会有行为类标签；行为类标签进行深加工，会有偏好类标签；
行为和偏好类标签都属于动态标签。偏好类标签往上有性格类、思
维类标签，人的性格和思维是比较稳定的，所以又回到了静态标签。

　　（3）类目体系

　　类目体系指的是对某一类 item 的分类、架构组织方法。举例来
说，商品类目体系就是对海量商品进行行业类目梳理的经典成功案
例。商品类目体系对所有商品先进行一级分类，分为美妆、女装、
母婴、数码、鞋包等；美妆一级分类下分为基础护理、细分彩妆、

美发、美体等二级分类；基础护理二级分类下又细分出卸妆、洁面、化妆水、乳液面霜等三级分类；卸妆三级分类下再放入卸妆油等具体商品。

　　类目体系是一种树状结构，从根目录上长出的第一级分支称为一级类目，从第一级分支中长出的第二级分支称为二级类目，从第二级分支中长出的第三级分支称为三级类目……类目结构的分层设定根据企业自身需求而定，没有强制规定。没有上一级类目的类目称为一级类目，没有下一级分类的类目称为叶子类目，挂在叶子类目上的具体叶子就是标签。有下级类目的类目是下级类目的父类目，有上级类目的类目是上级类目的子类目，如图 5-24 所示。

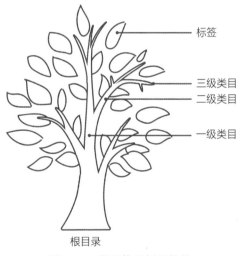

图 5-24　类目体系树状结构

5. 标签类目体系的类目设计思路

　　标签类目体系设计是将标签采用类目体系的方法进行规划、分类、组织。

　　类目体系的层级结构以用户容易理解的分类方式展开，其存在的核心意义即为方便用户快速查找、管理目标对象。因此数据类目体系建议按照数据采集、存储、管理等系统原有体系进行划分，这样可以帮助数据管理者、数据开发者以他们的思维认知方式去匹配类目，找到所需数据。而标签类目体系则建议按照对象理解、价值场景等数据应用的角度进行划分，因为标签类目体系的意义是供业务人员、产品经理等数据资产使用者理解、查找、探索业务上所需标签，发挥数据资产价值。必须转变传统技术视角，以业务人员能理解的业务视角来组织标签。

需要正确认知到，不存在一套通用的、统一的标签类目体系结果能满足所有企业、机构、政府在各种业务、管理场景中的数据需求。不变的只有按照真实业务、管理需求来构建标签类目体系的思路方法。如果一定要给出一些指导意见的话，以下几点思路和经验可供参考。

（1）"人"的标签类目设计思路

构建"人"的标签类目体系时，一级类目可以从以下维度考虑：首先是较为静态、固定的基本属性，包括人的统计学信息、档案信息、生理信息、教育信息、工作信息、常住地信息等；在基本属性之上，考虑较为动态的、场景化的行为关系，包括人的各块行为内容、在行为中发生的关系；在行为之上，考虑基于行为关系提炼出的兴趣习惯，包括兴趣爱好、行为习惯等；在兴趣习惯再往上，可以再深度挖掘出人的性格特征；基于性格之上，可以再抽象人的思维意识，如图 5-25 所示。

沿着这种思考维度，根据业务场景需求，可以将"人"的类目树不断细化。如果数据应用场景较为简单，类目树不必设计太多层次，一层或两层结构即可。随着对场景中人的理解加深，需要有非常多的维度去描绘、刻画一个人时，就会不断增加类目的广度和深度。类目树要往哪些方向上生长、要长几级、长多远，视业务中的数据应用场景需求而定。

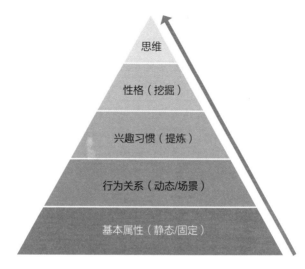

图 5-25 "人"标签类目设计思路

举消费者标签类目体系示例，以"消费者"对象为根目录，可以构建【基础属性】【地理位置】【社交关系】【需求困难】【资产信贷】【行为习惯】【兴趣偏好】【性格格调】等八大类一级类目，如图 5-26 所示。

图 5-26 消费者标签类目

1）在【基础属性】一级类目下，细分了人口统计、形体特征、教育情况、职业信息、人生阶段、直系亲属、账户信息、能力价值等八大类二级类目，如图 5-27 所示。

图 5-27 消费者【基础属性】下的二级类目

在【人口统计】二级类目下，细分了证件号、性别、出生年月、户口国籍、联系方式等三级类目，【出生年月】三级类目下挂身份证年龄、身份证年龄段、年代、预测年龄段、星座、生肖等具体标签，如图 5-28 所示。

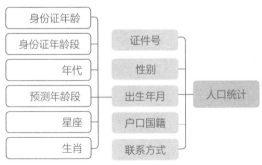

图 5-28 【人口统计】二级类目下的三级类目

2）在【地理位置】一级类目下，细分了生活坐标、实时位置、LBS 周边、地点环境等二级类目，如图 5-29 所示。

图 5-29　【地理位置】一级类目下的二级类目

在【生活坐标】二级类目下，细分了出生地、户籍地、公司所在地、家庭所在地、学校所在地、娱乐所在地、上网访问地、注册认证地址等三级类目，【公司所在地】三级类目下挂公司所在省份名称、公司所在城市名称等各种具体标签，如图 5-30 所示。

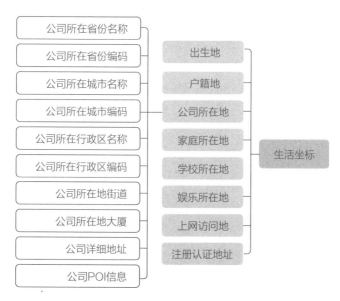

图 5-30　【生活坐标】二级类目下的三级类目

3）在【社交关系】一级类目下，细分了关系网络、关系指数、社交关系、职场关系、家庭关系等二级类目，如图 5-31 所示。

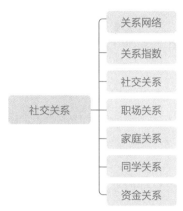

图 5-31　【社交关系】一级类目下的二级类目

在【关系指数】二级类目下，细分了网络活跃度、网络贡献度、网络影响力等三级类目，【网络影响力】三级类目下挂粉丝数、好友数、覆盖网络节点数、影响力分值等各种具体标签，如图 5-32 所示。

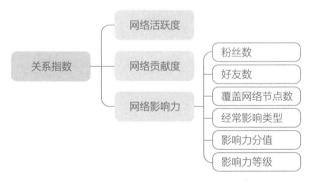

图 5-32　【关系指数】二级类目下的三级类目

4）在【需求困难】一级类目下，细分了生存需求、生活需求、扩展需求等二级类目，如图 5-33 所示。

图 5-33 【需求困难】一级类目下的二级类目

在【生存需求】二级类目下，细分了保暖需求、进食需求、住宿需求、出行需求等三级类目，【出行需求】三级类目下挂是否有购车意愿、购车意愿强烈程度、购买汽车意向时间、购车价位意向等各种具体标签，如图 5-34 所示。

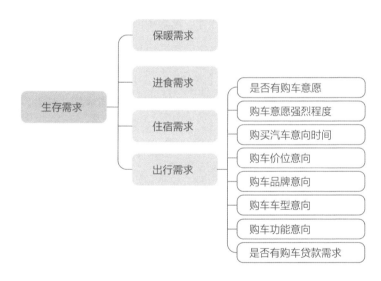

图 5-34 【生存需求】二级类目下的三级类目

5）在【资产信贷】一级类目下，细分了资产情况、资产投资、信用评估、信贷服务等二级类目，如图 5-35 所示。

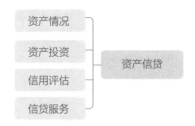

图 5-35 【资产信贷】一级类目下的二级类目

在【信用评估】二级类目下，细分了信用指数、白名单、恶意行为、黑名单等三级类目，【信用指数】三级类目下挂信用评分、信用等级、信用分变化幅度、是否信贷优选受众等各种具体标签，如图 5-36 所示。

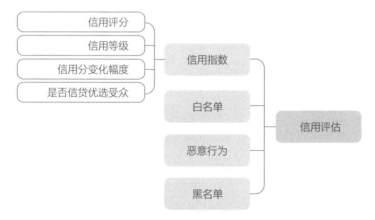

图 5-36 【信用评估】二级类目下的三级类目

6）在【行为习惯】一级类目下，细分了流程行为、行业行为、对象行为、广告行为、上网习惯、购物习惯等二级类目（由于当时广告业务居于主导地位，因此将广告行为提升到二级类目位置），如图 5-37 所示。

在【流程行为】二级类目下，细分了浏览、搜索点击、收藏、加购物车、拍下购买等三级类目，【浏览】三级类目下挂客户访问来源、平均访问浏览时长、平均访问浏览深度、一段时间内浏览商品数等各种具体标签，如图 5-38 所示。

图 5-37　在【行为习惯】一级类目下的二级类目

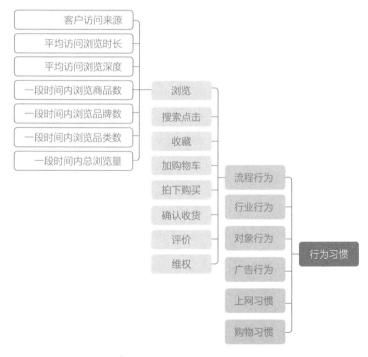

图 5-38　【流程行为】二级类目下的三级类目

7）在【兴趣爱好】一级类目下，细分了购物偏好、社交偏好、行业偏好、爱好特长、休闲娱乐等二级类目，如图 5-39 所示。

图 5-39　【兴趣爱好】一级类目的二级类目

在【购物偏好】二级类目下，细分了品类偏好、品牌偏好、店铺偏好、购物特征、关键词偏好等三级类目，【品牌偏好】三级类目下挂偏好品牌级别、偏好品牌类型、偏好品牌风格、购买品牌偏好等各种具体标签，如图 5-40 所示。

图 5-40　【购物偏好】二级类目下的三级类目

8）在【性格格调】一级类目下，细分了性格、心理、格调等二级类目，如图 5-41 所示。

图 5-41　【性格格调】一级类目下的二级类目

在【性格】二级类目下，细分了购物性格、社交性格、职业性格、生活性格等三级类目，【购物性格】三级类目下挂是否从众跟风、是否明确果断、是否爱贪便宜、是否犹豫再三、是否喜新厌旧等各种具体标签，如图 5-42 所示。

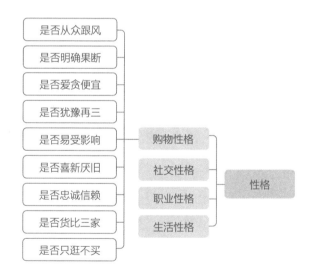

图 5-42　【性格】二级类目下的三级类目

从以上示例中不难发现，按照静态基础→动态行为→习惯偏好→性格思维的思路确定一级类目后，可以采用以下几种细分思路来扩展二级、三级类目。

- 对上一级类目细分类型，例如上一级类目是【性格】，则下一级类目可以从各种类型的性格角度细化，思考性格可以分解成哪几种类型的性格，如购物中表现出的性格、社交环境中表现出的性格、在职场中表现出的性格、在家里日常表现出的性格。

- 对上一级类目细分内容，例如上一级类目是【生存需求】，则下一级类目可以从生存需求所包含的各个内容角度细化，最直接的就是衣、食、住、行。因此可以从保暖、进食、住宿、出行这四个维度先展开分级。

- 对上一级类目细分步骤，例如上一级类目是【流程行为】，则下一级类目可以从流程所包含的各个步骤角度细化，如电商购物流程主要分成浏览、搜索点击、收藏、加购物车、拍下购买等环节，因此可以将这些环节作为下一级类目。

- 对上一级类目细分层次，例如上一级类目是【需求困难】，则下一级类目可以对不同层次的需求进行思考：最底层的需求是生存需求，一般需求是生活类需求，生活类需求保障后会再多一些娱乐需求、教育需求，更高级的是精神层面的需求。按照马斯洛的需求模型来细分。

- 对上一级类目细分过程，例如上一级类目是【资产信贷】，则下一级类目可以从资产信贷的整体发展过程中去思考。首先需要对资产进行情况摸底；盘点好后需要对资产进行管理、投资等行为，这些行为发生后，需要对资产投资进行效果评价。按照行为发生前的盘点准备、发生过程中的各项动作、发生后的效果追踪评估这个发展演进过程来细分类目。

- 对上一级类目细分正反，例如上一级类目是【信用评估】，则从信用的正面考虑信用指数类、白名单类，同时从信用的反面考虑恶意行为类、黑名单类。

在标签类目级别的设定上，还要考虑企业真实场景需要。例如企业当前业务战略特别注重广告业务，则可以把广告行为、广告偏好分别从电商行为、电商偏好中抽取出，与之并列；企业考虑提前布局金融信贷业务，则在数据资产设计阶段就可以把资产信贷类单独列为一级类目，进行重点设计。

因此，没有绝对的规则判断某某类目就应该属于一级、二级、三类中的某一级。企业的业务布局和规划会影响数据资产具体类目的级别调整，就像某二级部门会因为受到重视而被提升为一级部门，或某一级业务线会因为发展不及预期而被降级为二级业务线甚至直接被裁撤，数据资产的类目级别也会随着业务线的走向而发生相应的调整，因为数据资产的核心目的是满足业务线的数据使用需求。

有一个真实案例可以深度诠释标签类目体系结构与业务发展之间的联动关系。某 PC 网站企业在发展初期，需要对消费者进行全维度的客户洞察分析，因此构建了基础属性、地理位置、社交关系、行为习惯、兴趣爱好等一系列以消费者为核心对象的标签类目分类。几年后该企业面临从 PC 端向无线端的迁移转型，因此其在数据资产规划上发生了重大变化：将无线类标签从通用类标签体系中拆出，独立研究和使用，以全力配合企业转型战略。最近几年该企业又通过企业收购和投资并购来布局其他业务板块，打造商业生态，因此在原有的通用标签和无线标签基础上，又增加了行业标签以支撑行业业务扩展需要，如图 5-43 所示。

没有最好的标签类目体系设计，只有最合适企业自身发展的标签类目体系设计。标签类目体系的规划与设计本身就是动态发展的过程，其核心目标是匹配企业业务发展或超前匹配。如果发现现有标签类目体系不足以满足当前业务需要，就是类目体系需要调整优化的时候。

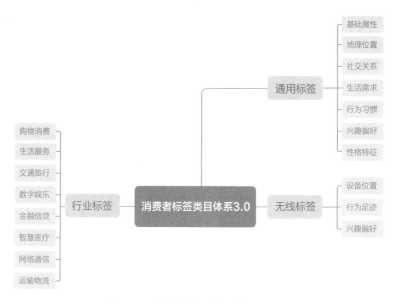

图 5-43　消费者标签类目体系 3.0 版

（2）"物"的标签类目设计思路

构建"物"的标签类目时，一级类目可以从以下维度考虑：

1）考虑静态、固定的基本属性，包括物的基本信息、品类归属、颜色图案、包装存储、尺码重量、成分组成等；

2）在基本属性之上，考虑物的功能效用，包括物的功能作用、包含服务、使用方法、效用周期等；

3）在功能效用之后，更多考虑主从属性，包括从属关系、生产制造、经营销售、发布维护等；

4）在前几类静态信息之后，考虑较为动态的被动关系，包括物被使用过程中的各种关系，可以从被浏览、被收藏、被购买、被运输、被评价、被投诉等流程方面扩展；

5）从关系条件、关系行为、关系结果等前后发展过程方面扩展；

6）根据各种类型的被动关系拆分，例如被家庭使用、被工作使用、被娱乐使用等；

7）汇总深度并挖掘物的价值评估，包括物的质量评估、服务评估、性价比、安全评估、适用性、扩展性、市场占比、竞争排名、认证授权等各种维度，如图 5-44 所示。

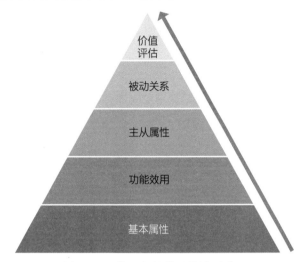

图 5-44 "物"标签类目设计思路

一级类目构建好后，可以参考"人"的标签体系构建思路扩展二级、三级类目，再在各个叶子类目下放入标签，详细过程在此不再赘述。

以某线上 B2B 供应链交易平台的商品标签类目为例。在"商品"对象下可以分出：【商品属性证照】类目，这属于基础属性；【商品支持服务】类目，这属于功能效用；【商品发布维护】【商品推广营销】【商品搜索浏览】【商品交易情况】【商品评价投诉】等类目，这些都属于被动关系，如图 5-45 所示。

在上述一级类目下可以结合真实的物品属性分类细出二级、三级类目体系。每家企业都需要根据自身组织结构、经营管理、业务模式等建立属于自己的标签类目体系。

图 5-45　商品标签类目示例

（3）"关系"的标签类目设计思路

构建"关系"的标签类目时，一级类目可以从以下维度考虑。

1）梳理该"关系"所涉及的关系人、关系物标签。与前文提到的"人"或"物"的标签类目体系里的标签不同，"关系"对象下的关系人或关系物是对关系的属性描述，只涉及在这个关系中所表现出的人/物属性。【关系人】或【关系物】在"关系"对象下属于类目名。而前文梳理的"人""物"标签类目体系则是"人""物"对象下所有属性标签的合集，"人"和"物"是对象。

2）从"关系"的准备层面思考，包括这个"关系"触发的契机、机制、准备条件等；继而从"关系"实际发生过程层面思考，包括"关系"发生的时间、地点、天气、途径、渠道等时空条件，以及"关系"发生的参与方、参与物、步骤、频率、程度、强弱、连接等过程行为；最后可以从"关系"的结果层面思考，包括流程性的直接结果、各环节链路的转化、综合效果评估、拆分各因素端效果评估、优化推荐等各种维度，如图 5-46 所示。

一级类目构建好后，可以参考"人"的标签体系构建思路扩展二级、三级类目，再在各个叶子类目下放入详细标签，在此不再赘述。

以某服装企业的交易记录（关系）标签类目为例，主要构建过程如下。

首先，梳理出"交易记录"发生的交易人属性，这是一类描述某次交易记录中交易人属性的标签集合，这类标签集合的类目名可以是【交易人】，注意此时的【交易人】不是对象，需要理解后区分。"交易人 ID""交易人姓名""交易人卡号""交易人会员号"等交易记录中会记录的标签可以挂在【交易人】这个类目下。

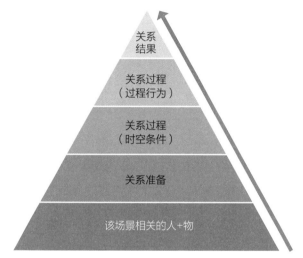

图 5-46 "关系"标签类目设计思路

其次，梳理出"交易记录"发生的交易物属性，这是一类描述某次交易记录中交易物属性的标签集合，这类标签集合的类目名可以是【交易物】，注意此时的【交易物】不是对象。"交易物 ID""交易物名称""交易物品牌""交易物品类"等交易记录中会记录的标签可以挂在【交易物】这个类目下。

最后，梳理"交易记录"的关系过程，包括：交易发生前的信息，包括触发交易需要达到的"满足条件"（或"触发机制"）和"交易来源"等标签；交易发生中的时空属性，包括"交易时间""交易地点""交易环境"等标签；交易发生中的过程行为，包括"交易类型""交易金额""交易方式""交易渠道"等标签；交易的结果跟踪，包括"是否退货""退款金额""是否评价""评价倾向"等标签，如

图 5-47 所示。

图 5-47　交易记录标签类目示例

（4）各对象类目汇总

把"人"的标签类目、"物"的标签类目、"关系"的标签类目汇总后，可以得到一家企业完整的标签类目结构图。

以某家服务企业的数据资产建设为例。汇总后的标签类目包含"加盟商"（人）、"员工"（人）、"消费者"（人）、"门店"（物）、"仓库"（物）、"商品"（物）、"交易记录"（关系）、"库存记录"（关系）、"要货记录"（关系）、"销量趋势"（关系）、"库存预警"（关系）、"订货辅助"（关系）等的标签类目。

"人"和"物"标签类目体系中的标签除了"人"和"物"基本属性信息外，也包括从各种关系中转化而来的标签。关系的标签类目体系包括从业务流程抽象出的流程关系，例如"交易记录"（关系）、"库存记录"（关系）、"要货记录"（关系）等；也包括创新的数据应用或数据业务所涵盖的新关系，例如"销量趋势"（关系）、"库存预警"（关系）、"订货辅助"（关系），如图 5-48 所示。

6. 标签类目体系构建中的常见问题

在标签类目体系构建实操过程中，标签设计者经常会受到以下几个问题困扰。

1）同一个事件在不同对象处都形成标签，是否信息冗余？

例如交易这一个事件，会在交易记录（关系）标签类目体系中产生"每笔交易金额"标签，同时在消费者（人）标签类目体系中产生"某次交易金额"标签，在商品（物）标签类目体系中产生"某次被交易金额"标签。这些其实都是在记录同一个事件信息，但是会在事件相关的不同对象处都留有相关信息，看上去好像是同一个信息冗余了。

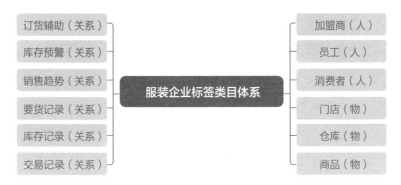

图 5-48　服装企业标签类目体系

但是，我们回想一下，标签类目体系构建的核心目的是什么，是让业务人员尽可能快速找到想要的标签，并且简便快速地组合使用。因此当业务人员的业务需求是对"人"进行分析、筛选、营销时，他们往往希望能在人的标签类目体系中找到所有与人有关的标签（包括事件类、关系类、行为类、所有物等标签），而不愿意或者不会想到去关系或物的标签类目体系中查找。

在梳理刻画人的标签类目体系时，需要将与人相关的、业务上需要用到的所有标签（包括与人有关的事件标签、关系标签、行为标签、所有物标签等）都尽量详尽地设计出来。按照这种思路梳理标签，业务人员在使用标签时，只需要先明确是对人、物、关系哪种对象进行业务研究使用，例如是找人、找物还是找关系记录。如果是找人，就找到人的标签类目体系，查找、选择业务所需的标签并灵活地配置使用，生成数据服务接口或数据应用产品以供业务系统 / 业务人员使用，而不需要杂糅人的标签、物的标签、关系的标签。在传统方式中，遇到跨对象的复杂逻辑运算时，往往会先利用 SQL 代码将多个对象表合在一起再进行筛选，这种方式对于业务人员来说理解难度很大，不利于操作，数据运算量也会非常大。

在标签类目体系方法论中，建议按照各自对象去构建全面的标签，使得查找和使用标签时逻辑清晰。例如业务需求是筛选性别为女性、平均交易金额在 1000 元以上、拥有豪车的 VIP 客户，这里涉及客户的基本信息、交易关系类信息和车辆物品信息。这时需要构建的就是客户标签类目体系，在客户标签类目体系中设计"性别""是否 VIP"等基本属性标签，也要设计"平均交易金额"等消费行为标签，还需要设计"拥有车辆品牌"等所有物标签。将关系、物相关的属性转化后生成人身上的标签，就可以形成较为完整的人的标签类目体系，将复杂的问题（多对象）从逻辑上简单化（单对象）。

2）当前暂时未用到，但是将来可能会用到的标签是否需要设计？

标签类目体系是基于现有数据基础、现在及将来可能的业务需求设计和规划而来，是可复用、有价值标签的全集，需要尽可能包含人、物、关系对象下的所有可用标签。因此会有部分标签当前暂未被数据应用场景所使用，但是不妨碍企业将其提前规划、设计、融入标签类目体系中。一方面方便业务人员在查看、理解各种标签时发现新的数据应用场景，另一方面也可以指导企业提前布局、采集数据或开辟新业务板块来补充新数据源。因此标签类目体系不仅解决客户当前需求，更是为企业将来场景化的数据需求而服务，解决的是未来的问题。

3）标签类目体系的结构是否会随着业务发展而变动？

可以按照实际情况来决定设立标签类目体系的层次结构。构建初期，标签应用的场景较少或较为简单时，可以只涉及一级或两级的类目体系；随着数据来源、标签使用场景的日益丰富，类目会越来越多，就可以考虑构建多级的类目体系。标签类目体系需要根据具体应用场景的复杂度进行合适的层级分类，有两点需要注意。

其一，标签类目体系的分层分级要尽量考虑到未来的适用性，不建议频繁修改类目结构。因此在每次设置类目时，需要考虑到一定的延展性，并注意并列类目的颗粒度是否一致。这样，在标签增加时，一般不用修改原有类目，而是在原有类目基础上细分子类目。

其二，建议类目体系结构一般不超过三级，分级层数不宜过多。如果标签数量较多时，更好的做法将类目深度转化为类目广度，即横向分类数增多，例如将 4 个三级类目扩展到 6 个三级类目，而不是下设四级类目。因为分类层级为四级，就意味着用户想要查找一个标签最多需要展开四级分类类目。类目结构过多会增加试错成本，根据遍历算法和实操经验，三级类目结构可以满足当前多数企业的数据应用场景。当然，类目结构也不能过少，类目结构过少意味着某一级别的平行分类很多，或很多标签都挂了一个分类下，当某一级类目数超过 10 个或某一叶子类目下挂有的标签数超过 10 个时，一次性无法遍历，就会增加用户逐一查找的成本。

经标签类目体系使用场景的大量验证发现，三级分类结构，且每级分类不超过 10 个，即总类目数不超过 1000 个是比较合适的类目结构。这样的类目结构可以挂有 1 万个标签（标签本身有生命周期会新生和凋零），足够一般企业业务所需。当然随着企业数据业务化工作的不断积累，标签类目结构、标签类目数、标签数都会随着实际情况发展，不必拘泥于以上限制。

5.2.6　前后台标签类目体系

在构建完企业的完整标签类目体系后，需要将其进一步加工为前后台类目。

1. 什么是前后台类目

根据前文各步骤构建出的是企业后台标签类目体系：数据资产的全集，即所有需沉淀、可复用、有价值的标签池。数据资产设计师或管理员可以创建、维护后台标签类目体系，其他人员可以查看类目体系，但不能随意修改。后台标签类目体系比较稳定，是对人、物、关系各类对象的本质描述及描述属性的普适分类。它与业务场景松耦合，保持对人、物、关系各类对象的全局、稳定的标签定义。

在讲解前台类目前，需要先对"场景"这一概念进行解释。场景指在某环境下，具体对象（人／物／关系）在时空中的表现。在某场景内，对象可能是某个人或某群人，可能是某个物或某群物，也有可能是发生着的某种关系或某系列关系集合。

场景 1：我花了 100 元买了一条连衣裙（场对象：人—货—交易）

场景 2：一个下午我在空想（场对象：只有"我"）

场景 3：这堆商品在这里放 5 天了（场对象：只有"商品"）

前台标签类目体系侧重于对业务场景的响应，根据业务需求来汇集所需的标签集合，并根据业务的理解对标签进行分类，以供业务系统或数据应用调用。因此前台标签类目体系会随着业务场景变化而变化，是灵活可配的。当业务场景的参与人、业务流程、影响范围等发生变化时，所涉及的标签也会随之发生变化。业务场景本身可能是短暂的，快速产生，快速关闭，或者演变成另一种业务场景，那么其所关联的前台标签类目也会随之新增、删除或演化。因此前台标签类目体系是场景化的、不稳定的，更贴近业务需求。

前台标签类目是面向数据应用场景的，但不是所有企业业务场景都要梳理。不涉及数据应用的传统业务场景不需要梳理进前台类目中，因为标签类目体系的核心本质是为数据应用服务。

2. 前后台类目的联系与区别

前台标签类目一般按照大场景／子场景／数据服务等层级展开。在大场景／子场景／数据服务下先抽象出所涉及的对象，再去后台标签类目体系该对象下的标签总集中找到该数据服务所需的标签，并添加到这个前台类目对象下。如果数据服务中某对象下标签多于 10个，就可以设计一级、二级等多级类目，将众多标签分别挂在不同的前台类目下。因此可以认为某一个数据场景的前台标签类目是后

台标签类目的一个标签子集，如图 5-49 所示。前台类目会随着企业
对数据资产的广泛使用而越来越复杂，生命周期也会随着业务快速
发展而发生短平快的改变，包括前台类目结构的变化、类目下所含
标签的变化等。

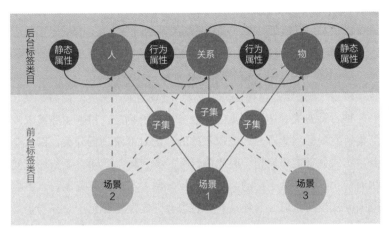

图 5-49   前后台标签类目的联系

前台类目构建的思路与后台类目不同，前台类目构建的方式往
往与数据场景设计密切相关，一个设置合理的前台类目体系往往与
数据产品系统设计息息相关。前台类目能方便数据产品系统的应用
开发，帮助前端开发工程师快速厘清数据产品各功能模块与对象标
签的映射关系。

例如某服装企业的销售业务线，面向加盟商提供了一个智能订
货的数据产品系统，其具体功能模块分为【加盟商要货分析】【商品
要货分析】【要货辅助决策】。【加盟商要货分析】包括对加盟商（对
象）50 个标签维度的群体画像。对应前台标签类目来说，智能订货
这个数据产品系统就是一个大场景，具体功能模块【加盟商要货分
析】就是子场景。这个子场景因为涉及加盟商的群体画像，所以需
要添加"加盟商"这个对象（人），该对象下挂有画像分析需要用到

的 50 个标签。而这 50 个标签，由于数量较多，在系统展示层面会按照【加盟商基本信息】【加盟商业绩表现】【加盟商要货信息】等类型分开展示。在前台类目设计上，就可以按照数据产品的设计分类来对应设置前台类目，不需要和加盟商的后台标签的类目结构保持一致，如图 5-50 所示。

将梳理好的前台、后台标签类目体系合并在一起，就构成了一个企业的完整标签类目体系。仍然以某服装企业标签类目体系为例，所有人、物、关系的标签全集是后台的标签类目体系，每个具体数据应用场景包含的各对象标签子集是前台的标签类目体系。可以从后台类目中选取所需的标签放入前台类目中，形成前后台类目标签的映射关系，如图 5-51 所示。

3. 区分前后台类目的意义

为什么要区分前台类目和后台类目？因为业务需要与技术管理存在矛盾。一方面，业务是灵活的、变化的，它对数据的需求是高响应和灵活可调，因此针对某个场景的标签组织方式应该是自由可配置的。但是另一方面，从技术视角管理标签时又希望标签的组织方式是较为稳定的，且业务人员来标签门户看、选标签时，也希望标签组织方式是较为稳定的，否则今天查看标签是这样组织的，明天看又换了一种组织类目，不利于对标签的反复查看。

线下零售巨头沃尔玛的仓储案例对此类问题有一定的启发作用。沃尔玛的仓库类目分区和货架类目分区是分离的，仓库类目分区相对比较稳定，而货架分区则是根据季节和活动随时调整。阿里巴巴集团也将电商商品类目体系分成两套，一套是前台商品类目体系，一套是后台商品类目体系。后台类目相对比较稳定，给商家建新商品标识分类使用；前台类目面向运营人员和用户，主要方便运营人员按照活动、营销、场景等场景化需求来组合商品分类，非常灵活，可以经常调整。后台类目和前台类目可以通过映射关系进行关联。

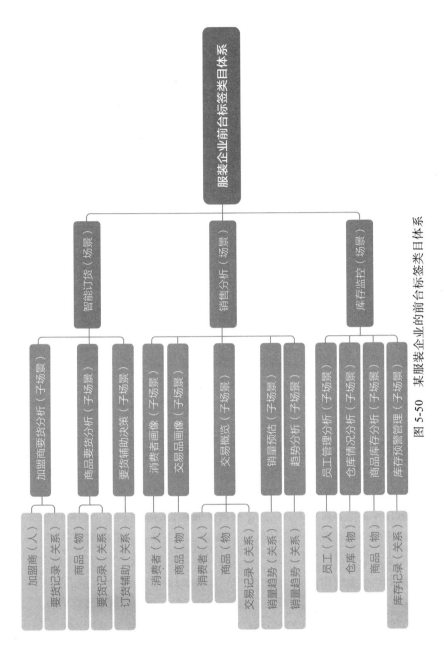

图 5-50　某服装企业的前台标签类目体系

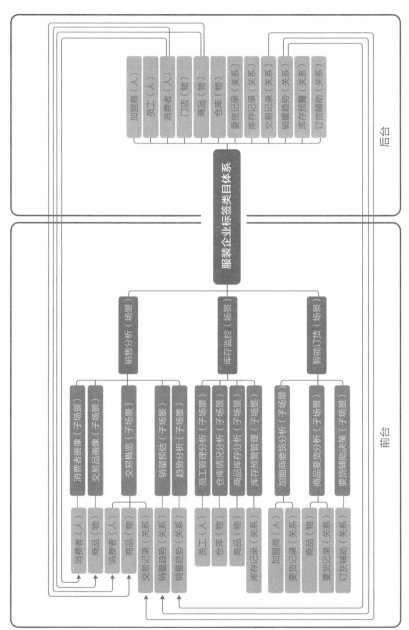

图 5-51　某服装企业的前后台标签类目体系

参考仓储和商品的两套类目体系，得到了前后台标签类目体系。前台标签类目体系面向业务，会随着数据应用场景的产生而生成新的前台类目结构（包括类目下的标签），也会随着数据应用场景的消失而删除不用的前台类目结构（包括类目下的标签）。在前台类目删除标签并不是真正删除标签，只是删除了该前台类目与标签之间的映射关系，通过后台类目仍然可以查看并选择该标签。

4. 完整的前后台类目设计步骤

一个完整的前后台标签类目体系设计的实施步骤如图 5-52 所示。

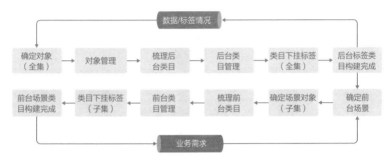

图 5-52　前后台标签类目体系设计的实施步骤

1）从企业现有的业务需求和数据情况出发，识别出对象有哪些；

2）确定这些对象作为标签类目体系的根目录；

3）梳理各个根目录下所有可能的标签，采用类目体系结构对标签进行分类；

4）对后台类目进行记录、规划、统一管理；

5）在各个后台类目下放入具体标签；

6）后台标签类目体系构建完成，这是对企业全部标签的类目管理，形成标签类目设计文档或可查阅的系统信息；

7）根据业务场景需要，确定某个数据应用场景，即前台；

8）确定该前台场景中所涉及的对象，原则上前台对象是后台所有对象的子集；

9）根据前台数据应用场景设计，梳理所需标签和前台类目结构；

10）将前台类目进行记录、调整、统一管理；

11）在各个前台类目下放入需要用到的标签。

标签设计和类目设计过程是相互融合的互补过程：可以选择先根据业务需求设计标签，再对标签进行类目划分；也可以先规划类目，再在类目下设计具体标签；实际情况也可能是以上两个过程的反复优化迭代。有多少个数据应用场景，就需要创建多少个前台场景类目。多个前台场景类目共同构成前台标签类目体系。

以上步骤是先有后台类目，再按需选取标签、组成前台类目的常规流程；但也有部分企业是从支撑前台业务需求开始积累标签的，因此可能会有先有前台类目支撑业务需求，再对现有标签沉淀和梳理出一套后台标签类目的过程，如图 5-53 所示。

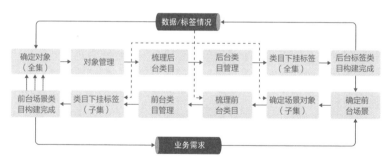

图 5-53　前后台标签类目体系设计的第二种实施步骤

5. 前后台类目的设计与管理责任部门各有不同

后台类目主要由数据资产设计师根据数据情况及业务诉求来设计规划。后台类目体系的标签开发完成后，供前端业务人员根据某个具体的业务场景需要来筛选相关的人、物、关系的标签，或提出新增标签需求，由数据资产设计师补充完善。进入后台类目体系的标签一般都要具有可复用、有广泛价值的特性。后台标签可以通过标签门户开放给各业务人员自由查看、选择，审核通过后加入业务端自行构建的前台标签类目中。因此后台标签类目体系往往是由数据部门的资产设计师们统一操作、管理、运维：开放创建新标签的权限给多个数据资产设计师，设计师提交标签新增操作后，标签经过资产管理员审核通过后才能上架；标签类目结构一般交由一个资产管理员来统一管理和维护，防止太多人同时修改后台类目结构，造成混乱。按照后台类目体系设计的标签会交由多个数据开发工程师来进行标签字段的开发，一般会在某对象各个类目下形成一张或多张稳定的标签表。字段开发测试完成后，需要将物理表中的字段映射回标签。

而前台标签类目体系则交由业务部门自行创建和管理，一般也建议由一个业务产品经理来统一维护。前台标签类目结构比较自由灵活，业务人员可以根据自身场景需要灵活创建和设计类目结构，并从后台标签类目体系中选择所需标签，挂在前台类目下即可。前台类目体系实际上完成了对后端类目体系标签的映射组合动作，当场景需要发生变化时，前台类目下的标签可以任意删改新增，并不会对后台标签产生影响，修改的只是前后台映射关系。前台类目体系对应是某对象下抽取而成的临时表或应用表。前台类目所涉及的标签发生变化时，这张临时 / 应用表里所涉及的字段也会相应发生变化，但后台类目所对应的标签表不变。

术：使用技法与重要问题

一个完整的理论体系，除了基本原理和定义之外，还需要配套相应的技术、规范、流程才能保障知识的实操落地。知识的产生与划分从来都不是由智力进化、经验积累、行业细分所导致，而是由新的问题与挑战所引导而创造的。一个有效的理论必须能指导落地，解决实际问题，经得起现实挑战。因此本章会详细介绍标签的具体设计规范，解答标签使用、管理、价值等重要的落地问题。

6.1 标签规范

数据必须转化成能解决业务问题、提升业务效率的标签才具有价值，否则就是数据负累。因此业内一直尝试探索的核心环节就是数据的商业变现，或者称为数据到商业价值的通道。

将数据提炼转化为标签的过程称为"标签化"，标签化需要充分考虑两大因素，如图 6-1 所示。

图 6-1　标签化过程所需考虑的两大因素

第一，是否具有数据可行性，是否有原始数据可以用于加工成标签。不能天马行空，没有落地点。

第二，是否能体现业务价值，即是否为业务核心需要或者能创新业务场景。

因此做好标签化即已经完成好的数据产品的一半工作。标签化的核心是用数据思维去理解、抽象、提炼业务场景并解决业务问题。在标签化的过程中，需要有标签规范对其进行标准作业指导。

6.1.1　标签化

在进行标签化之前，首先需要区分清楚根目录、标签类目、标签、标签值四者的区别和联系。

1. 根目录指向标签所属的对象

根目录往往是一种较为模糊、宽泛、简单的名词或动名词，例如用户、购房者、酒店、浏览（记录）、交易（记录）、报修（记录）。按照前文提到的数据思维，世上的一切事物都可以归为人、物、关系三类对象，因此一个用来指向某个对象的词（名词指向人、物，动名词指向关系）都不应该是标签，往往是标签根目录。在数据物理层面往往映射为某张大宽表中的主键，这张大宽表中的信息都是对该主键对象的详细刻画和数据记录：大宽表的列即映射为标签，大宽表的行记录则对应于具体的对象在各标签属性上的具体属性值记录。

2. 类目是对标签的分类

例如消费者身上的标签可以分类为基本信息、地理位置、社交关系等，这些分类名也是类目名。类目往往由名词构成。一个类目及其所归类的标签在数据物理层面可以和某张具体表对应，例如"消费者"对象的【基本信息】类目下，有"性别""年龄""籍贯"等多个标签，一般对应于消费者数据库中的一张消费者基本信息表，该表中会有"性别""年龄""籍贯"等多个字段。多张主键相同但信息类型不同的数据表关联在一起就可以形成该主键对象下的大宽表。例如将消费者基本信息表、消费者地理位置表、消费者社交关系表按照消费者 ID 关联在一起，就可以形成一张消费者多维度信息宽表。

3. 标签是对象的属性，颗粒度到字段级

"购房者姓名""购房者电话""购房者居住地址""购房时间"等字段粒度的属性就是"购房者"对象的标签。标签往往由前后两个名词构成，前一个名词作为对象定语修饰后一个名词。标签一般对应于某数据库中某张数据表中的某字段。因此，"最近 1 天报修工单量""最近 3 天报修工单量""最近 7 天报修工单量"这些仅仅时间、地域、渠道中某一个维度不同，统计方式、统计对象都相同的标签，一般要算成 3 个标签，因为它们对应到数据表中的 3 个字段。

值得特别提出的一点是，有一些即席计算类的标签，例如"最近 N 天报修工单量"，标签名中的一部分（这里是"N"）可以在数据应用场景中任意设定，数据后端采用即席计算引擎导入报修工单

量明细表，即可快速完成不同条件下的内存运算。那么此时，"最近 N 天报修工单量"就是一个标签，N 是变量。这类标签属于即席类标签，就像实时类标签一样，它们是无法提前运算好，存储在某一张离线计算结果表中的。

4.标签值是对象属性的具体取值

例如【张三】【李四】是"购房者姓名"标签的标签值，【男】【女】是"性别"标签的标签值。标签值往往是形容词、名词或数字，一般对应于数据库中某张数据表中的某字段取值。标签值的取值类型可以是数值型、文本型、日期型、KV 型，但主要为数值型。数值型中又分可枚举的离散值和不可枚举的连续值。

标签值和标签都可以是名词，有时确实容易造成困惑，可以用一个简单的办法来区分：想想这个信息项是不是确定了。"女""白领"就是确定了的信息，明确了这个对象是个女人不是男人，是个白领不是其他职业，那么这些信息项就是标签值。"性别""职业"都没有确定具体的取值信息，可以有各种可能的取值，比如这个对象的性别可能是男可能是女，职业可能是白领可能是医生，那么这些信息项至少不是标签值；如果信息项细化到字段粒度，就很有可能是标签。

6.1.2 元标签

标签的标签称为元标签。元标签是对标签对象的属性描述，旨在采用业务化的术语，帮助前端业务更好地理解标签。因此标签的精髓主要体现在元标签信息的呈现上。一个标签能否让业务人员充分理解、思考适用场景、发挥数据价值，关键就在于元标签信息是否梳理到位。

元标签主要有标签所属根目录、标签所属类目、标签名、标签描述、标签加工类型、标签逻辑、值字典、取值类型、示例、更新周期、安全等级、适用场景、当前调用量、质量分、价值分、表名、字段名、负责人、完成时间等，如图 6-2 所示。

图 6-2　元标签示例

其中，标签所属根目录、标签所属类目、标签名、标签描述、标签加工类型、标签逻辑、值字典、取值类型、示例、更新周期、安全等级、适用场景、当前调用量、质量分、价值分等元标签偏向业务理解方向，可以帮助业务人员理解标签信息，选择并使用标签；表名、字段名、负责人、完成时间等元标签偏向技术方向，主要登记数据开发实施过程中的相关指标，与标签治理、运营等管理动作有关。重要的元标签的具体解释如下。

1. 标签所属根目录

标签所属根目录是指该标签是哪个对象的标签。

2. 标签所属类目

标签所属类目就是上文提到的标签所属一级类目、二级类目、三级类目等。类目层级不一定是三级，需要根据企业的真实情况来具体设置。

3. 标签名

标签名主要指标签的中文名称，必要时也可以增加标签英文名称。标签命名应遵循三大原则：避免产生侵犯隐私的误解，同一标签使用同一标签名称，同类标签使用同类语句结构（见图 6-3）。

图 6-3　标签命名三大原则

具体来说，标签命名的基本规范如下。

（1）格式规范

同一个标签应归一为相同的标签名称，例如对于交易金额类的标签，原子标签都应该统一命名成同一种，不能一会儿叫"交易金额"，一会儿叫"消费金额"。

同类标签使用同类语句结构，例如企业对统计类标签的命名规范为"时间维度＋渠道维度＋品类＋原子标签"，那么具体标签命名就应该是"最近 1 天移动端电子产品交易总金额""最近 7 天手机端电子产品交易总金额"等，不要再使用"电子产品移动端最近 30 天交易总金额"这样的标签命名。

（2）用词规范

不建议使用"身份证""轨迹""定位""追踪""GPS""用户习惯""意图""未成年人"等词，这些词语都属于敏感词，容易引起不必要的关注和排查。

对于算法模型产出的标签，建议标签名称前增加"预测"二字，如"预测是否有房""预测职业""预测年龄"等。

不使用歧视性用语，如"男人婆""土包子""小屁孩"等。

用户爱好、意愿类的标签使用"偏好"结尾，例如"预测品牌偏好""预测品类偏好""预测风格偏好"。行为习惯类标签中可单独使用"习惯"做动词，例如"习惯上网时间段""习惯消费商场"。

（3）内容规范

标签的数据计算内容中不应该统计未成年人的相关数据（法律风险）。

标签的数据必须合法取得或获得合法授权使用，不使用非法或灰色数据信息加工标签（法律风险）。

4.标签描述

对标签名用一两句话进行解释，避免标签名由于用词过于简短而存在歧义、模糊、多义等问题。一般在有标签逻辑信息的情况下，标签描述可以不写，但是考虑到数据安全，有时标签逻辑信息不能完全对外展示，标签描述就成为唯一的对外解释窗口，就有存在的必要。

5.标签加工类型

标签根据加工类型的不同可以分为原始类标签、统计类标签和算法类标签。

（1）三类加工标签定义

原始类标签：原始数据表中就存在的字段，经过简单的规整后成为标签，即可被业务人员使用。

统计类标签：原始数据通过 ETL 加工，例如求和、平均、正则表达式、规则运算等简单数学函数运算，成为标签后被业务人员使用。

算法类标签：原始数据通过算法模型计算后的深加工类标签，例如经过模式识别、深度学习等算法模型运算后得出的综合评分、预测指数等。

原始数据就像生产原材料，通过生产加工流水线可以自动化生产加工出各种类型的标签商品，如图 6-4 所示。

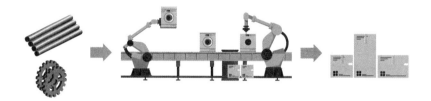

图 6-4 原始数据通过生产加工流水线加工成标签商品

（2）三类加工标签与属性分类标签的联系

1）原始类标签往往是基础属性类标签，例如会员注册登记的性别、年龄、姓名、手机号码等。基本属性直接描述某一类对象的属性、特征、信息，往往来自基本信息表，其中重要的信息项可以通过简单清洗、数据剪裁等方式转化为原始类标签，为业务人员所使用。这些标签信息往往是通过第一现场登记、记录、收集得到的真实信息，具有不可替代的数据价值。

2）统计类标签往往是行为习惯类标签，例如最近一个月交易总金额、最近 7 天收藏店铺名称、最近 7 天浏览商品总数、最近 7 天最常交易时间段等，往往是通过对原始交易记录、收藏记录、浏览记录进行 ETL 开发后得到。行为类数据由于明细项记录太多，通常都需要通过汇总开发后得到统计类复合标签，为业务人员所使用。

统计类复合标签的设计可以参考以下设计模板。

首先找出【原子标签】。例如某"消费者"在交易行为中有交易商品数、交易金额、交易笔数、交易时间段等标签属性，这些都是原子标签。

在原子标签的基础上，增加维度信息去详细刻画或扩展某一类属性，即将【场景】+【时空修饰】+【计算方法】+【可选修饰】等信息联合作为修饰词。

【场景】往往指的是某行为场景，例如电商交易、线下交易、零售交易、批发交易等。如果在某企业业务板块中只有一种场景，例如提到交易有且只有电商交易，那么在标签名称中可以省略场景词。

【时空修饰】指的是收缩到某时间维度、某空间维度下对原子标签的统计，时间修饰有最近1天、最近3天、最近7天、最近14天、最近1个月、最近2个月、最近3个月、最近半年、最近1年、历史累计、最近一次、最常等；空间修饰有华东区域、浙江区域、杭州区域、移动端等不同地域划分或渠道类型。

【计算方法】指的是不同的统计计算方法，常见的有求和、求平均、求最大值等。

【可选修饰】往往与该场景密切相关，例如"电商交易"场景下，按照品类可以划分"电子产品""服装""生活用品"等，按照客户类型可以划分"VIP客户""新客户""流失客户""忠诚客户"等。

将上述因素组合在一起，就可以生成统计类复合标签，例如"最近一个月移动端电子产品交易总金额""电商消费最近7天PC端服装产品交易商品总数""最近3天华东区域最常交易时间段"。其中【原子标签】是基础，必须有；【时空修饰】和【计算方法】是必选修饰；【场景】和【可选修饰】可以根据实际需要添加。【原子标签】+【时空修饰】+【计算方法】可以构成一个最基础的统计类复合标签，如图6-5所示。

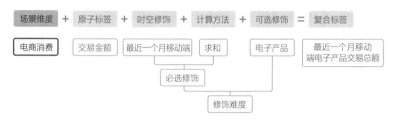

图 6-5　统计类复合标签的基本设计规则

3）算法类标签往往对应于兴趣爱好、性格思维、价值评估等高级抽象类标签。因为这些高级抽象类标签没有简单办法能确认和判断具体取值（即使是消费者自己说出的兴趣爱好和性格特征，也不一定准确客观），所以需要通过算法建模的方式，根据大量的基本信息和行为信息进行大数据的深度学习和智能判断。例如，"兴趣类型""性格类型""消费力""综合价值得分"等标签都是基于对象的基本信息表、行为关系表等原始数据，采用数据挖掘、机器学习等算法技术，预测评估得到的高级特征。当然不排除在基础重要属性值大量缺失的情况下，会用算法技术预测基本属性，例如"预测性别""预测年龄段""预测所在城市"等。

（3）三类加工标签与人、物、关系下各类标签的联系

对照前文讲到的标签分类思路，可以将人、物、关系与三类标签加工方式做个简单映射。

1）"人"对象的基本属性类标签往往是原始类标签，但也不排除当重要基础属性缺失时，需要用算法来预测基本属性；行为关系类标签往往是统计类标签；兴趣、习惯、性格、思维类标签往往对应于算法类标签，其中习惯类标签可采用统计方式也可以采用算法方式处理，因为它的定义介于行为和爱好之间，如图 6-6 所示。

2）"物"对象的基本属性、功能效用、主从属性类标签往往是原始类标签；被动行为类标签一般是统计类标签；价值评估类标签通常是算法类标签，如图 6-7 所示。

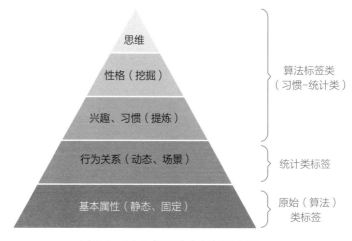

图 6-6　"人"标签分类与加工类型

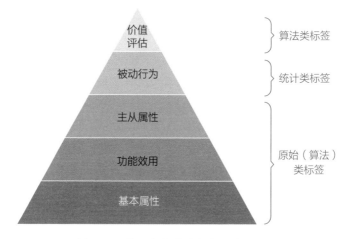

图 6-7　"物"标签分类与加工类型

3）"关系"对象的人物类标签往往指向 ID 基本属性类标签，是一种原始类标签，用来唯一标识关系人、关系物；关系准备、关系过程类标签往往对应统计类标签，但也会存在一些记录关系发生环境等的原始类标签；关系结果类标签等对应算法评估类标签，也存在对结果的统计分析类标签，如图 6-8 所示。

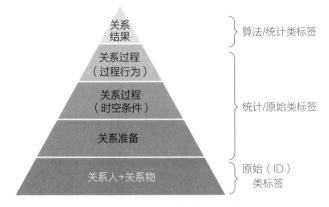

图 6-8 "关系"标签分类与加工类型

6. 标签逻辑

标签逻辑指对标签开发方式、加工过程、计算逻辑等的描述。原始类标签的逻辑一般表达为对 a 表中的 m 字段经过简单清洗后直接采用。统计类标签的逻辑往往是历史累计 / 最近 N 天 / 最近 N 个月 / 最近一次 ×× 行为的发生频率 / 常发时间 / 常发地段 / 数量统计 / 次数统计 / 金额统计等，其中对"常发"等较模糊的用词也要定义清楚，比如是根据出现最多次数定义还是以平均状况定义。更复杂的统计加工也可以用函数、公式、正则表达式等方式来进行逻辑定义。

算法类标签逻辑一般需要定义清楚，需纳入算法模型处理的重要特征项、正负样本定义或学习样本逻辑、模型选型及模型结构（如有能力）、模型输出结果形式及阈值分段设定、希望的模型预测结果性能指标等。

7. 值字典

值字典即标签各种可能取值的枚举，例如"性别"标签的值字典为【男、女】,"消费力"标签的值字典为【低、偏低、中、偏高、高】。

8. 取值类型

取值类型即标签值的数据类型,有数值型、字符/文本型、日期型、键值型等。数值型说明标签取值为数字,例如 1～100 的数字。数值型下又可细分整型、浮点型等。一般金额、笔数、百分比之类的标签都是数值型。

字符/文本型说明标签取值为字符、文本,例如"张三""王五"。一般名称、功效、类别类的标签取值都是字符/文本型。

日期型说明标签取值为日期类型,例如"2020/8/20""18:12:23"。一般日期、时段、时间类的标签取值都是日期型。

键值型说明标签取值为键值类型,例如"小学:文一小学""××店铺:交易 3 笔"。一般某些分阶段、分类型的统计类标签取值为了将关键信息和取值信息合并在一起,会采用键值型。

约束清楚标签取值的数据类型,能够帮助开发人员、业务人员更好地理解标签。

9. 示例

举 1～2 个标签值示例,主要用于无法穷尽枚举的连续型数值标签或枚举项成百上千的标签,以帮助开发人员、业务人员更好地理解标签定义。

10. 更新周期

更新周期一般指该标签的数据更新周期。一般对于原始类标签,标签取值不太会发生变化,可以将更新周期拉长,例如存量记录一年更新一次,新增记录通过增量方式更新。对于统计类标签,可以对原始数据以每 1 天、每 7 天、每月等频率更新,来设计这个标签的更新周期。算法类标签往往涉及算法建模迭代优化，因此往往会每季度或每半年更新一次，更新周期介于原始类标签和统计类标签之间。

11. 安全等级

标签从源数据获取到数据加工、标签上线、标签使用的过程中都会存在数据安全风险，因此需要为标签制定安全等级，并根据标签的安全等级来生成不同等级标签的生产、上线、使用标准规范。

建议构建 1～4 等级的安全定级（L1～L4），第一等级的标签（L1）是公开标签，可对外公开，是最为开放的数据标签，安全等级最低；第二等级的标签（L2）是内部标签，是在企业/机构内部跨部门可直接流通、申请、使用的数据标签，安全等级较低；第三等级的标签（L3）是保密标签，企业内部跨部门使用需要申请授权，批准后才能使用的标签，安全等级较高；第四等级的标签（L4）是机密标签，是企业/机构内部少数人才可以使用的标签，且不可传播，安全等级最高。

按照以上 L1～L4 级的标签安全等级定义，可以对个体信息（实体）、业务场景（关系）、公司部门等各领域分类下的标签集合设定 1～4 等级的安全定级，分别对应于 C1～C4 的个体类标签安全等级、S1～S4 的业务场景类标签安全等级、B1～B4 的公司部门类标签安全等级，如图 6-9 所示。

数据类型	分级			
	公开数据（L1）	内部数据（L2）	保密数据（L3）	机密数据（L4）
个体数据	个体可公开数据（C1）	个体可共享数据（C2）	个体隐私数据（C3）	个体机密数据（C4）
业务数据	业务可公开数据（S1）	业务内部数据（S2）	业务保密数据（S3）	业务机密数据（S4）
部门数据	部门可公开数据（B1）	部门内部数据（B2）	部门保密数据（B3）	部门机密数据（B4）

敏感数据区

图 6-9　标签安全等级示例

各企业／机构可以根据自身实际情况，对 L1～L4 级别的标签设置不同的申请、操作、使用权限。不要把标签的安全等级与操作权限直接绑定，以方便企业在经营管理过程中灵活地设置标签的安全规范和操作指南。

12. 标签对应的物理存储信息

标签需要与底层物理表映射，才能在生成数据服务时进行真实数据流动。标签与物理表字段的映射方法有很多：可以在创建好标签后直接生成相应的表名和字段名，以供数据开发工程师据此格式开发数据或供数据填报人员填报信息；或者由数据开发工程师按照标签需求开发完物理表后，通过手工登记的方式关联回标签；也可以尝试采用系统映射的方式，但这种方式可能需要用到算法或者规则匹配技术，难度较高。对每个标签登记好其所映射的物理表名、字段名，以保障后期标签需要查找问题或治理优化时，可以快速定位到相应的物理路径及真实的开发逻辑。

13. 标签负责人

需要登记对该标签负责的人员名单，以便业务人员对标签有疑问、追溯时快速定位到相关人员，快速得到答案。

14. 完成时间

完成时间指标签最近一次逻辑确认开发完成的时间，或算法类标签最近一次稳定建模运行的版本时间。

6.1.3　标签问题

在标签设计的实操过程中，会根据场景产生具体的落地问题，其中有一些共性问题值得学习者思考和注意。

1. 标签设计过程中经常会遇到的问题

1）一个标签是否能够多挂，即一个标签是否会属于多个叶子类目？

标签类目体系方法论中没有严格规定一定允许还是一定不允许多挂，因为本方法论的最核心思维是，必须结合企业自身需要来动态、柔性地设计和组织标签类目体系。因此一家企业如果制定了对数据资产的严格管理办法，严控消除冗余的做法来组织标签分类的话，就不能多挂。这样做的好处是数据管理阶段信息都很清晰，数据的存储计算也不存在浪费和混乱；但是坏处是对于业务人员来说，想要找到合乎自己心意的标签比较困难，必须对标签类目体系非常熟悉且思路一致，才能精准找到想要的标签。如果企业没有对冗余控制的严格要求，基于最大限度帮助业务人员使用数据的思路（或在所需场景中找到所需数据，或根据现有数据激发新场景设计思考），建议在必要时多挂。但不意味着所有可以多挂的标签都要多挂，否则会引起冗余，这个问题需要视企业具体情况而定，没有绝对的对错。

2）当一个叶子类目中有一些深度加工的标签时，是否需要将参与加工计算的原始字段、中间字段都放入该叶子类目中？

建议尽量不要把所有可能或需要参与计算的数据都放入该叶子类目，否则很有可能只为了一个深加工的标签，就要加入与它相关的几十个标签，反而干扰读者查找或关注真正需要的标签。例如在【信用评估】叶子类目下，建议只挂"信用分""信用分等级""是否信用报警""信用危险度"等直接与信用评估相关的标签，而不要把参与"信用分"计算的"性别""年龄""职业""年收入"等各项标签都挂入该叶子类目。

3）数据加工过程中的中间数据是否属于标签范畴？是否属于数据资产范畴？

标签是能直接为业务带来价值意义的数据载体，因此数据加工过程中的中间数据不属于标签范畴。中间数据和原始数据都属于广义的数据资产范畴，但是不属于狭义的数据资产范畴。因为精准的数据资产定义为能直接为企业带来经济利益价值的数据资源。

2. 标签设计过程中的注意点思考

在标签设计及开发过程中，虽然没有严格的规则束缚标签设计，但也需要有统一的基础规范来保障标签设计可落地，防止每个人都有各自的解读，反而陷入争论和误解中，无法达成一致。有一定规范的标签设计也能帮助设计过程与开发过程的良好衔接，保障标签的可用性和可解释性。因此以下几点实操经验需要提前注意和思考。

1）一个对象实例的某一标签取值只允许存在一条记录。

对应在数据表里，是一个字段取值，而不是多个字段取值或一个字段的多行取值记录。例如【消费者】有"性别"这个标签，每个消费者在"性别"标签下的取值就只有一个，要么【男】，要么【女】，要么【未知】。不会存在某个消费者有两条记录，一条记录中"性别"取值是【男】，另一条记录中"性别"取值是【女】。如果是预测性别，男女都有概率，那么这时就应该产生两个标签"男性概率"和"女性概率"，一个消费者在"男性概率"标签下取值仍然只有一个。

"同住时长"标签的概念解析更为复杂。该标签可能是"人"的标签，也有可能是"同住关系"的标签。如果"同住时长"是"人"的标签，那么标签取值不能直接取【2 年】【1 年】等，因为一个人很有可能与多个人存在同住关系，比如与 A 同住了 2 年，下一阶段又与 B 同住了 1 年，而根据标签设计规则，不允许出现某个人在"同住时长"字段下出现两个标签取值记录【2 年】和【1 年】。这种区分阶段的标签的取值类型应该是键值型，记录的是历次与不同同住人的同住时长，标签值示例：【张三：2 年；李四：1 年】。如果仅仅按照字面意思进行统计，形成【2 年；1 年】这样的标签取值，这些同住时长信息与同住人信息脱离之后就失去了重要的关联性，往往无法单独使用，也就失去了标签意义。

标签和标签之间是相互独立的，每一个标签都应该可以单独使用，不存在一个标签必须依赖、联合另一个标签才能使用，因此不能说"同住时长"必须和"同住人"标签联合起来用。从这点上也可以看出标签处理数据问题和 SQL 处理数据问题的区别。如果"同住时长"是"同住关系"对象上的标签，那么对于每一条同住关系记录，都只有一个"同住时长"标签的标签取值，这时候"同住时长"就可以是数值型标签。

2）人—物—关系各对象标签间的转化。

大家很容易认为证件号是"人"的标签，实际上证件号是"物"的标签。要将证件号变成"人"的标签，需要先将其转化成"拥有的证件号"这个标签名。由于一个人可能拥有多种类型的证件（身份证、护照、军官证、驾驶证等），因此"拥有的证件号"标签取值就需要是键值型，通过键来识别证件类型，标签值示例为【身份证：330110********0001；护照：110*******001】。不能直接取值为证件号码，否则通过"拥有的证件号"标签查找到的号码数值无法区分是什么证件的号码。当然还有一种处理方式是拆成多个标签，如"拥有的护照号""拥有的军官证号""拥有的驾驶证号"等，这些标签就可以是数值型标签。

从以上示例中可以发现，不管是物的标签还是关系的标签，都可以按需转化成人的标签，同理也可以实现其他各类对象间的标签属性转化。

总体而言，标签设计的思路和规范在不断发展，因此当有更好的思路逻辑或遇到实际情况需要因地制宜、进行相应修改时，不需要严格执行以上定义。本书提到的标签设计是一种帮助大家更好地认知、设计数据资产的方法，但它也仅仅是一种进化中的方法，需要各位读者在吸收养分后将其转化成自身的一种能力，而非桎梏。

6.2 谈谈组合标签

在标签理论传播过程中，业务人员会主动提出"是否能根据现有标签自由组合出满足业务需要的组合标签"之类的好问题。面向业务人员的组合标签更具灵活性，业务人员无须将数据任务提交给技术人员，只需通过标签组合工具在交互界面中对现有标签进行自由组合配置，即可实现新标签的设计和使用。组合标签可以极大缩短新标签的创建周期，以便业务端灵活快速地试错标签，最终找到一种最佳的标签组合规则以满足场景需求。

组合标签按照组合复杂度可以分为两个层级，如图 6-10 所示。

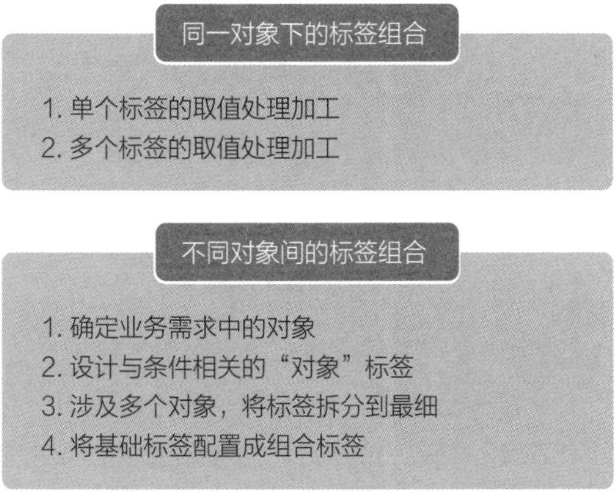

图 6-10　组合标签的两个层级

6.2.1 同一对象下的标签组合

同一对象下的标签组合分为单个标签取值处理加工和多个标签

取值处理加工两种模式。

1. 通过对某对象下单个标签的取值处理加工得到新标签

加工方式包括采用正则表达式、数学运算符、数据函数等各种统计运算。

（1）示例1：单个标签乘法处理

对用户（对象）的"体重（公斤）"标签进行【标签值×2】的取值定义处理，得到一个新的"体重（斤）"标签：原有标签取值乘以2，作为新标签的数值。

在数据库表层面可以简单理解为：在用户基本表中，有"体重（公斤）"标签，某用户（编号为U1001）在"体重（公斤）"标签中的取值为【82】，经过{82×2=164}的取值定义处理后，在新标签"体重（斤）"的取值就是【164】，如图6-11所示。

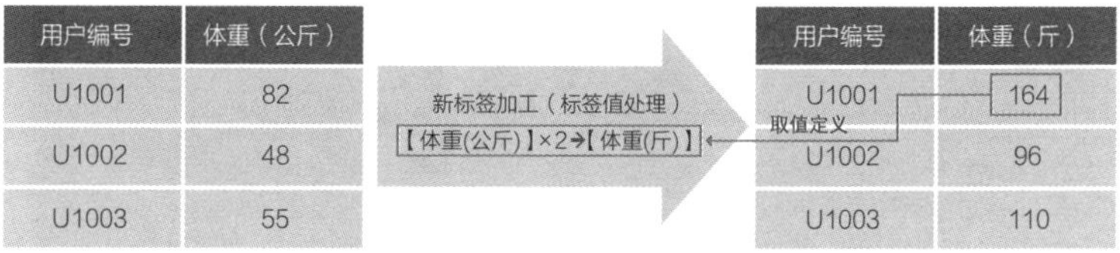

用户编号	体重（公斤）
U1001	82
U1002	48
U1003	55

新标签加工（标签值处理）
【体重(公斤)】×2→【体重(斤)】

取值定义

用户编号	体重（斤）
U1001	164
U1002	96
U1003	110

图6-11　同一对象下标签组合示例1

（2）示例2：单个标签取值划段处理

对用户（对象）的"年龄"标签进行【具体取值划段】的取值定义处理，得到一个新的"年龄段"标签：原有"年龄"标签取值大于20且小于或等于30，则对应于新标签"年龄段"取值为【（20，30]】；原有"年龄"标签取值大于30且小于或等于40，则对应于新标签"年龄段"取值为【（30，40]】；原有"年龄"标签取值大于40且小于或等于50，则对应于新标签"年龄段"取值为【（40，50]】。

在数据库表层面可以简单理解为：用户基本表中，有"年龄"标签，某用户（编号为 U1001）在"年龄"标签中的取值为 32；经过 {原有"年龄"标签取值大于 30 小于等于 40，则对应于新标签"年龄段"取值为【（30，40]】} 的取值定义处理后，该用户在新标签"年龄段"中的取值就是【（30，40]】，如 6-12 所示。

用户编号	年龄
U1001	32
U1002	28
U1003	45

新标签加工（标签值处理）
30<【年龄】≤40→【年龄段】=(30, 40]
20<【年龄】≤30→【年龄段】=(20, 30]
40<【年龄】≤50→【年龄段】=(40, 50]

取值定义 U1001

用户编号	年龄段
U1001	（30，40]
U1002	（20，30]
U1003	（40，50]

图 6-12 同一对象下标签组合示例 2

（3）示例 3：单个标签取值映射处理

对用户（对象）的"职业"标签进行【具体取值映射】的取值定义处理，得到一个新的"稳定职业"标签：原有"职业"标签取值为【医生 / 教师 / 银行职员 / 公务员】，则对应于新标签"稳定职业"取值仍然为【医生 / 教师 / 银行职员 / 公务员】；其他"职业"标签取值，对应于新标签"稳定职业"取值为【 -- 】。（"稳定职业"的标签逻辑为，只保留 4 种稳定职业的职业取值，其他非稳定职业类型直接映射为空值。）

在数据库表层面可以简单理解为：用户基本表中，有"职业"标签，某用户（编号为 U1001）在"职业"标签中的取值为【医生】；经过 {原有"职业"标签取值为【医生 / 教师 / 银行职员 / 公务员】，则对应于新标签"稳定职业"取值仍然为【医生 / 教师 / 银行职员 / 公务员】} 的取值定义处理后，该用户在新标签"稳定职业"中的取值就是【医生】，如图 6-13 所示。

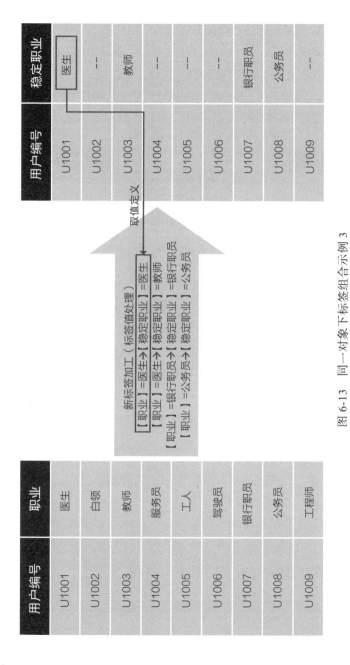

图 6-13　同一对象下标签组合示例 3

2. 通过对某对象下多个标签的取值处理加工得到新标签

（1）示例 4：多个标签取值映射处理

对用户（对象）的"是否医生""是否白领""是否教师"等标签进行【具体取值映射】的取值定义处理，得到一个新的"职业"标签：原有"是否医生"标签取值为【是】，则对应于新标签"职业"取值为【医生】；原有"是否白领"标签取值为【是】，则对应于新标签"职业"取值为【白领】；原有"是否教师"标签取值为【是】，则对应于新标签"职业"取值为【教师】；若某对象"是否医生"标签取值为【是】且"是否教师"标签取值也为【是】，则该对象在新标签"职业"下的取值为【医生；教师】，用分号分隔两个取值。若原有标签的取值都为【否】或【空值】，则新标签"职业"下的取值为【空值】。

在数据库表层面可以简单理解为：用户基本表中，有"是否医生""是否白领""是否教师"等标签，某用户（编号为 U1001）在"是否医生"标签中的取值为【是】；经过{原有"是否医生"标签取值为【是】，则对应于新标签"职业"取值为【医生】}的取值定义处理后，该用户在新标签"职业"中的取值就是【医生】，如图 6-14 所示。

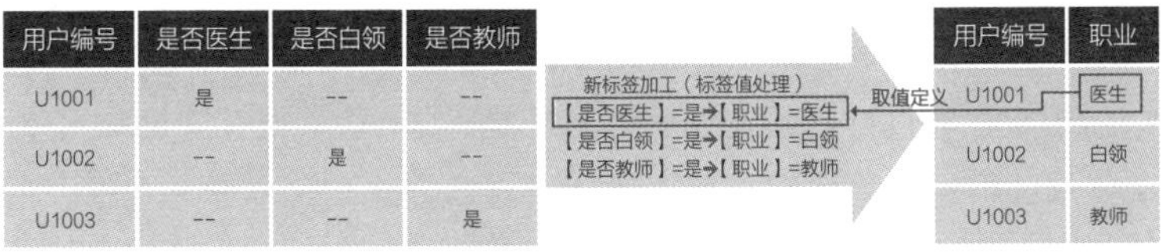

图 6-14　同一对象下标签组合示例 4

（2）示例 5：多个标签取值组合处理

对用户（对象）的"年龄段""性别""月收入"等标签进行【具体取值组合】的取值定义处理，得到一个企业业务简化定义的"是否白富美"标签：原有"年龄段"标签取值为【（20，30]】、"性别"标签取值为【女】且"月收入"标签取值大于一万，则对应于新标签"是否白富美"取值为【是】；其余情况则对应于新标签"是否白富美"取值为【否】。

在数据库表层面可以简单理解为：用户基本表中，有"年龄段""性别""月收入"等标签，某用户（编号为 U1002）在"年龄段"标签中的取值为【（20，30]】、在"性别"标签中的取值为【女】、在"月收入"标签中的取值为【1.5W】；经过 {原有"年龄段"标签取值为【（20，30]】、"性别"标签取值为【女】且"月收入"标签取值大于一万，则对应于新标签"是否白富美"取值为【是】} 的取值定义处理后，该用户在新标签"职业"中的取值就是【是】，如图 6-15 所示。

图 6-15　同一对象下标签组合示例 5

6.2.2　不同对象间的标签组合

在现实业务场景，特别是金融业务、营销业务中，往往会设置多重复杂规则，而且这些规则可能会跨越多种对象。

例如，某银行业务人员根据业务需要找出名下持有满足 ×× 活动要求的信用卡的白富美用户，×× 活动要求信用卡状态正常、信用卡类型为主卡且信用卡卡种为娱乐卡。在这一句话的数据需求中包括"用户"和"信用卡"两种对象，且这两种对象有不同的条件设定：用户需要是白富美且至少持有一张满足 ×× 活动要求的信用卡；信用卡需要满足 ×× 活动要求：信用卡状态正常、信用卡类型为主卡且信用卡卡种为娱乐卡。

以往这种跨对象的复杂逻辑处理往往要由数据开发工程师编写 SQL 代码来实现。从业务人员提出需求，到需求得到数据部门受理并安排开发，得到数据结果，往往需要 1 周至 1 个月不等的处理时长，耗费了大量的时间；如果业务逻辑发生变化，就需要再修改原有 SQL 代码或新写代码，又需要 1 周至 1 个月不等的处理时长，整体来看不够灵活便捷。

1. 跨对象标签组合设计步骤

很多业务人员提问是否可以通过标签组合的方式，支持灵活创建满足复杂条件的跨对象标签；通过操作这些复杂标签，是否可以满足业务上分析、圈选、营销等业务需求。答案是可行的，在方法层面一般可以采用以下思路，如图 6-16 所示。

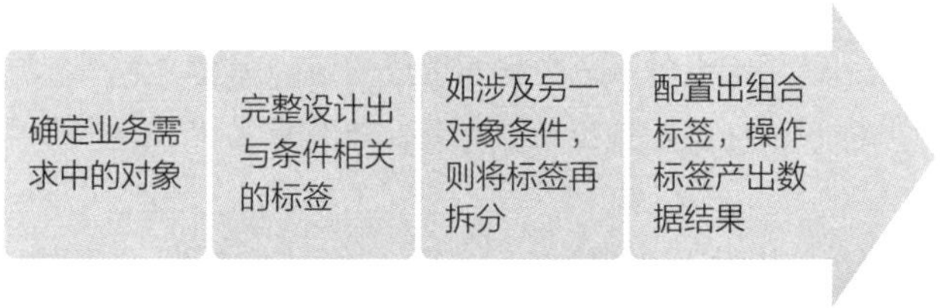

图 6-16　跨对象标签组合设计步骤

（1）确定业务需求中的对象有哪些

先对业务提出的数据需求梳理清楚主干，抽象出业务最终要分析、获取的对象是什么。尽可能减少所涉及的对象种类，因为对象增多，问题的复杂度会呈指数级增长。当然，减少对象种类后，在对象身上所需设计的标签会变得非常多。一般而言，一张大宽表的计算复杂度远低于多张表的连接运算。

回到最初的例子：找出名下持有满足 ×× 活动要求的信用卡的白富美用户。运用语法分析可以知道，业务人员最终要筛选出的是满足条件的"用户"。

（2）完整设计出与条件相关的"对象"标签

对于以上例子中名下持有满足 ×× 活动要求的信用卡的白富美用户，可以用"持有的所有信用卡里是否有一张满足 ×× 活动要求"和"是否白富美"这两个标签来筛选得到：将所有用户中，"持有的所有信用卡里是否有一张满足××活动要求"标签和"是否白富美"标签均取值为【是】的用户筛选出来，即可满足业务需要。

（3）该"对象"标签中如涉及另一对象条件，则将标签再拆分

拆分成该"对象"对另一对象的"关联标签"和"另一对象"的"是否满足××条件"两个标签。

例如，"用户"的"持有的所有信用卡里是否有一张满足××活动要求"标签因为涉及"信用卡"对象的详细条件定义，就可以根据这一逻辑由其拆分出"用户"的"持有的所有信用卡编号"和"信用卡"的"是否满足××活动要求"两个标签。将"信用卡"的"是否满足××活动要求"标签设计成一个由"信用卡状态""信用卡类型""信用卡卡种"三个标签组成的组合标签。

（4）将基础标签配置出组合标签，操作标签产出业务所需的数据结果

1）将"信用卡"的"信用卡状态""信用卡类型""信用卡卡种"三个标签通过【具体取值组合】的取值定义处理后，组成一个"是否满足××活动要求"的组合标签：原有"信用卡状态"标签取值为【正常】、"信用卡类型"标签取值为【主卡】且"信用卡卡种"标签为【娱乐卡】，则对应于新标签"是否满足××活动要求"取值为【是】；其余情况则对应于新标签"是否满足××活动要求"取值为【否】。这个标签仍然是"信用卡"对象下的标签，属于同一对象内的标签组合。

在数据库表层面可以简单理解为：信用卡表中，有"信用卡编号""信用卡状态""信用卡类型""信用卡卡种"等标签，某一信用卡（编号为C01）在"信用卡状态"标签中的取值为【正常】、在"信用卡类型"标签中的取值为【主卡】、在"信用卡卡种"标签中的取值为【娱乐卡】；经过｛原有"信用卡状态"标签取值为【正常】、"信用卡类型"标签取值为【主卡】且"信用卡卡种"标签为【娱乐卡】，则对应于新标签"是否满足××活动要求"取值为【是】｝的取值定义处理后，该信用卡在新标签"是否满足××活动要求"中的取值就是【是】，如图6-17所示。

图 6-17　不同对象下标签组合示例 1

2）找到"用户"与"信用卡"两个对象间关联的标签，示例中就是"用户"的"持有的所有信用卡编号"标签。

在数据库表层面可以简单理解为：用户持有表中，有"用户编号""持有的所有信用卡编号"两个标签。存在具体的数据记录：某用户（编号为 U1001），"持有的所有信用卡编号"标签取值为【C01；C02】；某用户（编号为 U1002），"持有的所有信用卡编号"标签取值为【C01】；某用户（编号为 U1003），"持有的所有信用卡编号"标签取值为【C03】，如图 6-18 所示。

3）将"用户"的"持有的所有信用卡编号"的标签和"信用卡"的"是否满足××活动要求"两个不同对

用户编号	持有的所有信用卡编号
U1001	C01；C02
U1002	C01
U1003	C03

图 6-18 用户持有表示意图

象的标签通过"信用卡编号"这一识别列关联在一起，组成一个新标签："用户"这一对象的"持有所有信用卡是否满足××活动要求"的键值型标签。

在数据库表层面可以简单理解为：用户持有表中，有"用户编号""持有的所有信用卡编号"两个标签。信用卡表中，有"信用卡编号""是否满足××活动要求"两个标签。通过"信用卡编号"这一识别列，可以将这两张表、两个对象、四个标签关联在一起，合并成一张表、一个对象、两个标签。存在某用户（编号为 U1003）"持有的所有信用卡编号"标签取值为【C03】，某信用卡（编号为 C03）"是否满足××活动要求"标签取值为【否】，它们在关联后会形成一条数据记录：某用户（编号为 U1003），"持有所有信用卡是否满足××活动要求"标签取值为"C03：否"，这个标签中键为信用卡编号，值为是否满足××活动要求，如图 6-19 所示。

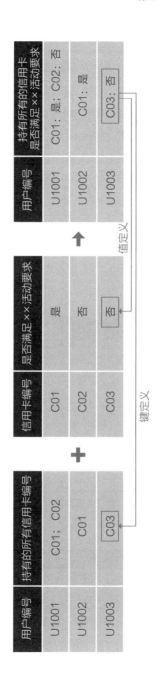

图 6-19 不同对象下标签组合示例 2

4）通过对"用户"身上的标签进行取值组合筛选即可选出符合业务要求的人群名单。选出"持有所有信用卡是否满足××活动要求"标签取值中有任意值为"是"且"是否白富美"标签取值为"是"的用户群体，导出这群用户的"用户编号"标签信息。

在数据库表层面可以简单理解为：在上一步获得的用户表（临时表）之上增加其他所需标签，形成最终的用户宽表。在这个宽表中，有最终筛选目标用户所需的标签："持有所有信用卡是否满足××活动要求"和"是否白富美"。存在某用户（编号为U1002）在"持有所有信用卡是否满足××活动要求"标签上的取值为【C01：是】，且"是否白富美"标签取值为【是】，通过用户圈选操作，这条用户记录满足筛选要求，会被命中。根据最终的输出要求，截取该用户的"用户编号"信息输出，如图6-20所示。

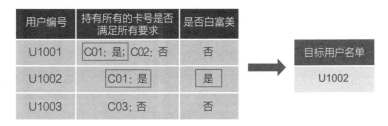

图6-20 对用户进行标签取值筛选

5）如果业务端将需求修改为"找出最近开卡的信用卡满足活动要求的白富美用户"，则可以在第2）步改换设计【最近开卡的信用卡编号】标签，继续后续步骤即可，如图6-21所示。

用户编号	最近开卡的信用卡编号
U1001	C02
U1002	C01
U1003	C03

+

信用卡编号	是否满足××活动要求
C01	是
C02	否
C03	否

→

用户编号	最近开卡信用卡是否满足××活动要求
U1001	C02：否
U1002	C01：是
U1003	C03：否

图6-21 不同对象下标签组合示例3

2. 跨对象标签组合设计的 3 个注意点

1）始终记住标签和数据结果是不一样的。

标签是基础、可复用的数据资产，而一般业务的数据结果需求其实是对数据服务的需求。数据服务往往由相关的标签 + 对标签处理操作的过程组成。例如业务需要报表分析，报表分析的结果往往是由相关标签 + 对这些标签进行统计分析的过程得到的数据结果；业务需要圈选客群，目标客群的圈选结果往往是由相关标签 + 通过标签取值组合得到的目标客群名单结果。不要将标签设计与数据结果设计混为一谈或者进行简单的统一处理，否则反而容易将问题复杂化。此外，数据结果往往带有很强的业务特殊性，如果直接将所需的数据结果设计为标签，那么这些标签就会有局限性，可能就不再是可复用的数据资产了。

2）找出两个对象的关联标签非常重要。

两个对象的标签需要通过关联标签合成一个标签，实现对象的跨越。关联标签的设计，一是要思考这两个对象是如何建立联系的，例如"用户"和"信用卡"往往通过【持卡】这个关系建立联系，"消费者"和"商品"往往通过【购买】这个关系建立联系；二是要考虑这一关联标签，它往往是 ID、编号类属性，因为在表合并过程中大多采用 ID 信息进行多表连接。因此如果复杂业务场景中需要考虑"用户"和"信用卡"之间跨对象的标签组合或者"消费者"和"商品"之间跨对象的标签组合，往往需要设计、预留好"NN 持有的信用卡编号"或"NN 购买的商品编号"这样的标签。其中 NN 是形容词，可以是"所有""最近一次""最常"等，视业务上对两个对象间的关联逻辑而定。

3）标签设计过程与标签使用过程是逆向过程。

在复杂数据应用场景中，标签设计过程是从业务需求结果倒推、拆解到基础标签；而标签使用过程是从最初的基础标签操作到业务需求结果产出为止。这两个过程中，标签设计过程其实是逆思维的，与常规使用思路相反，因此数据资产设计师们需要拥有逆向思考的能力并反复练习。

6.3 如何使用标签

标签设计完成后，就会进入标签使用环节，可以将标签生成数据服务，作用于业务场景，解决业务问题。技术人员可以对标签编写调用代码，供业务系统调取使用。但这种方式是传统的信息调用方式，需要为每个系统模块单独开发代码，系统间可复用性较差；并且这种方式对业务人员并不友好，业务人员只能将业务需求提给技术人员，由技术人员排期开发。

6.3.1 什么是平台级复用

数据中台的核心要义是提升可复用性，降低业务试错成本，最大程度解放业务人员的能动性和积极性。在系统复用层面有 4 种层级，如图 6-22 所示。

图 6-22　系统复用的四个层级

- 最初级，【代码级复用】：从现有的代码中找出可复用的部分进行修改，然后复用。这种复用是最浅层的，可能会有代码迁移、使用出错等问题。
- 第二级，【组件级复用】：将满足某一功能需要的常用代码汇总后封装成一个组件，对这个组件的使用是可复用的。技术中间件可以算作组件级复用。
- 第三级，【产品级复用】：某些产品具有通用能力且适用性较广，封装完毕后留有适配接口，就可以实现整个产品的复用。例如基本上每个复杂系统中都会有的会员中心、权限中心、消息中心等，这些产品模块都可以被其他系统所复用。
- 最高级，【平台级复用】：各种组件、产品等都以生态链的方式完整存在，在这个平台中，系统开发者可以通过搭积木的方式选择所需的积木模块（可复用单元），快速拼装成最终的技术系统。系统开发过程可能是零代码或者低代码。模块与模块之间留有充分、灵活的适配接口，平台仅做好标准的定义，在平台上会有非常多的 ISV 根据标准制作可复用的模块（生产者 ISV），或者根据模块拼装具体的技术系统（消费者 ISV）。

6.3.2 平台级复用的标签使用方式

采用平台级复用的思维来设计标签使用方式主要体现在以下两点。

1. 标签的自由选择

标签是数据资产层面的概念，是数据信息的最小单元，将数据用标签封装后，只需要每次在标签门户/标签集市中选择所需的标签，即可进入使用和设置环节，而不用每次都进行查表、读数、编写代码调取数据表等操作。在选择标签的环节中，通过操作标签门户/标签集市即可实现零代码的筛选过程。

2. 标签的使用配置

标签作用于业务，从表象来看，会有各种各样的使用方式，但是透过现象发现规律，可以把标签使用的几种模式抽象出来，业内将其称为数据服务类型。

例如标签作用于业务，可能是用来做报表，可能是用来做 BI 分析，可能是用来做客群画像，但是本质都是将标签用来做分析，因此这类使用现象都可以归为"数据分析"这种数据服务类型。为了最大程度复用标签使用的前期积累及灵活配置标签使用的范围，需要集中精力设计出"数据分析"的服务组件。在这种服务组件中已经内嵌了数据分析的各种分析功能，例如统计分析、透视分析、对比分析等分析功能。常见的 BDP、帆软 BI、Tableau、Quick BI 等都属于这种数据分析类的服务组件产品。这些服务组件有两大特征：

- 组件工具本身不含数据，需要通过第一步的标签选择，将标签数据表自动同步或主动导入这些产品中；
- 各类操作可以通过可视化界面方式配置、拖曳，基本实现零代码或低代码开发，这就使业务人员或产品经理能自行快速地配置数据服务或数据应用系统，从而最大程度向业务侧开放权利。

通过以上两步——标签的自由选择及服务组件的零代码配置，就可以通过平台级复用方式完成数据服务/数据应用系统的开发。这种使用标签的方式才能给业务侧赋能：极大提升标签使用效率，充分优化标签质量，建立数据端和商业端的价值联系。

6.3.3 什么是服务组件、数据服务、数据应用系统

既然业务侧数据需求的本质是标签，标签真正承载着解决业务问题的核心信息，那么为什么还需要服务组件？业务侧不能直接使用标签吗？

　　在企业大规模的数据使用中，标签必须配合服务组件使用，才能最大程度发挥数据价值和保障数据服务的稳定性。就像人离不开水，虽然真正需要的是水本身，但是不可能每天都拿着杯子直接去水库里舀水喝，居民会通过水厂铺设的运水管道享用水服务。如果业务侧每次使用数据都要整库拖表，并自己编写数据操作语言去调取数据库数据，不仅又苦又累，而且性能不能得到很好的满足，可复用性也非常差。

　　数据运营部门将数据使用方式封装好，就相当于为各个业务端消费者铺设好了使用水的管道。管道的粗细、长短、材质，运输的内容等基础设施信息，都会由专业的团队来确定和构建。在业务端，业务人员只需要"拧开水龙头"，就可以得到源源不断的、有质量保障的数据资源，而不需要自己投入大量成本，还无法保障数据使用的性能，如图 6-23 所示。

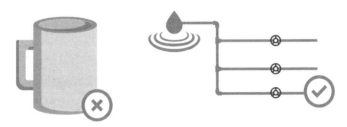

图 6-23　组件服务就像使用水的管道

1. 服务组件

　　服务组件是指某种数据功能的工程化封装，一般提供交互界面方式实现导入或关联数据标签、服务功能设置等操作。输出方式有两种：

- 生成 API 形式的数据服务，适用于与复杂系统对接或界面、系统定制要求较高的情况；
- 生成数据应用系统，直接带有简单的交互界面，可以供业务方端到端地直接使用，简单明了。

还是举用水的例子，服务组件就是铺设的管道设施，是一种工程化能力的封装。管道本身并不带有水，它只有承载水、运输水的能力。同样，只有服务组件是不能满足业务需求的，它必须在加载标签信息后，变成数据服务或数据应用系统，才能解决业务问题，带来价值。

纵观业内现有的数据产品，可以抽象汇总出几种服务组件类型，如表 6-1 所示。

表 6-1　服务组建类型

序号	服务组件名称	服务组件简介
1	分析服务组件	支持自选标签、分析方式、可视化等；实现对某一特定群体进行多种分析（包含统计、画像透视、关联分析等）功能
2	推荐服务组件	支持自主输入特征标签、推荐对象、设置推荐模型参数等；实现对个体推荐商品、服务、场所等
3	定向服务组件	支持自选标签、自配定向参数；实现通过标签组合方式选定某组人群或对象
4	大屏服务组件	支持自选标签、大屏展示方式；实现大屏端的数据高级可视化功能
5	监控服务组件	支持自选标签、监控参数设置、报警方式设置；实现对重点指标在指定条件下的指定对象报警监测
6	舆评服务组件	支持自选舆评网站、输入关键词、设置舆情评论参数；实现对目标网站中的指定对象的舆情分析
7	优化服务组件	支持自主输入效果日志数据，选择待优化标签；实现对现有业务效果数据的学习给出在指定标签维度上的优化建议
8	风控服务组件	支持自选风控相关特征（标签），输入正负样本标识，设置算法模型参数；实现对人员、事件的风险预警和识别
9	搜索服务组件	支持自选搜索输入项（标签）、输出项（标签）、设置搜索性能参数；实现自定义条件下的智能模糊搜索
10	指数服务组件	支持设置指数计算的输入特征（标签），输入正负样本标识，设置算法参数和输出格式，实现对某特征属性的综合预测，例如健康指数、价值指数、经济指数等

随着对数据价值的不断挖掘、深入，服务组件类型会越来越多。关键是要抽象出相同类型的数据功能，即数据服务现象背后的相同本质，并设计出参与这类功能配置的核心选项，将这些数据功能的生产、组装过程通过工程化的能力封装成服务组件，进而提升数据服务的生产效率。

2. 数据服务

数据服务是指通过 API 形式提供某种数据功能，以满足业务系统调用所需。业务方在选择某一服务组件，导入相关的数据标签，并配置业务所需的功能参数后，就可以自主创建数据服务了。数据服务的 API 生成后会及时告知业务方相关的密钥和接口规范。业务系统在实际使用时输入合规的信息参数，服务 API 将数据信息和计算规则导入计算引擎，运算完成后服务 API 将数据结果返回业务系统。举用水的例子，数据服务就是装载有水的水管通道。

数据服务因为是 API 形式，比较适用于与复杂业务系统的对接，主要体现在：

- 使用灵活，可以由多个数据服务 API 组合成一个数据应用系统；
- 展示灵活，可以将 API 与各种可视化组件对接，以满足业务侧在视觉交互方面的独特需求。

3. 数据应用

数据应用指面向业务侧提供带交互界面的数据功能组合，是数据应用结果的系统呈现。在服务组件基础上，将数据服务结果配合可视化组件，形成可视化的数据应用系统向业务端呈现，即生成一个带交互界面的数据应用系统。例如在 BI 工具中，导入标签信息并设置相应的分析方式及可视化组件形式，就可以产出 BI 分析系统。这个 BI 分析系统可以直接供业务人员每天查看分析数据使用。因此数据应用系统是业务人员可以直接使用的端到端解决方案。数据应用系统的弊端在于，对于非常见、定制较多的功能和呈现方式，无法通过服务组件中的通用功能实现。还是举用水的例子，数据应用系统就像是消费者在家拧开水龙头就能得到水的水服务解决方案。

以智慧旅游应用为例，来了解标签与服务组件轻耦合适配、快速创建数据应用的完整过程。在原始数据层，将收集到的旅游管理类数据、交易类数据、社会类数据、行政部门数据等进行清洗、加工后，形成旅游行业标签类目体系，作为可随取随用的数据资产。同时，根据旅游行业经常用到的数据应用类型，抽象出监控服务组件、分析服务组件、GIS 服务组件、关系服务组件等。如果业务端需要创建一个车流量监测分析大屏，只需要进行如下操作即可，整体数据链路如图 6-24 所示。

1）从后台标签池中筛选出监控所需的前台标签集合。

2）从服务组件库中选择监控服务组件，将前台标签集合导入该服务组件中，并设置相关的监控规则，形成监控数据服务。

3）配合使用一些可视化组件，以完成交互体验要求。

标签加服务组件自由组合的配置过程只需要几分钟，即可完成一个数据系统的创建，从而大幅降低重复编码的成本；且面向业务端灵活可操作，解除了技术人力瓶颈，释放了更大的数据生产力。

6.3.4 服务组件的演变趋势

以往受到技术能力限制，数据部门一般都根据业务需求提前设计、加工生产离线标签，再配以分析、定向、推荐等服务组件供业务人员使用。在这种情况下，服务组件的主要作用是传递标签、保障性能要求，类似水管承载运水的作用，而水的萃取、清洗、加工还在水厂完成，如图 6-25 所示。因此常规说法是先有标签，再通过标签与服务组件结合，创建数据服务或数据应用系统。

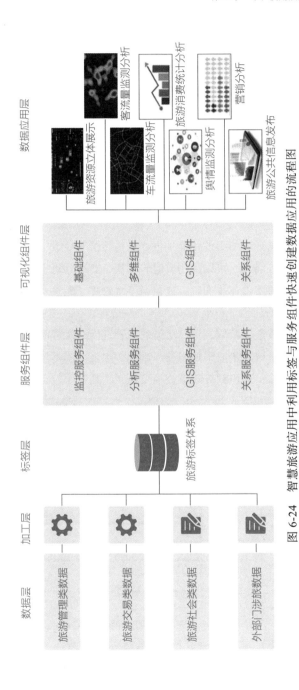

图 6-24 智慧旅游应用中利用标签与服务组件快速创建数据应用的流程图

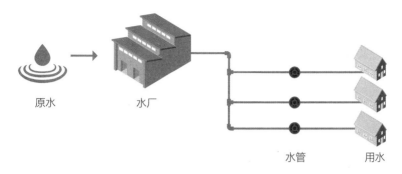

图 6-25　水资源萃取、加工、输送、使用的传统过程

　　随着大数据计算能力的不断加强，以前无法对所需标签提前生产或预设的业务场景，可以采用实时、即席、在线计算引擎，实现标签的实时、即席、在线加工。这相当于水管除了运输水之外，还具备了加工水的能力。也就是说，水是一边被加工一边被运输的，水管变成带有清洗、萃取、生产功能的水管。同时水可能不再需要落地存储，在水被从水库中抽起的一刻起，水就一刻不停地一边被加工一边被运输，运输到终端就被消费掉了，在整个过程中，可能不再需要水厂，如图 6-26 所示。类似地，在实时推送、即席分析、实时预警等数据生产和使用过程中，标签并不提前生成，而是伴随数据服务的运行过程一起产生。

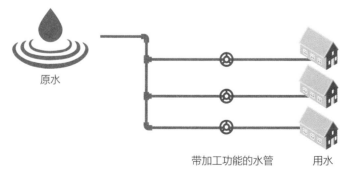

图 6-26　新技术支持下的水资源使用过程

6.4 标签怎么运营

标签并不是机械产物，它是有生命力的数据能量，因此本书不提倡对标签进行管理，而提倡对标签进行以价值驱动的全生命周期运营。

6.4.1 标签的全生命周期运营

标签运营的全生命周期包括以下 6 个核心环节，如图 6-27 所示。

图 6-27　标签运营的 6 个核心环节

1. 标签设计

数据资产设计师根据业务调研、数据调研等前期工作开展标签设计工作，产出标签类目体系架构图和标签设计文档，包括标签对象、类目体系、标签名、标签加工类型、标签逻辑、值字典、取值类型、示例、更新周期等元标签信息。

2. 标签开发

标签设计完成后，按照加工类型对标签分类，然后提交给数据开发工程师和算法工程师，由他们进行各类标签的开发工作。原始类和统计类标签交由数据开发工程师完成，算法类标签交由算法工程师完成。在标签开发完成后，由数据开发工程师补录完整标签的物理存储信息，如表名、字段名、负责人、完成时间等，完成标签向数据层的映射。此外，在实际开发过程中，如果需要对标签的元标签信息进行更改，也可以在标签开发完成后统一修改或补充。

3.标签上架

标签开发完成并补充完整元标签信息后，需要将标签在标签管理系统中上架。标签上架后，才能通过标签门户开放、展示给各端业务人员查看、咨询、使用。在此过程中，系统会根据标签的安全等级、部门角色等信息来确定不同账号的数据查看、申请使用权限。权限内容包括可见标签集范围、标签详情信息范围、可申请标签集范围等。

4.标签使用

标签只有被业务使用才能发挥价值。标签的使用有数据同步、数据服务、数据应用等方式。数据同步是指将加工好的标签数据直接同步到业务系统的数据库中，简单粗暴，一般只有核心业务才会这样使用。在这种方式下，标签使用问题与效果难以跟踪，因此并不推荐。数据应用是指把标签功能封装成产品交互形态供外部使用，既能跟踪标签调用情况，又能评估标签使用效果。不过这种方式与业务方绑定较深，由于业务人员使用习惯各不相同，业务定制需求较多，通用产品难以满足众多业务前端的个性化需求，扩展性有限。数据服务是指将标签使用方式封装成 API 形式对接到业务系统，业务人员既可以灵活使用标签，又不需要直接复制标签数据，且调用情况容易跟踪和监控。综上，标签使用的理想方式是数据服务，它最能体现和发挥标签的广泛价值。在使用标签的过程中需要监控其调用情况，来审计其稳定性、安全性和规范性。

5. 标签治理

从治理层面来说，统一的标签治理主要包括以下内容。

- 血缘信息：标签生产的路径即血缘，是根据历史事实记录每项标签的来源、处理过程、应用对接情况等。

- 元标签规范：每个标签都需要登记有业务类和技术类元标签信息，元标签管理需要形成统一的规范体系，对标签进行统一的信息登记和检查。

- 质量管理：标签质量管理要贯穿标签从设计、使用到归档等的全过程，其核心是制定一套标签质量管理规则，遵循标签质量标准，并配备可视化的标签质量监控平台、标签交叉验证工具等技术支撑。

- 安全管理："三横三纵"的标签安全保障体系。"三纵"指安全理念及整体策略：首先，标签的使用必须符合国家大数据相关政策法规；其次，必须保障所有客户所有数据资产安全；最后，在具体使用过程中，要评定标签敏感性等级，制定相应的安全管理策略和安全实现方案。"三横"指的是采取的核心方法：其一是三重加密机制，其二是可用不可见标签安全体系，其三是由所有 ID 生成的一个核心 ID（已脱敏）。

6. 标签营销

标签开发完成后，对外需要将标签价值进行梳理、宣传和推广，让业务部门人员尽快了解到各类标签信息。营销人员对外需要组织各类曝光活动以推广热门、高价值标签，还可以按各类主题、场景、领域组织标签集合来向业务人员精准推送，并提供端到端解决方案；对内需要及时对错误标签信息进行更正、对低质量的标签进行持续不断的治理优化、对高热度、高质量的标签进行排序优化、对有需求、有潜力的标签进行需求升级和研发储备。

以上 6 个标签运营的全生命周期环节都属于以价值驱动的大运营过程。大量事实证明，企业无法通过行政命令或者单纯的数据整理就将标签运营做好。企业必须以标签价值实现为核心，不断地运营标签全生命周期，通过价值驱动和倒推标签治理优化、标签使用性能稳定、标签共享上架、标签开发效率提升、新标签的扩充、标签的源数据扩展等环节目标，才能最终实现数据资产价值持续稳定的增长。

6.4.2 标签运营环节中的责任单位

标签运营各环节的责任单位应该是数据部门还是业务部门？

企业构建标签类目体系初期以及需构建企业层面统一的标签时，建议由数据部门来统一设计、开发、治理、运营标签，这样做的好处是能让企业尽快建立一个标准规范的标签类目体系，以供业务部门人员统一认知、理解和使用标签。

在各业务部门都形成了一定深度的数据思维并掌握了标签构建方法后，可以将标签设计和标签开发的权限开放给各业务部门及业务部门的数据团队，同时支持业务部门将基础标签自由组合成临时的复合标签，以满足业务场景灵活变化的需要，防止标签僵化。

各业务端设计的标签经开发完成后，可以上架为私有标签，仅供自身业务部门使用。如果某标签经过业务场景论证质量较好且能复用到其他业务场景，标签运营人员可以将该临时标签纳入企业标签池中并正式定义、开发、上架，经标签管理人员审核通过，即可成为公共开放标签，对所有业务人员可见，以增加标签复用价值。

企业数据部门和各业务部门都可以设置自己所拥有标签的开放程度：O1 级为公共开放且其他部门使用时不需要本部门审核；O2 级为公共开放但其他部门使用时需要本部门审核；O3 级为定向开放且定向部门使用时不需要本部门审核；O4 级为定向开放但定向部门使用时需要本部门审核。

　　对于标签的运营，建议单独设立标签运营团队来统一负责。运营团队必须审核标签命名是否规范，标签是否适合公开，标签相关信息是否提供完整等；通过统一的监控后台或反馈机制判断标签质量，做出治理优化的决策；采用运营手段，以价值为导向，实现标签全生命周期的平稳发展，并形成业务强参与度的运营生态。

6.4.3　标签的运营闭环

　　标签的运营闭环如图 6-28 所示。

图 6-28　标签运营闭环

　　第一环是设计环，包括标签的设计开发和上架。在这一环节中，数据资产设计师不仅为当前业务场景需要设计和开发标签，也为将来可能的场景有目的性、前瞻性地设计标签。

　　第二环是使用环，包括标签的选择、申请、调用。在这一环节中，业务人员通过在第一环节中设计开发好的标签开放集中选择合适的标签并申请使用，同时支持业务人员根据实际需求新提所需标签。

　　第三环是管理环，包括对标签基本信息的登记、使用情况的评估、提升使用效果的标签优化等。

这三个环节正向使用时会形成图 6-28 中由外围箭头组成的闭环：标签经由设计开发，到使用落地，再到治理优化。治理优化过程中可以产生标签设计优化的指导信息。同时在每个环节之间也存在反向循环（图 6-28 中由内侧箭头标注）：使用过程中有新增的标签设计需求提回到设计环节；在标签设计开发过程中会将相关的标签信息录入标签管理系统中；管理好的标签辅助业务端顺畅使用。

双向闭环中最核心的是标签运营，要用运营的理念与模式串联起各个环节的工作。标签的管理没有结束点，它是一个一直正向循环使用、逆向循环补充的过程。标签运营能力的好坏，直接关系到标签类目体系和数据资产能否稳定形成并持续发挥作用。

6.5 标签质量怎么看

标签质量是业务部门使用标签前尤为关心的问题。质量参数可以帮助业务人员筛选出优质可靠的标签的重要信息，也可以指导标签运营、管理人员从哪些方面去优化和治理标签。

总体来说，标签的质量可以从三大维度上评估：数据来源、标签加工过程和标签使用过程。

6.5.1 数据来源类相关指标

- 数据源安全性：数据源数据的安全程度，是否合法取得、是否得到用户授权许可等都会间接影响标签的数据安全性。
- 数据源准确性：数据源数据的准确性，是第一现场取得，间接获取，还是边缘推算，都与标签最终的准确性有关。
- 数据源稳定性：数据源数据产生的稳定性，包括产生周期的稳定性、产生时段的稳定性、产生数据量的稳定性、产生数据格式的稳定性、产生数据取值的稳定性等。

- 数据源时效性：数据源数据从第一现场产生到传输录入的时间间隔，行为类数据的时效性会间接影响标签准确性。
- 数据源全面性：数据源数据是否全面，各个层面的数据是否都能整合打通，进行全域计算。

6.5.2　标签加工过程相关指标

- 标签测试准确率：标签在建模、测试过程中得到的准确率，是一种类似试验性质的初始准确率，供参考。
- 标签产出稳定性：标签每天计算、加工、产出时间的稳定性，能否准时产出也是业务人员使用标签时重点考虑的指标。
- 标签生产时效性：标签生产的时间间隔，时间间隔越短，时效性越强。时效性对实时类标签尤为重要。
- 标签取值覆盖量：具有某标签的有效标签值的对象个体数量。由于每个对象个体的数据完善程度不同，同一个标签能覆盖到的对象群体不同。例如在用户信息中，有的用户登记有性别信息，有的用户没有登记，"性别"这个标签的取值覆盖量就是那些有性别有效取值（"男"或"女"；"未知"不是有效取值）的个体总数。
- 标签完善度：标签有很多元标签信息，即标签的"标签"，这些元标签信息的完善程度是业务使用的可用性指标。
- 标签规范性：标签的元标签信息是需要按照规范格式登记的，包括现有标签的元数据信息是否合规以及合规程度如何。
- 标签值离散度：标签取值是集中在某个数值区间或某几个取值，还是呈相对平均分布。离散度没有绝对的好坏，一般场景下离散度越高越好，说明能找出具有不同特征值的各类群体。

6.5.3 标签使用过程相关指标

- 标签使用准确率：标签在使用过程中，经过业务场景验证、反馈得出的标签准确率，是一种较为真实的准确率判断。
- 标签调用量：标签平均每日的调用量、今日当前累计调用量、历史累计调用量、历史调用量峰值都是可参考的调用量信息，反映该标签被业务真实调用的次数。
- 标签受众热度：标签被多少业务部门、业务场景、业务人员申请使用，可以反映标签的适用性、泛化能力。
- 标签调用成功率：某标签在真实使用场景中，调用成功次数（历史总调用次数−调用失败次数）占总调用次数的比例。
- 标签故障率：某标签在真实使用场景中，累计故障时长占总服务时长的比例。
- 标签关注热度：对标签在标签门户中被搜索、浏览、收藏、咨询、讨论等的热度进行综合计算得出的热度。
- 标签持续优化度：该标签是持续被开发人员迭代优化，还是尚处于一次开发阶段，反映了该标签被反复锤炼、持续优化的程度。
- 标签持续使用度：标签被业务申请使用后，平均被调用时长、频率及推广情况，反映了该标签是否真正为业务带来价值。
- 标签成本性价比：将标签加工过程中产生的数据源成本、计算成本、存储成本与其为业务带来的价值、调用量、应用重要程度等进行综合计算，得到的性价比指标，是一个纵观成本和价值的平衡参数。

6.6 标签成本怎么看

标签需要通过价值运营形成生态闭环，要将标签或标签服务作为一种数据商品进行全生命周期运营。因此企业必须关心标签在研发设计、原料采购、生产制造、营销销售、售后运维、治理优化等运营环节的成本和产出。本节先讨论标签的成本问题，6.7 节将探讨标签的价值问题。

考虑标签成本时，主要考虑三个过程产生的成本。

6.6.1　标签数据源采集与存储成本

标签所需的源头数据采集会产生较大的成本。数据源有以下几种获得方式其采集与存储成本也来源于此。

1. 信息化建设

传统企业进行信息化建设，就是将日常的工作、事务流程通过信息系统进行操作和记录，从中可以获取大量与企业经营管理相关的信息。企业构建供应链管理系统（ERP）、协同办公系统（OA）、客户管理系统（CRM）、进销存管理系统（WMS）等时，都必须投入巨大的人力物力，才能完成经营过程的系统化转型及信息数据的规范留存。虽然信息化建设是企业采集、存储数据的主要方式，但因为信息化建设是企业发展过程中必须完成的转型过程，核心是实现企业物流、信息流、资金流的流程管理，所以并不能将信息化建设的所有成本都视为标签成本。信息化建设的结果中，标签开发需要用到的源数据的存储成本是标签采集与存储成本的来源之一。

2. 数据埋点

数据埋点是一种获取线上系统数据的方式。在互联网时代，很多新型企业本来就是从事线上业务的，也有很多传统企业开始向线上转型。线上业务和产品模式极大扩展了用户端的动作表现和信息留存，企业所能获得的信息不限于传统的企业内部经营管理的数据，而可以扩展到用户的行为日志中。对于用户对企业业务产品的使用、体验和反馈过程，传统的信息化建设不再适用，但可以通过埋点方式获得用户的行为日志。数据埋点所获得的日志数据存在大量的低价值信息，因此必须采用算法技术对这些行为数据进行建模和挖掘，找出其中真正有价值的数据。根据标签需要进行数据埋点的技术投入成本和埋点数据的存储成本是标签采集与存储成本的来源之二。

3. 数据补录

除以上两种方式之外，数据补录也是企业补足自身数据的可行方式。对于一些线下的、核心信息系统之外的数据信息，可以通过补录系统或者在现有系统中补录信息的方式进行补充。补录系统可以有针对性地弥补公司欠缺的数据项，但前提是这些信息是公司当前经营且业务范围内能覆盖、能收集到的信息项。如果是跨行业、跨领域的信息，当前公司没有业务板块能补充收集，那么就需要考虑爬虫或数据收购、数据合作等方式。根据标签需要进行数据补录的技术投入成本和补录数据的存储成本是标签采集与存储成本的来源之三。

4. 数据爬虫

爬虫技术在几年前非常盛行，是一种按照一定规则自动抓取万维网信息的程序或脚本。通过爬虫技术，企业可以爬取自身经营、业务、知识领域之外的信息，充分利用已公开的公共智慧。不过，滥用爬虫技术会带来信息安全隐患。例如，某些网站禁止爬虫爬取信息或禁止爬虫爬取量过大的信息，如果无视网站要求而肆意爬取信息就会遭到投诉和处罚；如果爬取与个人隐私相关的信息，容易触碰个人隐私信息的安全底线。因此使用爬虫技术时一定要谨慎。根据标签需要进行数据爬虫的技术投入成本和爬虫数据存储成本是标签采集与存储成本的来源之四。

5. 数据收购

一些大型集团公司想要弥补集团战略短板，或者需要融合某部分数据以发挥更大价值时，会通过投资入股或全资收购某公司的方式来获取该公司的部分或全部数据。这种数据采购方式虽然粗暴，但是可以解决数据合法性的问题。之前通过数据交易平台买卖的数据包模式经过市场验证，存在数据来源不合法、买卖不合法的法律问题，因而是不可行的。根据标签需要进行数据收购的资金成本和收购数据的存储成本是标签采集与存储成本的来源之五。

6. 数据合作

可以考虑对外进行业务合作以共享业务数据，例如企业在电商平台上开店，可以获得线上交易数据和线上客户信息；企业在广告媒体上投放线上广告，可以收获广告营销数据及营销客群信息；企业与咨询公司合作，可以获得调研分析数据和行业研究信息。然而通过业务合作来获得共享数据不是一种长期大量获取数据的理想渠道：共享的数据往往是统计结果数据，企业无法获得详细的数据记录（受数据安全和数据竞争力影响），只能将其作为一些信息的补充。根据标签需要进行数据合作的投入成本和合作数据的存储成本是标签采集与存储成本的来源之六。

6.6.2 标签设计与加工成本

标签设计、加工环节也会存在成本。标签设计环节包括数据调研摸底、行业业务场景研究、标签类目体系及具体标签设计等。这些过程中产生的成本基本上为人力成本。例如数据产品经理需要花时间对业务需求及数据情况进行调研摸底，对标签类目体系进行梳理和讨论，进行交付物的设计，这些时间乘以标准人力成本即可得到人力投入成本。

标签加工环节包括数据同步、数据清洗、数据开发、数据治理等子环节，会产生人力成本、技术投入成本、数据计算存储成本。例如数据治理环节中，涉及数据治理人员的实施投入时间，这属于人力成本；也涉及先进治理技术理论或工具的引入学习，这属于技术投入成本；还涉及对数据的加工、运行、归仓等操作，这属于数据计算存储成本。

6.6.3 标签使用与营销成本

标签加工后进入使用环节，必须对标签上架、审核、开放、使用、反馈等流程进行信息记录。标签的使用成本主要有计算资源消耗成本、人力成本和标签信息系统开发运维成本。

其中占比较大的是标签使用过程中耗费的计算资源成本。在标签使用中，业务端会有不同的业务使用场景和性能要求，例如在线计算、实时推送、离线查询搜索、即席分析等业务场景，实时性能、响应性能、最大并发数、准确性等性能要求，对于这些数据场景和性能要求，后台需要采用不同的数据存储计算引擎进行支撑，例如GP、ODPS、Hive、Spark、Impala、Elasticsearch、MySQL等计算引擎。不同计算引擎所消耗的数据存储、计算成本都不相同。一般来说，场景越复杂，性能要求越高，所需的计算引擎成本越高，因此企业需要按需选择计算引擎或引擎组合。

此外标签营销小组需要对标签进行持续运营推广、营销策划等工作，涉及人力成本和各项营销成本。例如营销人员需要将最近热门的标签信息梳理成内部简报，发送给各业务部门；或构建标签门户官网，在重要业务节点（例如春节、年中庆、周年庆等）按照各类活动主题组合标签集合，推广给所需的业务人员，实现标签的精准推送。

通过对采集存储、设计加工、使用营销等过程的成本梳理，并追溯、分摊到每个标签，就可以计算出每个标签或标签服务的成本。这对标签及标签服务的商品化运营非常重要。

6.7　标签价值怎么看

标签的价值体现在工作和生活中的多个方面，也有多种衡量标签价值的方法。

6.7.1　标签价值的分类

标签的价值主要可以体现在市场价值和社会价值两大方面：市场价值包括企业内部经营管理优化和对外的数据业务赋能，以及合规的数据交易产业；社会价值包括政府机构侧的宏观调控、预警监控及民生服务等，如图 6-29 所示。

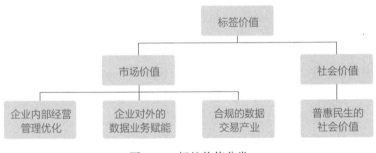

图 6-29　标签价值分类

1. 企业内部经营管理优化

将标签用于数据分析、监控预警等数据应用中，能够帮助企业经营者更好地分析其经营过程中核心环节的状况，是否出现异常报警并尽快处理。

例如在供应链中需要对设备运行情况进行监控。通过实时读取设备日志数据，拆解和加工成管理人员关心的"指标"标签；通过配置相关的统计分析逻辑，生成数据服务接口来对接业务系统；也可以通过可视化工具将数据服务结果呈现为报表分析结果。通过这些分析结果，可以判断生产链路是否正常运行，运行效率如何；了解产能如何，提示生产瓶颈在哪个环节；了解设备能耗如何，是否有老化或故障可能等。沃尔玛通过实时跟踪其供应链上的产品供需标签，通过规则与模型运算及时调整库存管理策略，进而消减了15%的人工成本，近67亿美元。

标签在企业内部经营管理上的价值往往通过降本增效来实现。例如通过标签分析发现高成本部分，有针对性地进行删减或优化；通过标签决策发现低效率部分，给出提升效率的数据服务和监督手段。标签价值的货币化定量通常使用一段时间内通过数据服务降低的成本金额（例如减少的成本估值）和提升的效率价值（例如多生产的商品价值等）来衡量。

2. 企业对外的数据业务赋能

标签配合相应的数据引擎生成数据服务接口或数据应用，企业对外提供这些数据服务或数据应用，作为一种新型的数据业务。这种数据业务会为企业带来业务收入。

例如在数据时代，广告营销公司通过积累的大量营销数据可以实现对消费者标签特征的刻画，通过对每个消费者的精准刻画捕捉，就能在传统的广告业务基础上扩展出精准营销的新业务。

传统的网页门户只提供信息的展示和搜索功能，并不注重对游客或会员信息的全维度捕捉。而在数据时代，像字节跳动这类公司就捕捉到了用户的不同兴趣标签，为不同的用户推送贴合其个人习惯、爱好、关注的新闻信息，就像今日头条 Slogan 说的，"你关心的，才是头条"。

这些优秀的数据业务都给企业带来了巨额的业务收入，因此标签在企业对外的数据业务赋能中发挥的价值就可以通过数据业务收入来简单量化。当然数据业务每天、每月、每年的业务收入都不一样，且用到的标签可能也在更换，因此最好的方式就是做好标签服务调用的日志存储，根据每个周期下不同的收益结果来尽量精细地评估每个标签的价值。

3.合规的数据交易产业

虽然关于数据交易产业如何设计、如何制定规则、如何运作都还在讨论中，但是随着数据要素化，数据交易产业必将走上历史舞台。在数据交易过程中，保障数据的合规性、安全性和公允性是重中之重。

如果能探索出一种新机制，能够让数据资源提供者、数据资产设计者、数据资产加工者、标签服务使用者、数据交易平台方等多方形成一种合规的数据提供、生产、使用链路，将会对标签价值的发挥产生极大的促进作用。在该平台上，标签服务的使用者会付费使用标签，那么标签价值就可以通过平台计量的服务使用费计算，并最终实现逆向追溯。数据资源提供者、数据资产设计者、数据资产加工者可以按照公认的规则进行价值收益的分配。

4.普惠民生的社会价值

除了企业之外，政府、机构等也都需要数据资产赋能。很多城市正在建设的数字大脑、智慧城市等都属于大数据支撑板块。政府、机构等通过大量的数据可以对现状进行合理评估，对发展态势和风险进行预判和预警，并做出整体的规划。

例如智能交通管理系统，通过各路段监控探头对车流量、人流量、车速、路口距离等标签信息的综合判断，设置各路口红绿灯的停留时长。在某些信息调控优化地段，可以真正实现绿灯带一路畅行。

2020 年新冠肺炎疫情期间，通过采集个人的行动轨迹、接触对象、所在地域、身体健康情况等标签信息，利用算法模型得到健康码结果。公民根据健康码结果来判断是否可以出门或是否存在风险，在一定程度上保障了大家的安全，也方便了健康市民的出行。基于标签信息的健康码为复工复产提供了数据侧的可行性，产生了极大的社会价值。

现在很多政府办事大厅、市民之家、网上办事 App 都会向市民开放信息查询服务接口，市民可以按需申请开具相关证明材料。这也是数据服务的一种呈现方式：政府端通过对每个市民的信息进行建档、梳理、标签化，形成市民标签库；市民在申请办理相关业务时，通过查询服务检索到自身信息，如果满足申请条件即可自主完成信息的开具。这种服务极大降低了柜台办理的烦琐程度，是有利于民生的便民服务。

标签在社会价值中的体现比较难以衡量，因为社会价值与商业价值不一样，并不以金钱来衡量，而更多体现在民生建设基础设施的提供和保障上。如果普通民众或政府机构愿意付费来采购或建设标签服务，可以采用付费成本来衡量标签价值。

6.7.2　标签价值的衡量方式

虽然不建议直接对标签定价，但标签形成的标签服务是一种理想的数据商品，可以考虑其商业模式。虽然当前还没有统一衡量标签服务价值的主流方法，但可以探讨或设想一些衡量办法。

1. 收益法

在企业内部经营管理和对外的数据业务赋能过程中，可以采用收益法来衡量标签服务价值。对内减少了多少成本支出，对外扩增了多少业务收入，这些收益的金钱量化都可以认为是标签服务为企业带来的具体价值。例如某种精准营销服务帮助企业业务在一定时期内增加了多少金额的营业收入，或降低了多少金额的营销成本投入，就可以将其视为该标签服务的价值量。

2. 市场法

在合规的数据交易产业中，标签服务可以由一定的生产提供方报价，消费方可以根据实际所需进行还价，或者采购价格更低的其他标签服务。如果某一种标签服务在市场中拥有独一无二的信息价值，对消费方的价值意义非常大，那么此时就会变成卖方市场，由标签服务的生产提供方来决定价格，只要标签服务的采购成本低于标签服务带来的价值，那么消费方一般会愿意采购。但是当某一种标签服务有很多替代品，或其本身质量很差，能带来的效果不佳，那么消费方自然有比价权甚至会放弃采购之前的标签服务，那么此时就会变成买方市场，标签价格会由消费方来决定。最终市场会形成一种动态平衡，由标签服务的场景价值、适用性、稳定性、竞争力等因素来共同决定买卖双方最终达成一致的价格。例如，某种首创的信用评分服务可以精准评估用户的信用履约能力，能帮助金融机构实现有效可控的放贷。这种标签服务就可以定很高的价，只要不超过该金融产品的成本控制线就行。当市场中出现竞争对手以更低价格提供相同质量的信用评分服务时，为了防止金融机构转而选择价格更低的其他服务商，此时这种信用评分服务价格会下降，直至达到新的市场平衡。

3. 成本法

在普惠民生的社会价值中，标签服务的价值难以用收益法和市场法衡量，这时可以尝试采用成本法衡量。对于向普通民众开放的数据服务，政府、机构、企业累计投入了多少资金来设计、建设和持续运营，这种持续投入的数据建设成本可以作为标签服务的价值衡量。

6.8 标签方法论与数仓建模的异同

标签方法论与数仓建模既有联系也有差异。它们都探究如何对数据资源进行提炼、操作、加工，都是数据资产构建方法，但是标签方法论更关注企业全局数据的整体梳理、类目化组织、面向业务端的数据资产复用，而数仓建模则偏重数据治理、数据规范、按领域建模，通过领域建模看到的是某个业务场景已有数据的切片，解决当前数据问题。

6.8.1 标签方法论与数仓建模的差异

标签方法论与数仓建模的差异主要体现在建设思路和建模角度，如图 6-30 所示。

图 6-30 标签方法论与数仓建模的差异

1. 建设思路不同

随着业务日益复杂，数仓的数据切片越来越多且相互之间不容易连通，重复建设越来越严重，同时业务端无法看懂数仓建设的数据信息项，复用率低。为此，传统数仓提出"主数据管理"理论，即将大量场景中会用到的通用、核心数据进行汇总管理。主数据的梳理是被动式的，数仓的数据建设思路是基于现有业务流程的，因此主数据是在现有业务流程的信息化建设基础上整理出的核心数据。

但在大数据时代，企业的新业务模式层出不穷，数据使用形态变化多端，一般无法预知，也无法限定。在真正开启场景驱动的数据时代，主数据从设计理念上就无法匹配企业场景化的数据资产建设和使用需要。随着企业数字化转型的深入，各种新技术赋能业务发展，数仓建设越来越呈现出疲软的态势。数仓在建设之初确实是按照反映并解决业务端问题的思路进行的，但是往往到数仓建设完成时甚至刚刚建设到一半，就已经不能满足快速变化的业务需要。如果仍然采用重新建设数仓的方式，数据建设永远跟不上业务需求。数据端的问题极大限制了数据在商业侧的价值发挥。

问题从来都不是用导致这种问题的思维方式能解决的。与传统数仓先有业务流程或数据需求再建设数据体系的思路相反，标签类目体系的建设思路是先构建标签资产，再构建数据服务化能力，组合式地满足业务端快速变化的场景化需求。在数据时代，使用数据的方式是场景化的，会随着时空条件快速变化。因此需要找到一种面向场景化的数据资产构建方式，并提供各种类型的服务组件能力，采用数据资产与服务组件自由适配的方式来解决未来不确定的业务问题。此种方法的重点在于不断积累、创新积木零件，通过搭积木的方式快速拼装出满足某场景需求的数据服务或数据应用系统。当场景发生变化时，可以更换与新场景适配的积木零件，快速适应场景需要。

2. 建模角度不同

与数仓建模基于领域建模不同，标签方法论基于对象建模，描述的是对象本质信息。基于标签方法论，企业可以对所涉及的所有对象进行全面细致的标签刻画，通过以价值推导治理的反向思路来对数据资产进行全生命周期运营。未来的各种业务场景都可以基于标签类目体系选择所需的对象标签。任何场景都离不开对象，这是核心本质，并不随着业务形态的变化而变化。数据资产设计师需要把企业所涉及对象的标签尽可能全面、多场景、深层次地挖掘和刻画出来，以实现在变化的时空场景中，也可以由不变的本质推导出具体的环境表现。

6.8.2 标签方法论与数仓建模的联系

标签方法论和数仓建模不是非此即彼的关系，它们也可以相互学习和共存。

1. 标签方法论与数仓建模的相互学习

标签方法论中的对象、属性等概念借鉴于数据库、数仓建模。在标签设计特别是标签逻辑设计环节中，数据资产设计师需要对数据开发、数仓建模有较好的理解。

数仓建模的分层理论中，可以增加标签层的设计与开发过程；同时数据开发人员在搭建数仓时，对数据资源的切割处理也可以借鉴标签理论中的面向业务、可复用、良好的组织形式等思路。

2. 标签方法论与数仓建模的共存

标签类目体系中的标签最终需要在数据库中开发落地。数仓建模是一种经过长期验证有效的数据开发方法，是标签落地开发的一种优选方案。因此可以在业务层之下构建标签层，实现业务语言向数据层的转换映射；在标签层再往下搭建数仓层，实现标签的落地开发；在数仓层再与原始数据层对接，完成对原始数据的加工，如图 6-31 所示。

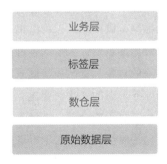

图 6-31　标签与数仓的共存状态

实践篇

商业实战中的价值涌现

　　基于标签类目体系方法论构建的数据资产，是否能增强企业生产力，实现数字化转型，需要在真实的商业环境中长期磨炼自证价值。

　　一个方法论是否负起了社会责任，要用成果和价值来检验。方法论阐述到道、法、术时并未结束，而应该视作下一个篇章的开端。我们将继续前行，找寻、梳理、推广将理论平稳落地的工具模板、将方法转化为实际行动的最佳实践、将能力转化为不凡成就的价值案例。因为最终检验方法论的是企业业绩，唯一能证明这一点的是成果而非文字。

　　同时，通过实践检验的理论，才能逻辑自洽，才值得学习推敲。

器：标签工具和经典模板

形上谓道，形下谓器。器指的是成形的具体工具，承载无形抽象的道。一般人通过对器的操作使用，来感受道的演变规律。在标签方法论中，如果说"树形结构的标签类目体系"是道，那么"标签工具"和"标签模板"就是实际操作上手的器。通过对标签工具的理解和对标签模板的参考，数据人员或业务人员就可以快速理解与掌握标签设计方法，并实施匹配落地场景的具体标签类目体系。

7.1 标签工具

标签工具是一种从业务建模、数据同步、资产加工到服务应用的标签全生命周期集成运营平台。以标签方法论为基础，通过对象—类目—标签的树状方式组织数据，建立跨多个计算存储资源的前后台类目体系。标签工具平台以交互界面、低代码开发模式提供标签体系设计、标签同步、标签加工等功能，使得非技术人员也能通过点选、拖拉、配置等交互方式进行标签创建、数据同步、资产二次开发等操作。基于行业场景解决方案，业务人员可以在标签应用模块中，自由快捷地创建不同场景所需的大数据应用服务。

　　标签工具的核心模块包括：标签体系设计、标签同步加工、标签管理、标签门户、标签应用等，如图 7-1 所示。通过标签体系设计模块可以搭建标签类目体系基础框架，并实现逻辑模型与物理模型间的映射。标签同步加工模块实现标签体系的底层物理表数据在不同存储资源之间的交换流转，以及标签映射字段的开发加工。标签管理模块完成对标签维护、标准、质量、价值、安全等方面的管理。标签门户实现标签资产的概括总览与集市开放。标签应用模块帮助用户快速搭建满足业务场景需求的查询、分析洞察等数据应用以发挥资产价值。

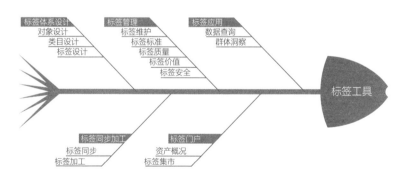

图 7-1　标签工具的核心模块

7.1.1　标签体系设计

　　基于标签方法论的理论基础，在标签工具中，一个标签类目体系的完整设计过程可以通过对象设计、类目设计、标签设计等功能模块实现，如图 7-2 所示。

图 7-2　标签体系设计的核心模块

1. 对象设计

设计一个标签类目体系首先需要确定对象。在创建对象的过程中，需要录入清楚对象的基本信息，如图 7-3 所示。对象分为实体对象和关系对象两种，在创建关系对象时，需要额外关联清楚该关系所涉及的实体对象。

图 7-3　对象创建示意图

某一对象创建完毕后，需要将该对象与某一物理表主键关联在一起，进而实现该对象的底层数据逻辑映射。

2. 类目设计

对象创建、物理映射完毕后，可以在对象下创建类目。类目层级的创建模式可以参考文件夹或目录的创建模式：可以创建并列的同级类目，也可以在某级类目下创建子类目，如图 7-4 所示。设计类目时，除了需要设置类目层级，还需要对类目进行标准命名并系统编号。如果填入重复的类目名称，系统需要提示或拒绝重名录入。

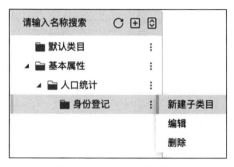

图 7-4　类目创建示意图

3.标签设计

设计完标签类目后，进入某一类目下的标签设计阶段。标签创建过程中，需要录入标签的基本信息和场景信息。基本信息包括标签名、标签描述、加工类型、标签逻辑、值字典、取值类型、安全等级等；场景信息包括标签适用的行业领域、适用的业务场景、已经被使用的行业领域、已经被使用的业务场景等。除此之外，标签设计还包括评估信息和血缘信息：评估信息包括标签质量分、标签价值分、标签累积调用次数、标签热度分等，需要在标签使用过程中由系统自动记录并运算得出；血缘信息则需要在标签实际开发完成后通过关联映射操作完成。标签创建如图 7-5 所示。

标签创建完成后，需要将逻辑标签与物理字段绑定映射。先选择待绑定的标签，再选择需要映射的数据表，将标签与字段用线段箭头进行连接，如图 7-6 所示。通过字段映射后的标签，才能关联到真实的数据取值供后续业务使用，否则就仅仅是一种逻辑设计，无法落地应用。

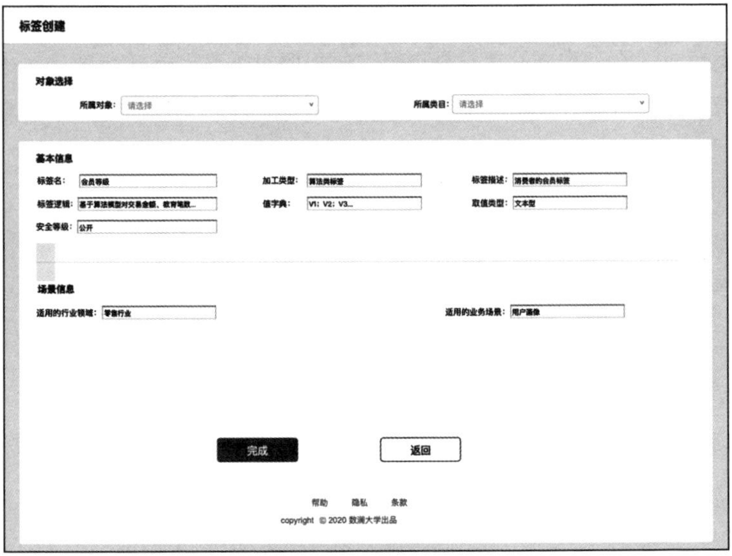

图 7-5　标签创建示意图

图 7-6　标签映射示意图

通过以上各步操作，可以设计完成企业的标签类目体系。设计好的标签体系在标签同步和标签管理之后，就可以在标签门户中进行发布共享，供业务人员查看使用，创建数据应用赋能场景。

7.1.2　标签同步与加工

标签设计完成后，需要实现映射字段的数据同步与加工，才能保障标签实际落地可用。标签同步模块包含：目的源管理、同步计划、同步结果等功能。标签加工过程则分为专业的数据开发过程和通过可视化配置实现数据的二次开发。

1. 标签同步

首先需要根据业务场景进行数据源和目的源梳理，例如 A 表数据同步到 B 表，则 A 表为数据源，B 表为目的源。

在创建同步计划中，需要录入同步计划名称，选择同步对象，选择数据源类型和目的源类型，拖拉标签映射字段关系，及设置同步调度周期等信息，如图 7-7 所示。

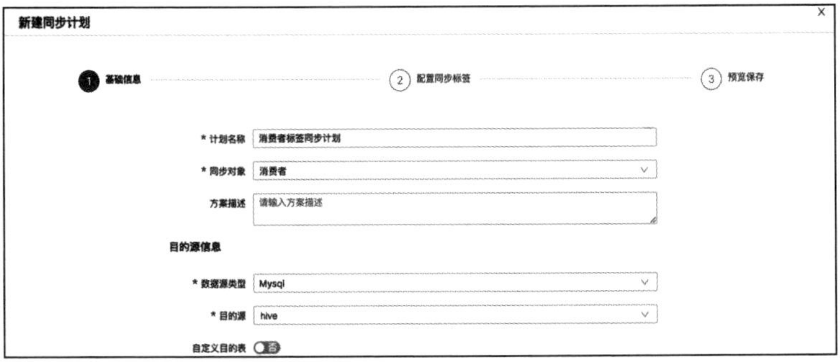

图 7-7　标签同步计划示意图

标签同步任务创建完成后，操作人员可以通过查看同步结果，知晓同步任务是否正常运行。

2. 标签加工

标签设计完成后，一方面可以生成标签开发任务，对接给数据开发工程师或算法工程师，基于集成开发工具或算法组件完成关联数据表下相应字段的加工并运行，如图 7-8 所示。这种模式适合复杂逻辑标签的专业化开发场景。

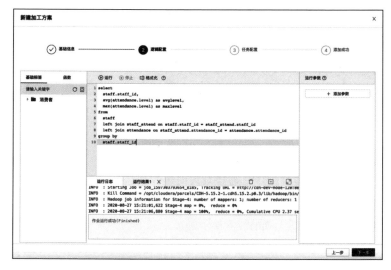

图 7-8　基于集成开发工具实现标签加工示意图

另一方面，系统也应该支持非技术人员通过拖曳组件的方式或编辑正则表达式的方式进行标签的简单加工或衍生加工。这种模式适合一些临时性、简单的开发场景。

7.1.3　标签管理

标签设计开发完毕后，需要对标签进行上架、下架、解绑等维护管理。标签上架审批通过后，才能在标签门户中开放给业务人员进行标签的查看和选用。除了标签的基础维护功能外，还涉及标签治理优化部分的管理，包括标签标准、标签质量、标签价值、标签安全等具体管理模块, 如图 7-9 所示。

图 7-9 标签管理的 5 个模块组成

1. 标签维护

标签维护包括对标签的上架、下架、解绑、修改等操作, 如图 7-10 所示。选择标签上架并通过系统审核后, 标签才能被业务人员选择使用。当某些标签长时间不被使用或价值过低时, 标签需要进行下架或淘汰删除, 但在下架删除标签之前, 需要确认标签当前没有被任何业务使用, 否则容易造成标签应用故障。标签解绑适用于某标签需要与当前绑定的数据字段解除映射关系的情况。标签修改指的是对标签描述、加工类型、标签逻辑等录入信息进行修正, 但标签名称和标签编号两项录入信息, 不支持修改。

2. 标签标准

标签标准是对标签类目的命名、取值、格式等的一致约定。

图 7-10　标签维护示意图

在标签标准模块中可以创建一系列的标签命名规则、标签取值规则来对命名、取值等设置规范并执行保障。

例如可以创建一个"标签名称不允许超过 15 个字长，且不允许重名"的命名标准规则。经审核生效后，数据资产设计师在创建新标签时，如果命名超过 15 个字，系统就会弹出自动提醒，并不支持相应名称的录入。

3. 标签质量

标签质量模块对标签全生命周期中的质量问题进行识别、度量、监控、预警，并通过可视化方式显示、增强质量分析效果，进而使得标签质量获得进一步提高。资产管理人员可以从标签完整性、一致性、规范性、准确性、及时性等不同维度进行质量分析，进而给出后续标签治理的决策动作，如图 7-11 所示。

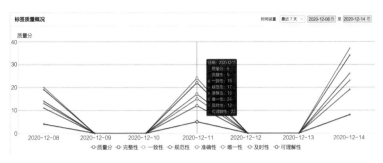

图 7-11　标签质量示意图

4. 标签价值

标签价值主要通过标签调用量、标签活性、标签热度、场景贡献、业务好评率等多方面因素反映。标签价值是标签运营的核心导向，价值高的标签可以反向推进数据源增补、数据再处理、计算引擎优化等优化动作。标签价值和标签质量可以联合运用：价值高质量高的标签，需要大力推广营销；价值高质量低的标签，需要重点治理优化；价值低质量高的标签，需要尽快找到合理应用场景发挥作用；价值低质量低的标签，需要考虑提升性价比，必要时下架淘汰。

5. 标签安全

标签与数据信息项存在关联，因此需要进行安全管控。可以对标签进行分级分类管理，即将标签按照安全等级进行分类，例如公开、敏感、机密或 S1、S2、S3、S4 等不同分类级别，如图 7-12 所示。不同的安全等级对应着不一样的标签存储、处理、开放、使用方式。标签在创建时就需要选择合适的标签安全等级。用户角色权限设计时，也需要考虑对不同安全等级标签的操作和使用权限。

7.1.4　标签门户

标签类目体系在后台设计创建后，可以通过标签门户前台对业务人员展示。

序号	名称	描述	创建人	创建时间	操作
1	公开	该标签不明感	影姿	2020-12-01 18:08:21	删除
2	敏感	该标签较为敏感	影姿	2020-11-23 09:34:51	删除
3	机密	该标签属于机密信息	寒泉子	2020-10-08 12:21:33	删除

图 7-12 标签安全等级示意图

标签门户中的资产概览模块，包括已经构建的对象数、类目数、标签数、应用数等整体情况，以及标签调用曲线、标签价值、标签排行榜等标签使用情况，如图 7-13 所示。通过资产概览模块，管理人员可以快速了解企业数据资产的建设和使用情况。

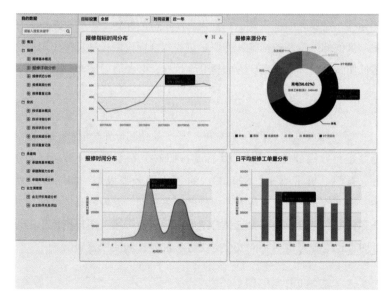

图 7-13 资产概览示意图

标签门户中的标签集市模块，支持对标签进行关键词搜索，也支持对标签进行分对象分类目查看，如图 7-14 所示。通过标签集市模块，业务人员可以根据需求或根据兴趣浏览查看标签信息，并自由添加收藏标签或申请标签使用。

图 7-14 标签集市示意图

业务人员如需对某标签进行详细了解，可以跳转到标签详情页进行具体信息查看，包括基本信息、场景信息、评估信息、血缘信息等，如图 7-15 所示。

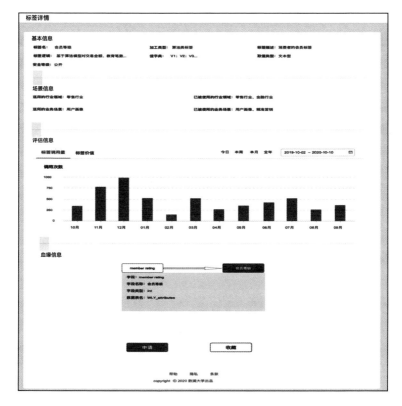

图 7-15　标签详情示意图

7.1.5　标签使用

标签在设计、加工、管理、开放后，可供业务人员选择使用。标签使用场景非常多，本书对最常见的数据查询和群体洞察两种应用举例阐述。

- 数据查询：实现对某个体对象的标签取值查询。标签工具中自带的数据查询服务，需要支持业务人员通过可视化配置方式自行创建数据查询服务。因此需要考虑封装底层代码，

抽取出可供配置的查询参数，降低数据查询的工程化创建
门槛。

- 群体洞察：实现对某群体对象在各标签上的取值分析。标签
  工具中自带的群体洞察服务，需要支持业务人员通过可视化
  配置方式自行创建群体洞察服务。群体洞察功能较复杂，需
  要考虑任务的调度配置与运维监控。

1. 数据查询

根据业务场景需要，首先确定待查对象，再设置该对象的
输入标签和输出标签，并配置相应的查询性能参数，即可快速配
置好一项数据查询服务。业务人员在使用时，传入该对象的输入
标签取值，即可在输出端获得所需查询的输出标签取值。例如某
业务部门需要根据用户手机号查询用户性别时，就可以在标签工
具中选择用户这一对象，配置输入标签为"手机号"、输出标签
为"性别"的数据查询服务。当业务人员具体查询时，只需要输
入某一用户的手机号，即可在查询服务结果端获得该用户的性别
取值。

2. 群体洞察

（1）群体圈选

业务人员可以通过标签取值组合实现某一特定群体的定向圈
选：根据业务场景需要，选出描绘目标群体的标签集，对标签进行
取值组合。例如可以筛选出"性别""年龄段""年收入"三个标签，
设置"性别"为【女】且"年龄段"为【25～30】且"年收入"大
于"20万"的标签取值组合，就可以圈选出"白富美"这一特定人
群，如图7-16所示。系统支持对群体圈选任务进行命名、更新等
内容设置，如群体名称、更新类型、更新周期、更新时间、有效时
间等。

图 7-16　特定群体圈选示意图

（2）群体分析

将上一步创建好的目标群体导入群体分析模块中，支持业务人员以可视化拖拽方式创建数据分析仪表盘：导入待分析的群体数据表，通过分析模块实现该目标群体在某一标签维度下的统计分析，包括求和、求平均、取值分布等分析类型，并以可视化图表方式呈现。例如业务人员可以将上一步创建好的"白富美"群体导入群体分析模块中，创建一个职业分布的仪表盘：导入群体数据表，统计"白富美"群体在"职业"这一标签中的取值分布，并以环形图方式呈现，可视化结果如图 7-17 所示。

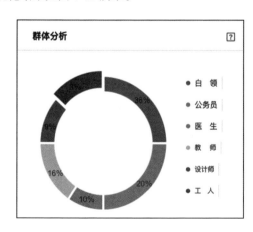

图 7-17　群体分析示意图

（3）微观画像

群体洞察应用也支持通过设置某类对象的输入、输出标签项，实现对某一对象的微观画像服务。微观画像可以通过多文字排列呈现或可视化专业设计呈现两种方式对标签取值结果进行完整展示，如图 7-18 所示。

图 7-18　微观画像示意图

7.2　4 个经典模板

要快速落地企业自有的数据资产体系，除了采用便捷的标签工具之外，还可以参考、截取经典的标签类目体系模板。由于每个行业都有其独特性质，尤其表现在各自场景中的流程、对象各异，因此我们尽可能找到各行业领域中的共性部分，例如用户、企业、员工、商品等对象，形成可参考的经典模板，以供企业构建数据资产时裁剪使用。

7.2.1　用户标签类目体系模板

用户标签类目体系是以"用户（人）"为对象梳理得到的标签体系。用户一般指企业产品的使用者或参与社会活动的自然人。对用户的特征研究，不要局限在当前场景所涉及的流程环节，而应该从自然人全属性维度去进行完整刻画。同时随着对自然人的洞察深入，原有的粗颗粒度属性必然需要逐步细化。例如人不会分纯粹的"好人"与"坏人"，人是一种矛盾体的叠加存在。人会对自己喜爱的事物表现出"大方"的消费特征而在不得不缴费的场景中又表现出"抠门"的消费特征。因此像能力评价、习惯偏好、性格类型等刻画个体深层内在的标签，都需要根据不同的场景细化为多种标签。

用户标签一般适用于面向 C 端的业务场景，例如个体画像、精准营销、个性化推荐、个人信用借贷等。无论是 2B 类还是 2C 类的企业，最终都脱离不了对用户的研究，因为企业也是由人组成的，面向的客户最终也会有人的属性。因此设计用户标签类目体系的第一要务是掌握对"用户"标签的刻画办法和常规思路。

标签类目体系设计过程首先需要用思维导图工具设计出"用户"对象的标签类目树，一般可以从以下 8 种分类方向延伸细化对象属性，如图 7-19 所示。

根据以上用户标签类目体系结构图再进行细分延伸，可以形成具体的标签设计列表，较为通用的用户标签整理如表 7-1 所示（仅供参考）。

图 7-19　用户标签类目体系结构图

表 7-1 用户标签设计列表

一级类目	二级类目	标签名	标签逻辑	值字典	取值类型
基础属性	人口统计	用户 ID	用户统一 ID 编号，作为该用户的唯一识别码	ID 编码规范	文本型
基础属性	人口统计	姓名	用户提供或官方提供的身份证姓名	中文姓名	文本型
基础属性	人口统计	身份证性别	收集自用户身份证信息。18 位身份证号码的倒数第二位为偶数：女性，奇数：男性	1：男；0：女；-1：未知	数值型
基础属性	人口统计	预测性别	采用算法模型，根据用户 ×× 行为预测的性别	1：男；0：女；-1：未知	数值型
基础属性	人口统计	身份证年龄	收集自用户身份证信息。18 位身份证编码第 7~10 位为出生年份，当年年份减去出生年份即为年龄	0~150 范围内整数	数值型
基础属性	人口统计	预测年龄段	采用算法模型，根据用户 ×× 行为预测的年龄区间	1：<18；2：18~24；3：25~29；4：30~34；5：35~39；6：40~49；7：≥50	数值型
基础属性	人口统计	生日	收集自用户身份证信息。18 位身份证号码第 7~14 位为出生年月日	yyyymmdd 格式	日期型
基础属性	生理特征	身高	用户提供的身高信息	整数	数值型
基础属性	生理特征	体重	用户提供的体重信息	整数	数值型
基础属性	生理特征	血型	用户提供的体重信息	1：A 型；2：B 型；3：O 型；4：AB 型	数值型

基础属性	生理特征	患有疾病	用户提供的既往病史	0：无；1：心脏病；2：高血压；3：糖尿病……	数值型
基础属性	教育背景	学历	用户提供的最高学历	1：小学；2：初中；3：高中；4：专科；5：本科生；6：硕士及以上……	数值型
基础属性	教育背景	专业	用户提供的专业名称	1：计算机；2：文学；3：化工；4：物理……	数值型
基础属性	教育背景	毕业院校	用户提供的最高学历所在学校	1：清华大学；2：北京大学；3：××职业技术学院……	数值型
基础属性	教育背景	毕业时间	用户提供的最高学历的结束年月	yyyymmdd 格式	日期型
基础属性	职业信息	职业类型	用户提供的职业类型	1：白领；2：公务员；3：学生；4：医务人员；5：工程师；6：工人；7：服务员……	数值型
基础属性	职业信息	工作时长	用户提供的第一份工作开始时间，至最近一份工作的结束时间	整数	数值型
基础属性	职业信息	所属公司	用户提供的当前所在公司名称	公司全称	文本型
基础属性	职业信息	所属行业	用户提供的当前所在公司所属行业	1：互联网；2：地产；3：金融；4：零售……	数值型
基础属性	人生阶段	是否上学中	采用算法模型，根据用户××行为预测是否正在上学	1：是；0：否	数值型

（续）

一级类目	二级类目	标签名	标签逻辑	值字典	取值类型
基础属性	人生阶段	是否恋爱中	采用算法模型，根据用户××行为预测是否正在恋爱中	1：是；0：否	数值型
基础属性	人生阶段	是否准备结婚	采用算法模型，根据用户××行为预测是否准备结婚	1：是；0：否	数值型
基础属性	人生阶段	是否准备买车	采用算法模型，根据用户××行为预测是否准备买车	1：是；0：否	数值型
基础属性	人生阶段	是否准备买房	采用算法模型，根据用户××行为预测是否准备买房	1：是；0：否	数值型
基础属性	人生阶段	是否怀孕中	采用算法模型，根据用户××行为预测是否正在怀孕	1：是；0：否	数值型
基础属性	人生阶段	是否装修中	采用算法模型，根据用户××行为预测是否正在装修	1：是；0：否	数值型
基础属性	人生阶段	是否赡养老人	采用算法模型，根据用户××行为预测是否正在赡养老人	1：是；0：否	数值型
基础属性	设备账号	手机IMEI	用户留存的手机设备的国际移动设备识别码	15位数字	文本型
基础属性	设备账号	手机MAC	用户留存的手机设备的媒体存取控制位址	12个16进制数	文本型
基础属性	设备账号	平板MAC	用户留存的平板设备的媒体存取控制位址	12个16进制数	文本型
基础属性	设备账号	A账号昵称	用户在某A平台或产品中设置的账号昵称	数字、字母、字符等组成	文本型

基础属性	设备账号	用户提供的手机号码	11 位数字	文本型
基础属性	运营商	用户提供的手机号码所属运营商	1：移动；2：联通；3：电信	数值型
基础属性	固定电话	用户提供的固定电话号码	区号＋数字	文本型
基础属性	邮箱地址	用户提供的邮箱地址	邮箱地址规范	文本型
地理位置	出生地	收集自用户的身份证信息，前六位对应出生地编码号	6 位数字编号对应的城市编码表	文本型
地理位置	户籍地	用户提供的当前户籍所在地	城市编码表	文本型
地理位置	常驻省份	根据最近一年出行信息统计分析得到的出现频率最高的省份	省份编码表	文本型
地理位置	常驻城市	根据最近一年出行信息统计分析得到的出现频率最高的城市	城市编码表	文本型
地理位置	常驻城市级别	常驻城市对应的一、二、三、四线等级	1：一线；2：二线；3：三线；4：四线	数值型
地理位置	工作城市	根据用户提供或行为数据统计得到的工作所在城市名称	城市编码表	文本型
地理位置	生活城市	根据用户提供或行为数据统计得到的生活所在城市	城市编码表	文本型
地理位置	生活小区	根据用户提供或行为数据统计得到的生活小区名称	小区名称	文本型

（续）

一级类目	二级类目	标签名	标签逻辑	值字典	取值类型
地理位置	LBS周边	最近一次定位所在地	最近一次用户定位所在地的经纬度	经度；纬度	文本型
地理位置	LBS周边	所属生活圈名称	用户生活小区所属的生活圈名称	分类后的生活圈名称	文本型
地理位置	LBS周边	所属生活圈档次	用户生活小区所属的生活圈档次	1：低档；2：中档；3：高档	数值型
地理位置	LBS周边	所属生活圈配套水平	用户生活小区所属生活圈周边配套水平分级	1：不完善；2：欠完善；3：较完善；4：完善	数值型
地理位置	地理环境	常驻地所在大区	用户常驻省份所属大区	1：华北；2：华西；3：华东；4：华南；5：华中	数值型
地理位置	地理环境	常驻地气温	用户常驻地当前气温度数	带小数数值	数值型
地理位置	地理环境	常驻地天气	用户常驻地当前天气类型	1：晴；2：雨；3：雪；4：阴；5：多云……	数值型
关系社交	家庭关系	是否已婚	用户是否已经结婚	1：是；0：否	数值型
关系社交	家庭关系	是否已育	用户是否已经生育子女	1：是；0：否	数值型
关系社交	家庭关系	配偶姓名	用户配偶的身份证姓名	中文姓名	文本型
关系社交	家庭关系	配偶联系电话	用户配偶的电话号码	11位数字	文本型

关系社交	家庭关系	子女个数	用户的子女数量	整数	数值型
关系社交	家庭关系	子女姓名	用户的子女姓名，多个子女姓名以分号隔开	中文姓名	文本型
关系社交	家庭关系	子女性别	用户的子女性别，多个子女姓名以分号隔开	1：男；0：女；-1：未知	数值型
关系社交	家庭关系	赡养老人个数	用户需要赡养的老人数量	整数	数值型
关系社交	朋友关系	朋友个数	用户微信好友总数量	整数	数值型
关系社交	朋友关系	朋友联络度	采用算法模型，根据用户联络行为测算的朋友联络度指数	0~100 区间	数值型
关系社交	朋友关系	最近一次联系朋友姓名	最近一次用户联系过的朋友姓名	中文姓名	文本型
关系社交	同事关系	同事个数	用户同事圈中同事总数量	整数	数值型
关系社交	同事关系	同事联络度	采用算法模型，根据用户联络行为测算的同事联络度指数	0~100 区间	数值型
关系社交	社交圈	微博关注大V个数	用户在微博平台上关注过的大 V 总数量	整数	数值型
关系社交	社交圈	微博拥有粉丝数	用户当前在微博平台上拥有的粉丝总数量	整数	数值型
关系社交	社交圈	圈子个数	用户所参与的所有社交圈总数量	整数	数值型
关系社交	资金关系	资金往来频繁度	采用算法模型，根据用户资金往来行为测算的资金往来频繁度指数	0~100 区间	数值型

（续）

一级类目	二级类目	标签名	标签逻辑	值字典	取值类型
关系社交	资金关系	最常流向账号	用户最近 1 年资金流出累积次数最多的账号	账号编码	文本型
关系社交	资金关系	最常流入账号	用户最近 1 年资金流入累积次数最多的账号	账号编码	文本型
资信能力	资产情况	是否有房	用户提供房产信息，或采用算法模型预测	1：是；0：否	数值型
资信能力	资产情况	房产价值	结合当前市场对用户提供的房产信息估值	整数	数值型
资信能力	资产情况	是否有车	用户提供车辆信息，或采用算法模型预测	1：是；0：否	数值型
资信能力	资产情况	汽车品牌	用户提供的汽车品牌信息	1：大众；2：宝马；3：奔驰……	数值型
资信能力	资产情况	年收入	用户提供的年收入分段区间	1：5 万以下；2：5～10 万；3：10～20 万；4：20～50 万；5：50～100 万；6：100 万以上	数值型
资信能力	信用评估	信用评分	采用算法模型，根据用户行为预测其信用程度	0～100 区间	数值型
资信能力	信用评估	信贷额度	采用算法模型，根据用户的信用评分、业务规则测算出可借贷的金额	整数	数值型
资信能力	信用评估	是否黑名单	根据黑名单规则，判断用户历史行为、处罚情况是否触发黑名单条件	1：是；0：否	数值型

资信能力	信用评估	当前是否行为异常	采用算法模型，根据用户行为预测其行为是否不同于以往，存在异常	1：是；0：否	数值型
资信能力	能力价值	消费力	采用算法模型，根据用户交易行为测算的消费力区间（区分不同行业客单价的影响因素）	1：低；2：偏低；3：中；4：偏高；5：高	数值型
资信能力	能力价值	RFM 价值分	采用算法模型，根据用户交易行为测算的消费价值指数	0～100 区间	数值型
资信能力	能力价值	用户等级	根据企业会员等级条件判断用户所处的不同等级	1：初级；2：中级；3：高级	数值型
资信能力	能力价值	用户分群	采用算法模型，根据用户行为将用户分为不同特征群体，分别关注	1：忠诚客户；2：流失客户；3：高净值客户；4：活跃客户……	数值型
需求意愿	生存需求	是否求医	最近 3 个月用户是否求医问诊过	1：是；0：否	数值型
需求意愿	生存需求	是否待业	用户当前是否处于下岗待业状态	1：是；0：否	数值型
需求意愿	生活需求	外卖依赖度	采用算法模型，根据最近 3 个月用户行为数据测算对外卖的依赖程度	0～100 区间	数值型
需求意愿	生活意愿	购房可能性	采用算法模型，根据最近 3 个月的用户行为数据测算的买房可能性	0～1 区间	数值型
需求意愿	生活意愿	出行方式	根据最近 3 个月的出行数据统计用户主要的出行方式	1：公交；2：驾车；3：步行……	数值型
需求意愿	生活意愿	恩格尔系数	用户最近 3 个月的食品支出总额占个人消费支出总额的比重	0～1 区间	数值型

（续）

一级类目	二级类目	标签名	标签逻辑	值字典	取值类型
需求意愿	精神追求	教育受众类型	根据用户最近 3 个月的行为，判断其所属的教育受众类型	1：婴幼儿家长；2：学龄前儿童家长；3：小学生家长；4：初中生家长；5：高中生；6：大学生；7：考研族；8：研究生；9：公务员考试考生；10：白领；11：营销人员；12：理财高手；13：出国族；14：企业管理人员	数值型
需求意愿	精神追求	是否追求娱乐受众	根据用户最近 3 个月的行为，统计日均游戏娱乐类 App 使用时间是否在 3 小时以上	1：是；0：否	数值型
行为习惯	流程行为	最近 1 天浏览量	根据用户最近 1 天的浏览记录统计总浏览次数	整数	数值型
行为习惯	流程行为	最近 1 天 A 操作量	根据用户最近 1 天的操作日志记录统计 A 操作动作累积次数	整数	数值型
行为习惯	对象行为	最近 3 个月最常关注品类	根据用户最近 3 个月的行为数据，统计最常浏览的品类名称	1：女装；2：电子数码；3：母婴；4：汽车……	数值型
行为习惯	对象行为	忠诚品牌	根据用户最近 1 年的行为数据，统计重复购买在 3 次以上的品牌名称	1：美的；2：HM；3：顾家……	数值型
行为习惯	生活行为	周末最常休息类型	用户选择的周末休息类型	1：宅家；2：旅游；3：观影……	数值型

行为习惯	工作行为	平均工作时长	根据用户最近 1 个月的打卡数据，统计工作日的平均工作时长	带小数数值	数值型
行为习惯	娱乐行为	最近一次到访商场	根据用户最近一次到访商场的数据记录得出	商场中文名	文本型
行为习惯	娱乐行为	最近 1 年旅行行次数	根据用户提供的最近 1 年旅行行次数	整数	数值型
行为习惯	上网习惯	最常上网时间段	根据用户最近 1 个月的行为数据，统计出现最频繁的时间段	0：凌晨（0~5）； 1：早上（6~8）； 2：上午（9~11）； 3：中午（12~13）； 4：下午（14~17）； 5：晚上（18~19）； 6：半夜（20~21）； 7：深夜（22~23）	数值型
行为习惯	购物习惯	是否货比三家	根据用户最近 3 个月的行为数据，判断是否存在"同一天内对同品类产品进行 5 家以上的浏览交流"的行为超过 3 次	1：是；0：否	数值型
行为习惯	购物习惯	是否直接下单	根据用户最近 3 个月的行为数据，判断是否存在"同一天内对同品类产品进行 2 家以下的浏览交流，并在 1 小时内下单购买"的行为超过 3 次	1：是；0：否	数值型
行为习惯	购物习惯	是否犹犹豫豫像	根据用户最近 3 个月的行为数据，判断是否存在"同一天内对某品类产品浏览交流，但在 3 小时以上才下单购买"的行为超过 3 次	1：是；0：否	数值型

（续）

一级类目	二级类目	标签名	标签逻辑	值字典	取值类型
行为习惯	购物习惯	是否贪小便宜	根据用户最近 3 个月的行为数据，判断是否存在"交易时采用优惠券抵扣或商家改价"的行为超过 3 次	1：是；0：否	数值型
兴趣偏好	兴趣爱好	兴趣特征	采用算法模型，根据用户最近 6 个月的行为数据预测其所涉及的兴趣类型	1：舞林人士；2：摄影一族；3：健美一族；4：电影派；5：乐器迷……	数值型
兴趣偏好	兴趣爱好	艺术特长	用户提供的艺术特长类型	1：美术；2：音乐；3：舞蹈；4：写作……	数值型
兴趣偏好	兴趣爱好	体育特长	用户提供的体育特长类型	1：跑步；2：跳高；3：跳远；4：棋类……	数值型
兴趣偏好	对象爱好	宠物类型	用户提供，或根据用户最近 6 个月的行为数据预测得到的宠物类型	1：狗；2：猫；3：兔；4：鱼……	数值型
兴趣偏好	对象爱好	品牌偏好	采用算法模型，根据用户最近 6 个月的行为数据测算的品牌偏好	1：美的；2：HM；3：顾家……	数值型
兴趣偏好	娱乐偏好	酒店星级偏好	采用算法模型，根据用户预测测算的酒店星级偏好	0：客栈公寓； 1：经济连锁； 2：二星及以下； 3：三星／舒适； 4：四星／高档； 5：五星／豪华	数值型

兴趣偏好	娱乐偏好	旅游景点类型偏好	采用算法模型，根据用户最近 6 个月的行为数据测算的旅游景点类型偏好	1：海岛；2：温泉；3：滑雪；4：漂流；5：博物馆；6：主题乐园……	数值型
兴趣偏好	消费偏好	服装风格偏好	采用算法模型，根据用户最近 6 个月的行为数据测算服装风格偏好	1：运动；2：职业；3：休闲……	数值型
兴趣偏好	社交偏好	交友类型偏好	采用算法模型，根据用户最近 6 个月的行为数据测算交友类型偏好	1：陌生交友；2：熟人关系；3：转介绍……	数值型
兴趣偏好	信息偏好	新闻类型偏好	采用算法模型，根据用户最近 6 个月的行为数据测算新闻类型偏好	1：体育；2：娱乐；3：时政……	数值型
性格思维	性格特征	生活性格	采用算法模型，根据用户最近一年的生活数据测算生活性格	1：内向；2：外向	数值型
性格思维	性格特征	职场性格	采用算法模型，根据用户最近一年的工作数据测算职场性格	1：领导型；2：细节型；3：务实型；4：务虚型……	数值型
性格思维	性格特征	消费性格	采用算法模型，根据用户最近一年的消费数据测算消费性格	1：尝鲜型；2：挑剔型；3：将就型……	数值型
性格思维	思维方式	生活思维	采用算法模型，根据用户最近一年的生活数据测算生活思维	1：理性思维；2：感性思维	数值型
性格思维	思维方式	工作思维	采用算法模型，根据用户最近一年的工作数据测算工作思维	1：理性思维；2：感性思维	数值型

7.2.2　企业标签类目体系模板

企业标签类目体系是以"企业（人）"为对象研究梳理从而得到的标签体系。企业一般指工商注册的法人主体或社会机构。因为企业会主动参与社会活动，推动经济民生发展，因此企业也属于"人"这类对象。

企业标签一般适用于需要对企业进行内部经营管理、企业资信评级、企业关系分析撮合等数据应用场景。基本上每家企业、集团、机构在构建数据资产的过程中，都涉及对自身企业属性的深入刻画，因此属于通用类对象标签。

设计过程中首先梳理企业标签类目树，可以由以下 10 个一级分类组成，如图 7-20 所示。

图 7-20　企业标签类目体系结构图

对以上企业标签类目结构图进行细化，可以形成具体的标签设计列表，较为通用的企业标签整理如表 7-2 所示（仅供参考）。

表 7-2 企业标签设计列表

一级类目	二级类目	标签名	标签逻辑	值字典	取值类型
基本属性	工商登记	企业 ID	企业统一编号，作为该企业的唯一识别码	ID 编码规范	文本型
基本属性	工商登记	企业名称	企业在工商注册时使用的企业全称	企业中文名称	文本型
基本属性	工商登记	法人	企业在工商注册登记的法人姓名	中文姓名	文本型
基本属性	工商登记	成立日期	企业工商注册成立日期	yyyymmdd 格式	日期型
基本属性	工商登记	企业状态	企业当前的登记状态	1：存续；2：在业；3：吊销……	数值型
基本属性	组织架构	组织结构类型	企业组织架构的组织类型	1：职能制；2：事业部制；3：混合制	数值型
基本属性	组织架构	一级部门	企业各一级部门名称，各部门以分号隔开	部门名称	文本型
基本属性	企业分类	企业性质	企业归属权性质	1：国有企业；2：民营企业；3：合资企业	数值型
基本属性	企业分类	企业行业	企业所属一级行业	1：建材；2：母婴；3：服装……	数值型
基本属性	企业分类	企业级别	企业级别等级	1：总公司；2：子公司……	数值型
基本属性	企业规模	人员规模	企业当前员工总数	整数	数值型
基本属性	企业规模	月销售规模	企业最近一个月的销售总额	整数	数值型
基本属性	企业规模	月采购规模	企业最近一个月的采购总额	整数	数值型

（续）

一级类目	二级类目	标签名	标签逻辑	值字典	取值类型
基本属性	联系方式	联系电话	企业工商信息中留存的电话号码	手机号码或固定电话号码	文本型
基本属性	联系方式	联系邮箱	企业对外公开的邮箱地址	邮箱格式	文本型
基本属性	联系方式	联系地址	企业对外公开的公司地址	省市区街道门牌号	文本型
企业关系	合作关系	历史合作企业数量	企业成立以来所有合作过的企业总数量	整数	数值型
企业关系	合作关系	历史合作次数	企业成立以来与外部企业合作过的总次数	整数	数值型
企业关系	合作关系	历史合作商品 TOP3	企业成立以来与外部企业合作商品数量最多的三款商品 ID	商品 ID1；商品 ID2；商品 ID3	文本型
企业关系	合作关系	潜在合作企业名称	通过模型计算的可能存在潜在合作机会的企业名称	企业中文名称	文本型
企业关系	合作关系	潜在合作推荐度	通过模型计算的可能存在潜在合作机会的企业及推荐程度	企业中文名称：得分	KV 型
企业关系	竞争关系	已有竞争企业数量	通过模型计算的存在竞争关系的企业数量	整数	数值型
企业关系	竞争关系	竞争企业 TOP3	通过模型计算的竞争关系最强烈的前 3 家企业名称	企业 1；企业 2；企业 3	文本型
企业关系	关联关系	子公司名称	企业下属子公司或分公司名称，各企业以分号隔开	企业 1；企业 2；企业 3……	文本型
企业关系	关联关系	子公司数量	企业下属子公司或分公司总数量	整数	数值型
企业关系	关联关系	母公司名称	企业所归属母公司名称	企业中文名称	文本型

大类	子类	名称	说明	示例值	类型
商品服务	企业商品	历史设计商品总数	企业成立以来设计过的商品总数量	整数	数值型
商品服务	企业商品	历史制造商品总数	企业成立以来制造过的商品总数量	整数	数值型
商品服务	企业商品	历史销售商品总数	企业成立以来销售过的商品总数量	整数	数值型
商品服务	企业商品	热销商品名称	企业成立以来销量最高的商品名称	商品名称	文本型
商品服务	企业商品	最新设计商品名称	企业最近设计出品的商品名称	商品名称	文本型
商品服务	企业商品	最近一个月商品销售单价	企业最近一个月销售的商品平均客单价	带小数数值	数值型
商品服务	企业服务	是否支持退换货	企业是否提供退换货服务	1：是；0：否	数值型
商品服务	企业服务	质保年限	企业提供质保的年限	整数	数值型
商品服务	企业服务	最近一年售后问题集中类型 TOP3	最近一年售后问题出现次数最多的 3 种问题类型，以分号分隔	1：价格；2：质量；3：使用	文本型
商品服务	企业服务	最近一个月平均每日服务客户数	最近一个月平均每个客服每天服务的客户数量	带小数数值	数值型
生产制造	研发情况	最近一年商品平均更新迭代周期	最近一年内每个商品研发版本的间隔周期，取平均值，单位为日	带小数数值	数值型
生产制造	研发情况	最近一年专利获得量	最近一年内研发部门申请获得的专利总数	整数	数值型
生产制造	生产记录	上月商品生产总量	最近一个月生产部门生产的商品总量	整数	数值型
生产制造	生产记录	上月生产是否达标	最近一个月生产部门生产产量是否达到预期	1：是；0：否	数值型
生产制造	生产记录	上月生产效率指数	通过模型计算的生产效率指数	0～100	数值型

（续）

一级类目	二级类目	标签名	标签逻辑	值字典	取值类型
生产制造	质量控制	上月生产故障次数	最近一个月生产过程中发生故障的次数	整数	数值型
生产制造	质量控制	上月返修量	最近一个月销售商品返回维修的商品数量	整数	数值型
生产制造	质量控制	上月生产规范率	最近一个月生产流程中符合标准的流程占比例	0~1	数值型
推广营销	推广记录	上月推广总次数	最近一个月推广营销的总次数	整数	数值型
推广营销	推广记录	上月推广商品名称	最近一个月推广的商品名称，以分号分隔	商品中文名	文本型
推广营销	推广记录	上月推广总预算	最近一个月推广营销的预算	带小数数值	数值型
推广营销	推广记录	上月推广实际总消费	最近一个月推广营销实际产生的总费用	带小数数值	数值型
推广营销	营销偏好	最常推广受众	最近一年推广营销最多的受众群体名称	群体命名	文本型
推广营销	营销偏好	最常推广渠道	最近一年推广营销最多的渠道类型	1：线上营销；2：线下营销	数值型
推广营销	营销偏好	最常推广地域	最近一年推广营销最多的地域	1：华北；2：华西；3：华东；4：华南；5：华中	数值型
推广营销	营销效果	上月营销平均转化率	最近一个月营销推广记录转化率取平均值	带小数数值	数值型

推广营销	营销效果	上月营销 ROI	最近一个月营销推广收益／营销投入费用的比例	带小数数值	数值型
推广营销	营销效果	上月营销预算是否用完	最近一个月营销推广费用是否用完	1：是；0：否	数值型
推广营销	营销效果	上月营销目标是否已经达标	最近一个月营销推广目标是否已经达成	1：是；0：否	数值型
推广营销	推广建议	建议的营销受众	通过模型计算得到的营销效果最好的受众群体	群体命名	文本型
推广营销	推广建议	建议的营销渠道	通过模型计算得到的营销效果最好的渠道	1：线上营销；2：线下营销	数值型
推广营销	推广建议	建议的营销时间	通过模型计算得到的营销效果最好的时间段	1：早上；2：中午；3：下午；4：晚上	数值型
销售交易	上游交易	上月采购总金额	最近一个月采购总金额	带小数数值	数值型
销售交易	上游交易	上月采购贷款金额	最近一个月采购中的贷款总金额	带小数数值	数值型
销售交易	上游交易	上月采购商品名称	最近一个月采购的商品名称，以分号分隔	商品名称	文本型
销售交易	下游交易	上月销售总金额	最近一个月销售总金额	带小数数值	数值型
销售交易	下游交易	上月销售总量	最近一个月销售的商品总数量	整数	数值型
销售交易	下游交易	上月热销省份 TOP3	最近一个月销售量排名前三的省份，以分号分隔	省份名称	文本型
销售交易	交易规模	市场占比	企业商品销量在行业市场中的份额比例	0～1	数值型

（续）

一级类目	二级类目	标签名	标签逻辑	值字典	取值类型
销售交易	交易规模	行业综合排名	企业交易规模在行业中的综合排名	整数	数值型
评价售后	用户评价	上月商品评价率	最近一个月获得商品评价的订单占比	0~1	数值型
评价售后	用户评价	上月商品质量分	最近一个月商品评价中对商品质量打分的平均值	0~5	数值型
评价售后	用户评价	上月服务质量分	最近一个月商品评价中对服务质量打分的平均值	0~5	数值型
评价售后	用户评价	上月综合好评率	通过模型计算得到最近一个月综合的评价好评率	0~1	数值型
评价售后	用户投诉	上月投诉量	最近一个月的投诉记录量		数值型
评价售后	用户投诉	上月投诉问题类型TOP3	最近一个月投诉次数最多的前三名问题类型，以分号分隔	1：价格；2：质量；3：使用	文本型
评价售后	用户投诉	上月投诉处理满意度	最近一个月的投诉处理中客户反馈满意的记录量占比	0~1	数值型
评价售后	售后服务	上月日均售后服务量	最近一个月平均每天售后服务记录量	整数	数值型
评价售后	售后服务	上月售后服务满意度	最近一个月的售后服务中客户反馈满意的记录量占比	0~1	数值型
经营管理	财务表现	上月总支出	最近一个月公司的总支出成本	带小数值	数值型
经营管理	财务表现	上月总收入	最近一个月公司总收入	带小数值	数值型

一级分类	二级分类	字段名	描述	取值	数据类型
经营管理	财务表现	上月利润	最近一个月公司的总收入 - 总支出	带小数数值	数值型
经营管理	人力资源	上月员工离职人数	最近一个月公司的离职员工工数	整数	数值型
经营管理	人力资源	上月员工入职人数	最近一个月公司的入职员工工数	整数	数值型
经营管理	人力资源	上月员工培训人次	最近一个月公司员工参与培训的次数（一个员工可能参加多次培训）	整数	数值型
经营管理	战略规划	年收入目标	公司当年的收入目标金额	带小数数值	数值型
经营管理	战略规划	年盈利目标	公司当年的盈利目标金额	带小数数值	数值型
经营管理	战略规划	当前收入目标达成率	公司当年累计计算得收入总金额与收入目标金额的比值	0~1	数值型
企业信用	信用评分	综合信用分	通过模型计算得到的企业综合信用评分	0~100	数值型
企业信用	信用评分	是否信用预警	通过模型计算得到的企业综合信用评分是否位于需要预警的区间	1: 是; 0: 否	数值型
企业信用	荣誉获奖	最近一年获奖次数	最近一年企业获得的荣誉奖励总次数	整数	数值型
企业信用	荣誉获奖	最常获奖类型	企业成立以来获得以来最多的获奖类型	1: 竞赛; 2: 公益; 3: 氛围; 4: 政府表彰	数值型
企业信用	荣誉获奖	获得信用类证书名称	企业成立以来获得过的信用类证书名称，多个以分号分隔	证明名称	文本型
企业信用	违法违规	当前是否被列入信用黑名单	企业当前是否被列入××信用黑名单中	1: 是; 0: 否	数值型
企业信用	违法违规	最近一次违法时间	企业最近一次发生违法事件的判定时间	yyyymmdd 格式	日期型

（续）

一级类目	二级类目	标签名	标签逻辑	值字典	取值类型
企业信用	违法违规	最常违法类型	企业成立以来企业最常触犯的违法类型	1：违法信息发布；2：产品侵权；3：交易纠纷	数值型
企业信用	违法违规	历史违规次数	企业成立以来企业违规总次数	整数	数值型
企业信用	违法违规	是否有罚金未缴纳	当前是否有罚金还没有缴纳	1：是；0：否	数值型
企业信用	欠费欠缴	当前是否有欠电费	当前是否有电费还未缴纳结清	1：是；0：否	数值型
企业信用	欠费欠缴	欠缴水费时长	当前欠缴水费的时长，按日计	整数	数值型
企业信用	欠费欠缴	欠缴物业费总金额	当前欠缴物业费总金额	带小数数值	数值型
企业信用	欠费欠缴	历史欠还贷款次数	企业成立以来欠还贷款的总次数	整数	数值型
能力贡献	资质认证	是否有生产许可	是否获得了由国家质检总局颁发的生产许可证	1：是；0：否	数值型
能力贡献	资质认证	是否是国家高新企业	是否获得了国家高新科技企业证书	1：是；0：否	数值型
能力贡献	能力评级	是否获得了CMMI3能力评定	是否获得了CMMI3能力评定证书	1：是；0：否	数值型
能力贡献	能力评级	是否是××战略合作伙伴	是否获得了××战略合作伙伴的认定	1：是；0：否	数值型
能力贡献	社会贡献	累计捐献金额	企业成立以来企业累计捐献金额	带小数数值	数值型
能力贡献	社会贡献	累计参加公益总人次	企业成立以来企业员工参与公益活动的总次数	整数	数值型
能力贡献	社会贡献	上一年缴纳税费	企业上一年向税务部门缴纳的税费金额	带小数数值	数值型

7.2.3　员工标签类目体系模板

　　员工标签类目体系是以"员工（人）"为对象研究梳理得到的标签体系。员工一般是指企事业单位中各种用工形式的人员。员工属于自然人的一种，但是由于其所具有的强工作属性，因此单独形成一种对象，属于"人"这一类型下。

　　员工标签一般适用于企业内部人力资源管理、人才培养优化、绩效考核薪酬制定，企业外猎头推荐撮合、人才筛选影响力评价等业务场景，是每一家企业、机构都有可能用到的对象标签，较为通用，因此在这里进行模板分析。

　　员工通用标签类目树可以由以下 8 个一级分类组成，如图 7-21 所示。

图 7-21　员工标签类目体系结构图

　　对以上员工通用标签类目结构图进行细化，可以形成具体的标签设计列表，较为通用的员工标签整理如表 7-3 所示（仅供参考）。

表 7-3　员工标签设计列表

一级类目	二级类目	标签名	标签逻辑	值字典	取值类型
基本特征	人口属性	员工 ID	员工统一编号，作为该员工的唯一识别码	ID 编码规范	文本型
基本特征	人口属性	姓名	员工提供身份证姓名	中文姓名	文本型
基本特征	人口属性	工号	员工入职后的编号	工号编码	文本型
基本特征	人口属性	性别	收集自员工身份证信息。18 位身份证号码的倒数第二位为偶数：女性，奇数：男性	1：男；0：女；	数值型
基本特征	人口属性	身份证年龄	收集自员工身份证信息。18 位身份证号码的第 7~10 位为出生年份，当年年份减去出生年份即为年龄	0~150 范围内整数	数值型
基本特征	证件 ID	身份证号码	收集自员工身份证信息	18 位身份证号码	文本型
基本特征	证件 ID	身份证有效期截止日期	员工身份证有效期截止日期	yyyymmdd 格式	日期型
基本特征	证件 ID	护照号码	收集自员工护照信息	护照 ID 格式	文本型
基本特征	证件 ID	居住证号码	收集自员工居住证信息	居住证 ID 格式	文本型
基本特征	联系方式	手机号码	员工登记的手机号码	11 位数字	文本型
基本特征	联系方式	居住地址	员工登记的居住地址	省市区街道门牌号	文本型
基本特征	联系方式	邮箱地址	用户提供的邮箱地址	邮箱格式	文本型

基本特征	联系方式	紧急联系人手机号码	员工登记的紧急联系人手机号码	11 位数字	文本型
基本特征	生理信息	身高	员工提供的身高信息	整数	数值型
基本特征	生理信息	体重	员工提供的体重信息	整数	数值型
基本特征	生理信息	健康状态	员工体检结果显示的健康情况	1：健康；2：亚健康；3：不健康	数值型
基本特征	生理信息	患有疾病	员工体检时发现的疾病情况	0：无；1：心脏病；2：高血压；3：糖尿病……	数值型
基本特征	地理位置	工作地	员工当前主要工作城市	城市编码表	数值型
基本特征	地理位置	社保地	员工缴纳五险一金的城市	城市编码表	数值型
基本特征	地理位置	居住地	员工登记的居住城市	城市编码表	数值型
基本特征	地理位置	主要出差地	最近一年员工出差次数最多的三个城市	TOP1：城市名；TOP2：城市名；TOP3：城市名	文本型
基本特征	资产信息	工资卡银行	员工领取工资的银行卡所属银行	1：招商银行；2：工商银行；3：建设银行……	数值型
基本特征	资产信息	工资卡账号	员工领取工资的银行卡账号	银行卡卡号	文本型
基本特征	资产信息	当前月薪	员工当前的税前月薪	带小数数值	数值型
基本特征	资产信息	年收入	员工上一自然年的收入总和	带小数数值	数值型
社会关系	婚姻关系	婚姻状态	员工当前登记的婚姻状态	1：未婚；2：已婚；3：离异；4：丧偶；5：未知	数值型

（续）

一级类目	二级类目	标签名	标签逻辑	值字典	取值类型
社会关系	婚姻关系	婚姻状态	是否双职工	1：是；0：否	数值型
社会关系	婚姻关系	配偶姓名	员工登记的配偶身份证姓名	中文姓名	文本型
社会关系	直系关系	是否有子女	员工是否登记了子女信息	1：是；0：否	数值型
社会关系	直系关系	子女姓名	员工登记的子女姓名信息，多个以分号隔开	中文姓名	文本型
社会关系	同事关系	同部门内同事数量	员工同部门内同事数量	整数	数值型
社会关系	同事关系	上司工号	员工上级的工号	工号编码	文本型
社会关系	同事关系	下属数量	员工下级的人数	整数	数值型
教育背景	教育学历	学历	员工提供的最高学历	1：小学；2：初中；3：高中；4：专科；5：本科；6：硕士；7：博士	数值型
教育背景	教育学历	专业	员工提供的专业名称	1：计算机；2：文学；3：化工；4：物理……	数值型
教育背景	教育学历	毕业院校	员工提供的最高学历所在学校	1：清华大学；2：北京大学；3：××职业技术学院……	数值型
教育背景	教育学历	毕业院校类型	员工提供的最高学历所在学校的所属类型	1：211；2：985；3：一本……	数值型

分类	字段名	描述	取值说明	类型
教育背景	毕业时间	员工提供的最高学历的结束日期	yyyymmdd格式	日期型
教育背景	是否全日制学历	员工提供的最高学历是否是全日制教育	1：是；0：否	数值型
教育背景	职称等级	员工提供的职称证书等级	1：初级；2：中级；3：高级	数值型
教育背景	职称获得日期	员工提供的职称证书颁布日期	yyyymmdd格式	日期型
教育背景	执业资格证书名称	员工提供的执业资格类证书名称	1：会计；2：建造师；3：教师……	数值型
教育背景	掌握语种	员工登记的所掌握的外语语种，多个以分号分隔	1：英语；2：法语；3：德语……	数值型
教育背景	是否取得语言考级证书	员工是否登记了持有外语考级证书	1：是；0：否	数值型
教育背景	外语掌握级别	员工登记的外语掌握级别	1：熟练；2：掌握；3：了解	数值型
教育背景	是否参加过公开论坛演讲	员工是否登记了参加过公开论坛演讲	1：是；0：否	数值型
教育背景	是否出版过图书	员工是否登记了出版过图书	1：是；0：否	数值型
教育背景	是否发表过期刊论文	员工是否登记了发表过期刊论文	1：是；0：否	数值型
教育背景	是否协会会员	员工是否登记了自己是某协会会员	1：是；0：否	数值型
工作情况	以往工作概括	员工登记的上一份工作所在公司名称	公司全称	文本型

（续）

一级类目	二级类目	标签名	标签逻辑	值字典	取值类型
工作情况	以往工作概括	上一份工作的职务	员工登记的上一份工作的职务	1：开发工程师；2：产品经理；3：运营；4：行政；5：HR……	数值型
工作情况	以往工作概括	上一份工作的职位	员工登记的上一份工作的职位	1：初级；2：中级；3：高级；4：资深；5：总监……	数值型
工作情况	以往工作概括	平均工作时长	员工登记的各段工作履历的周期平均周期	带小数数值	数值型
工作情况	当前工作概括	入职日期	员工入职的具体日期	yyyymmdd 格式	日期型
工作情况	当前工作概括	在职时长	员工入职至今的月份数	整数	数值型
工作情况	当前工作概括	所属部门	员工当前所在部门名称	部门名称	文本型
工作情况	当前工作概括	主要职责	员工岗位的职责描述	职责描述	文本型
工作情况	当前工作内容	当前职务	员工当前所担任的职务	1：开发工程师；2：产品经理；3：运营；4：行政；5：HR……	数值型
工作情况	当前工作内容	当前职位	员工当前的职位	1：初级；2：中级；3：高级；4：资深；5：总监……	数值型

工作情况	当前工作内容	当前职位工作时长	当前职位的持续时长，按月份数计算	整数		数值型
工作情况	当前工作记录	上月是否全勤	上月工作日该员工是否全部到岗	1：是；0：否		数值型
工作情况	当前工作记录	上月是否有工作故障	上月该员工是否有故障记录	1：是；0：否		数值型
工作情况	当前工作记录	上月平均工作时长	上月该员工平均工作时长，按小时计	带小数数值		数值型
工作情况	当前工作记录	上月出差天数	上月该员工的出差天数总和	整数		数值型
工作情况	工作报销记录	上月报销金额	上月该员工累计报销的总金额	带小数数值		数值型
工作情况	工作报销记录	最近 6 个月报销次数	最近 6 个月该员工累计完成的报销记录次数	整数		数值型
工作情况	工作报销记录	平均报销周期	最近 12 个月员工前后两次报销的时间间隔取平均值，按日计算	带小数数值		数值型
工作情况	工作报销记录	平均报销间隔	最近 12 个月员工报销起日期与消费发生日期之间的间隔，按日计	带小数数值		数值型
工作情况	工作报销记录	平均报销率	最近 12 个月员工所有的报销率取平均值（报销率＝实际报销金额／报销提报金额）	带小数数值		数值型

（续）

一级类目	二级类目	标签名	标签逻辑	值字典	取值类型
薪酬待遇	薪酬发放	最近12个月的平均月薪	该员工最近12个月发放的月薪平均值	带小数数值	数值型
薪酬待遇	薪酬发放	最近12个月的平均个税	该员工最近12个月缴纳的个税平均值	带小数数值	数值型
薪酬待遇	薪酬发放	最近一次调薪额度	该员工最近一次调薪增加的金额	带小数数值	数值型
薪酬待遇	薪酬发放	建议月薪	根据模型计算得到与该员工匹配的月薪值	带小数数值	数值型
薪酬待遇	五险一金	当前五险一金缴纳基数	该员工当前缴纳的五险一金基数金额	带小数数值	数值型
薪酬待遇	五险一金	最近一个月五险一金缴纳金额	该员工最近一个月缴纳的五险一金总金额	带小数数值	数值型
薪酬待遇	五险一金	五险一金连续缴纳时长	该员工在本公司缴纳五险一金的连续时长，按月份统计	整数	数值型
薪酬待遇	补贴补助	当前是否有享受补贴	该员工当前是否享受至少一种企业补贴或社会补贴	1：是；0：否	数值型
薪酬待遇	补贴补助	当前享受的补贴类型	该员工当前享受的补贴类型	1：住房补贴；2：差旅补贴……	数值型
薪酬待遇	补贴补助	上月补贴金额	该员工上月获得的补贴金额	带小数数值	数值型

284

薪酬待遇	奖金发放	最近一次奖金类型	该员工最近一次获得的奖金类型	1：项目奖金；2：销售奖金；3：科研奖金……	数值型
薪酬待遇	奖金发放	历史获得的奖金次数	该员工入职以来获得奖金的总次数	整数	数值型
薪酬待遇	奖金发放	最近一年获得的奖金总金额	该员工最近一年获得奖金的总金额	带小数数值	数值型
薪酬待遇	股票期权	是否持有股票期权	该员工当前是否持有公司的股票期权	1：是；0：否	数值型
薪酬待遇	股票期权	持有份额数量	该员工当前持有的股票期权数量	整数	数值型
薪酬待遇	股票期权	已归属份额数量	该员工当前持有的股票期权中已经归属的数量	整数	数值型
薪酬待遇	股票期权	最近一次授予日期	最近一次授予该员工股票期权的日期	yyyymmdd 格式	日期型
薪酬待遇	体检团建	最近一次体检日期	该员工最近一次体检的日期	yyyymmdd 格式	日期型
薪酬待遇	体检团建	最近一年团建次数	该员工最近一年参与的团建总次数	整数	数值型
薪酬待遇	体检团建	最常参与团建类型	该员工最常参与的团建类型	1：聚餐；2：会议；3：旅行……	数值型
薪酬待遇	体检团建	当前团建余额	该员工当前团建费用余额	带小数数值	数值型

（续）

一级类目	二级类目	标签名	标签逻辑	值字典	取值类型
考核评估	考勤打卡	上月请假天数	该员工上月请假总天数	整数	数值型
考核评估	考勤打卡	上月按时打卡率	该员工上月按时打卡的天数 / 需要上班的总天数	0～1	数值型
考核评估	考勤打卡	剩余年假天数	该员工当前剩余年假天数	整数	数值型
考核评估	业绩考核	最近一次业绩考核结果类型	该员工最近一次业绩考核结果类型	1：优秀；2：合格；3：待改进；4：淘汰	数值型
考核评估	业绩考核	最近一次业绩考核负责人工号	负责该员工最近一次业绩考核的主管的工号	员工工号	文本型
考核评估	业绩考核	最常获得业绩考核结果类型	该员工入职以来最常得的考核结果类型	1：优秀；2：合格；3：待改进；4：淘汰	数值型
考核评估	业绩考核	是否发起过业绩考核申诉	该员工入职以来是否发起过考核申诉	1：是；0：否	数值型
考核评估	价值观评估	最近一次价值观考核结果类型	该员工最近一次价值观考核结果类型	1：优秀；2：合格；3：待改进；4：淘汰	数值型
考核评估	价值观评估	忠诚信任度	根据模型计算得到该员工对公司的忠诚度、信赖度	0～100	数值型
考核评估	潜力评估	是否是明日之星	该员工是否被主管评为高潜员工	1：是；0：否	数值型

考核评估	潜力评估	晋升可能性	根据模型计算得到该员工的晋升可能性	0~1	数值型
考核评估	活力评估	员工活跃度	根据模型计算得到该员工的综合活跃度得分	0~100	数值型
考核评估	活力评估	公司内影响力	根据模型计算得到该员工在公司内的影响力得分	0~100	数值型
考核评估	活力评估	活动参与积极度	根据模型计算得到该员工的活动参与度得分	0~100	数值型
考核评估	心理评估	参与过的心理评测类型	该员工参与过的心理测评类型	1：领导力；2：胜任力；3：心理症状；4：情商、逆商......	数值型
考核评估	心理评估	心理问题类型	该员工需要关注的心理问题类型	1：抑郁；2：焦虑；3：压力......	数值型
考核评估	心理评估	心理成熟度	根据模型计算得到该员工的心理成熟度综合得分	0~100	数值型
考核评估	风险评估	当前流失风险概率	根据模型计算得到该员工离职流失的风险可能性	0~1	数值型
考核评估	风险评估	稳定性	根据模型计算得到该员工的稳定性级别	1：稳定；2：较稳定；3：波动；4：不稳定......	数值型
考核评估	风险评估	损失风险	根据模型计算得到该员工在日常工作过程中，可能因为误操作或错误判断给公司带来的损失影响	0~100	数值型

（续）

一级类目	二级类目	标签名	标签逻辑	值字典	取值类型
考核评估	风险评估	负面风险	根据模型计算得到该员工在日常工作过程中，可能因为消极态度或消极行为给公司带来的负面影响	0～100	数值型
技能培养	培训教育	新员工培训间隔	该员工参与新员工培训日期与入职日期的间隔时长，按月统计	整数	数值型
技能培养	培训教育	参与公司培训次数	该员工入职以来参与过的公司培训的总次数	整数	数值型
技能培养	培训教育	最常参与的培训类型	该员工参与过次数最多的培训类型	1：技能培训；2：管理培训；3：市场培训……	数值型
技能培养	技能证书	在职期间获得的技能数量	该员工在企业工作期间获得的技能总数	整数	数值型
技能培养	技能证书	最近一次获得的技能类型	该员工在企业工作期间最近一次获得的技能类型	1：计算机；2：外语；3：项目管理……	数值型
技能培养	干部任免	最近一次提升距今时长	该员工最近一次提升日期距今时长，按月份统计	整数	数值型
技能培养	干部任免	最近一次提升职位	该员工最近一次提升的职位	1：初级；2：中级；3：高级；4：资深；5：总监……	数值型
技能培养	干部任免	最近一次免职原因类型	该员工最近一次免职的原因类型	1：离职；2：惩罚；3：主动申请……	数值型

大类	字段名	说明	取值	类型
技能培养	职业规划	是否有职业规划	该员工是否做过职业规划	1：是；0：否	数值型
技能培养	职业规划	是否参与过职业培训	该员工是否参与过职业规划相关培训	1：是；0：否	数值型
能力评级	知识产权	是否获得过专利	该员工在企业工作期间是否获得过专利	1：是；0：否	数值型
能力评级	知识产权	专利类型	该员工工作期间获得过的专利类型，多个用分号分隔	1：发明专利；2：软件著作权；3：新型外观设计专利	数值型
能力评级	知识产权	论文数量	该员工在企业工作期间发表过的论文总数	整数	数值型
能力评级	荣誉奖励	是否获得过荣誉奖励	该员工在企业工作期间是否获得过荣誉奖励	1：是；0：否	数值型
能力评级	荣誉奖励	获得的荣誉名称	该员工在企业工作期间获得的荣誉名称，多个用分号分隔	荣誉名称	文本型
能力评级	荣誉奖励	获得荣誉日期	该员工在企业工作期间获得荣誉奖励的日期	yyyymmdd 格式	日期型
能力评级	违规处罚	是否受过违规处罚	该员工在企业工作期间是否受过违规处罚	1：是；0：否	数值型
能力评级	违规处罚	受到的违规处罚类型	该员工在企业工作期间受到的违规处罚类型，多个用分号分隔	1：违法；2：触犯企业高压线；3：违反企业日常规范……	文本型
能力评级	违规处罚	受处罚日期	该员工在企业工作期间受到违规处罚的日期	yyyymmdd 格式	日期型

（续）

一级类目	二级类目	标签名	标签逻辑	值字典	取值类型
能力评级	能力评定	员工能力类型	该员工所属的能力类型	1：明星员工；2：老黄牛；3：小白兔……	数值型
能力评级	能力评定	是否核心骨干	该员工是否是各部门提报的核心骨干	1：是；0：否	数值型
能力评级	能力评定	是否为项目、部门关键人员	该员工是否是各部门提报的关键人员	1：是；0：否	数值型
能力评级	晋升发展	晋升成功率	该员工晋升成功的次数/提起晋升的次数	0~1	数值型
能力评级	晋升发展	最近一次晋升答辩结果	该员工最近一次申请晋升的答辩结果	1：成功；2：失败	数值型
能力评级	晋升发展	平均晋升间隔	该员工每两次晋升成功的年限间隔取平均值，按月份统计	整数	数值型
能力评级	晋升发展	是否还有晋升空间	根据该员工主管评定的晋升空间信息判断	1：是；0：否	数值型

7.2.4　商品标签类目体系模板

商品标签类目体系是以"商品（人）"为对象研究梳理得到的标签体系。商品一般是指企业、机构对外商业化提供的、以社会消费为目的所生产的劳动产物。传统企业大都围绕实体商品开展企业经营；而互联网公司则较多生产虚拟商品。不管是实体商品还是虚拟商品，都属于行为关系中的被动位置，因此都属于"物"这一范畴类型下。

商品标签一般适用于商品研究分析、商品商机上下游撮合、商品生产库存风险预警、商品个性化推荐、商品舆情评论、商品溯源监控等数据应用场景。B 端企业往往通过其所经营的商品、服务与 C 端用户群体发生连接，因此商品是一种非常重要且通用的对象类型，值得深入研究。

商品通用标签类目树可以由以下 8 个一级分类组成，如图 7-22 所示。

图 7-22　商品标签类目体系结构图

对以上商品通用标签类目结构图进行细化，可以形成具体的标签设计列表，较为通用的商品标签整理如表 7-4 所示（仅供参考）。

表 7-4　商品标签设计列表

一级类目	二级类目	标签名	标签逻辑	值字典	取值类型
基本信息	登记信息	商品 ID	商品统一编号，作为该商品的唯一识别码	ID 编码规范	文本型
基本信息	登记信息	商品名称	商品登记名称	中文名称	文本型
基本信息	登记信息	商品 SPU	标准化产品单元	SPU 编码	文本型
基本信息	登记信息	商品 SKU	库存控制的最小可用单位	SKU 编码	文本型
基本信息	登记信息	品牌	商品所属品牌	1：宝洁；2：强生……	数值型
基本信息	登记信息	条形码	商品条形码所对应的编码	条形码编码	文本型
基本信息	登记信息	执行标准	商品的执行标准编码	执行标准编码	文本型
基本信息	实体属性	型号	商品的型号类型	型号编码	文本型
基本信息	实体属性	颜色	商品的颜色类型	1：中国红；2：海洋蓝……	数值型
基本信息	实体属性	重量	商品的重量，以克为单位	带小数数值	数值型
基本信息	实体属性	包装类型	商品的包装类型	1：纸包装；2：塑料包装；3：金属包装……	数值型
基本信息	实体属性	功能	商品的功能类型	功能描述	文本型
基本信息	实体属性	主要原料	商品的主要原料组成	原料描述	文本型

基本信息	实体属性	生产日期	商品的生产日期	yyyymmdd 格式	日期型
基本信息	检测认证	是否有产品检测报告	商品是否有产品检测报告	1：是；0：否	数值型
基本信息	检测认证	检测机构名称	商品检测的检测机构	机构名称	文本型
基本信息	检测认证	是否进口	是否是进口商品	1：是；0：否	数值型
基本信息	检测认证	进口报关单号	商品的进口报关单号	报关单号编码	文本型
基本信息	检测认证	生产许可证编号	商品的生产许可证编号	生产许可证编号	文本型
基本信息	售卖属性	是否现货	商品是否有现货可以售卖	1：是；0：否	数值型
基本信息	售卖属性	当前库存数量	当前该商品的库存数量	整数	数值型
基本信息	售卖属性	发货地区	商品的发货地区	城市编码表	数值型
基本信息	售卖属性	支持付款方式	商品支持的支付方式	1：支付宝；2：微信；3：信用卡……	数值型
从属信息	经手公司	所有权归属公司名称	商品所有权归属公司名称	公司中文名称	文本型
从属信息	经手公司	生产商名称	生产该商品的公司名称	公司中文名称	文本型
从属信息	经手公司	经销商名称	授权可以销售该商品的公司名称	公司中文名称	文本型
从属信息	消费受众	受众类型	该商品面向的受众类型	1：健身达人；2：文艺青年……	数值型
从属信息	消费受众	是否小众	该商品面向的受众是否是小众	1：是；0：否	数值型
从属信息	消费受众	是否刚需	该商品对于受众群体来说是否是刚需	1：是；0：否	数值型

（续）

一级类目	二级类目	标签名	标签逻辑	值字典	取值类型
从属信息	行业品类	所属行业	商品所属行业	1：地产；2：零售；3：交通……	数值型
从属信息	行业品类	所属品类	商品所属品类	1：女装；2：男装；3：母婴……	数值型
服务信息	质量服务	是否支持试用	商品是否可以先试用再付款	1：是；0：否	数值型
服务信息	质量服务	是否有质保金保障	商品是否有质保金押金保障	1：是；0：否	数值型
服务信息	质量服务	是否投保	商品是否有保险保障	1：是；0：否	数值型
服务信息	质量服务	是否假一赔十	商品是否支持假一赔十的正品承诺	1：是；0：否	数值型
服务信息	质量服务	是否只换不修	商品是否提供只更换不修的质量服务	1：是；0：否	数值型
服务信息	支付服务	是否支持信用卡付款	商品支付是否支持刷信用卡	1：是；0：否	数值型
服务信息	支付服务	是否支持分期付	商品支付是否支持分期付款	1：是；0：否	数值型
服务信息	支付服务	是否支持线上支付	商品支付是否支持线上支付类型	1：是；0：否	数值型
服务信息	支付服务	是否支持开发票	商品支付是否支持开发票	1：是；0：否	数值型
服务信息	保障服务	质保时长	商品的质保期	1：1年；2：2年……	数值型
服务信息	保障服务	是否可退换货	商品购买后是否可以退货或换货	1：是；0：否	数值型
服务信息	保障服务	是否有客服咨询	商品交易是否有客服可供咨询	1：是；0：否	数值型

服务信息	保障服务	是否 24 小时发货	商品是否支持 24 小时发货	1：是；0：否	数值型
服务信息	保障服务	是否当日达	商品是否提供当日送达的保障	1：是；0：否	数值型
生产制造	研发情况	商品研发相关专利数	该商品研发过程中与之相关的专利个数	整数	数值型
生产制造	研发情况	商品当前研发版本	商品当前研发迭代的版本号	版本编号	文本型
生产制造	研发情况	商品竞品名称	商品的竞品名称	商品名称	文本型
生产制造	生产记录	生产责任人工号	负责该商品生产的责任人工号	员工工号	文本型
生产制造	生产记录	生产原料 ID	生产该商品的上游原料组成，只传递一层；多种原料 ID 以分号分隔	原料 ID1；原料 ID2；原料 ID3……	文本型
生产制造	生产记录	生产流水线 ID	生产该商品的流水线 ID	流水线 ID	文本型
生产制造	生产记录	生产地	该商品的生产地	城市编码表	数值型
生产制造	质量控制	是否检查合格	该商品是否检查合格	1：是；0：否	数值型
生产制造	质量控制	质量等级	该商品的质量等级	1：一等品；2：二等品；3：残次品……	数值型
生产制造	质量控制	质量控制负责人工号	该商品的质量控制负责人工号	员工工号	数值型
库存物流	库存情况	当前存仓库 ID	商品当前所在的仓库编号	仓库 ID	文本型
库存物流	库存情况	当前库存位置编号	商品当前所在仓库的具体位置编号	位置编号	文本型
库存物流	库存情况	历史存储仓库 ID	历史上曾存储商品的仓库编号，多个以分号分隔	仓库 ID1；仓库 ID2……	文本型

（续）

一级类目	二级类目	标签名	标签逻辑	值字典	取值类型
库存物流	库存情况	当前库存状态	商品当前库存状态	1：正常存储；2：已出货；3：未找到；4：已损坏……	数值型
库存物流	库存情况	当前库存时长	商品当前在库存中的累积时长，按小时计算	整数	数值型
库存物流	运输物流	发货地	商品运输的发货地	城市编码表	数值型
库存物流	运输物流	目的地	商品运输的目的地	城市编码表	数值型
库存物流	运输物流	物流单号	商品运输的物流单号	物流单编码	文本型
库存物流	运输物流	物流公司	商品运输的物流公司名称	公司名称	文本型
库存物流	运输物流	当前物流状态	商品当前的物流状态	1：待发货；2：运输中；3：已签收……	数值型
库存物流	管理指标	库存周期	商品从入库到出库的时长，按小时计算	整数	数值型
库存物流	管理指标	库存成本	商品库存的分摊成本	带小数数值	数值型
库存物流	管理指标	运输周期	商品从拣货出库到到收的时长，按小时计算	整数	数值型
库存物流	管理指标	运输成本	商品运输的分摊成本	带小数数值	数值型
销售交易	商品营销	上月商品SPU营销总次数	最近一个月该商品所属SPU的推广营销的总次数	整数	数值型
销售交易	商品营销	上月商品SPU营销总费用	最近一个月该商品所属SPU的推广营销的总费用	带小数数值	数值型

销售交易	商品营销	SPU 最佳营销渠道	该商品所属 SPU 营销效果最好的渠道	1：线上广告；2：线下广告……	数值型
销售交易	商品营销	SPU 最佳营销时段	历史以来商品所属 SPU 营销效果最好的时段	1：早上；2：中午；3：下午；4：晚上	数值型
销售交易	商品营销	SPU 最佳营销受众	历史以来该商品所属 SPU 营销效果最好的受众群体	1：健身达人；2：文艺青年……	数值型
销售交易	商品意向	最近 7 天 SPU 搜索热度	根据模型计算得到的最近 7 天该商品所属 SPU 被搜索的综合热度	0~100	数值型
销售交易	商品意向	最近 7 天 SPU 浏览热度	根据模型计算得到的最近 7 天该商品所属 SPU 被浏览的综合热度	0~100	数值型
销售交易	商品意向	最近 7 天浏览热度	根据模型计算得到的综合热度被浏览的综合热度	0~100	数值型
销售交易	商品意向	最近 7 天询价次数	最近 7 天该商品被询问价格的总次数	整数	数值型
销售交易	商品意向	最近 7 天 SPU 收藏热度	根据模型计算得到的最近 7 天该商品所属 SPU 被收藏的综合热度	0~100	数值型
销售交易	商品订货	历史 SPU 复订率	历史以来该商品所属 SPU 被同一订货商订货超过 2 次的订货商数 / 总订货商数	0~1	数值型
销售交易	商品订货	SPU 最近一次订货日期	该商品所属 SPU 最近一次被订货的日期	yyyymmdd 格式	日期型
销售交易	商品订货	上月 SPU 订货量	该商品所属 SPU 上月被订货的总量	整数	数值型
销售交易	商品成交	商品当前售卖状态	该商品当前售卖状态	1：可售卖；2：不可售卖	数值型

（续）

一级类目	二级类目	标签名	标签逻辑	值字典	取值类型
销售交易	商品成交	成交人 ID	该商品被销售卖给的客户 ID	客户编码	文本型
销售交易	商品成交	成交价	该商品最终成交的实付价格	带小数数值	数值型
销售交易	商品成交	成交日期	该商品成交的日期	yyyymmdd 格式	日期型
销售交易	商品成交	成交渠道	该商品成交的渠道	1：线上渠道；2：线下渠道	数值型
销售交易	商品成交	付款方式	该商品成交的付款方式	1：现金；2：支付宝；3：微信；4：信用卡……	数值型
销售交易	商品成交	优惠额度	该商品成交价比原价优惠的金额/原价金额	0~1	数值型
售后情况	商品退货	商品退货与否	商品是否被退货	1：是；0：否	数值型
售后情况	商品退货	退货日期	商品被退货的确认日期	yyyymmdd 格式	日期型
售后情况	商品退货	退货距成交间隔	商品退货日期与成交日期的时间间隔，以小时计	整数	数值型
售后情况	商品换货	商品换货与否	商品是否被换货	1：是；0：否	数值型
售后情况	商品换货	更换商品 ID	商品被更换为另一商品 ID	商品编码	文本型
售后情况	商品换货	换货日期	商品换货的确认日期	yyyymmdd 格式	日期型
售后情况	商品换货	换货距成交间隔	商品换货日期与成交日期的时间间隔，以小时计	整数	数值型
售后情况	商品维修	商品维修与否	商品是否被维修过	1：是；0：否	数值型
售后情况	商品维修	商品维修日期	商品维修的确认日期	yyyymmdd 格式	日期型

售后情况	商品维修	维修距成交间隔	商品维修日期与成交日期的间隔时间，以小时计	整数	数值型
售后情况	商品维修	历史维修次数	该商品被维修的总次数	整数	数值型
售后情况	商品投诉	商品被投诉与否	该商品是否被投诉过	1：是；0：否	数值型
售后情况	商品投诉	商品投诉日期	商品被投诉的日期	yyyymmdd 格式	日期型
售后情况	商品投诉	投诉原因	商品被投诉的原因类型	1：质量问题；2：价格原因；3：售后服务……	数值型
售后情况	商品投诉	投诉处理方案	商品被投诉后的处理方案类型	1：现金补偿；2：换货；3：客户关怀……	数值型
评价评分	用户评价	评价内容	该商品的具体评价内容	评价文字	文本型
评价评分	用户评价	评价满意度	根据模型计算的评价满意度等级	1：满意；2：较满意；3：太满意；4：不满意	数值型
评价评分	用户评价	评价人 ID	该商品的评价人 ID	评价人账号	文本型
评价评分	市场评价	近半年所属 SPU 的商品竞争力	根据模型计算的最近 6 个月该商品所属的 SPU 的市场竞争力	0～100	数值型
评价评分	市场评价	近一个月所属 SPU 的商品市场热度	根据模型计算的最近一个月该商品所属的 SPU 的市场热度	0～100	数值型
评价评分	评分评级	质量评分	该商品获得的质量评分	0～5	数值型
评价评分	评分评级	服务评分	该商品获得的服务评分	0～5	数值型
评价评分	财务分析	商品总成本	该商品所有的成本金额（包括研发、生产、仓储物流、营销等全部分摊成本）	带小数数值	数值型
评价评分	财务分析	商品利润	该商品成交价减去总成本	带小数数值	数值型
评价评分	财务分析	商品 ROI	该商品成本/该商品成交价	带小数数值	数值型

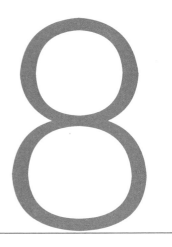

践：从标签到应用的 5 个最佳实践

　　基于标签类目体系方法论可以设计、开发、形成企业自有的标签资产，但这仅仅实现了数据的资产化过程。企业要实现数字化转型，更重要的赛场在资产业务化阶段。标签必须要生成数据服务，形成数据应用，对业务产生作用，才能体现价值。本章从银行业、汽车业、制造业、零售业、地产业场景出发，详细阐述了 5 家数字化转型企业从标签设计到数据应用的最佳实践过程，清晰地勾勒出标签在各阶段的运转地图。

8.1 实践 1：银行业卡业务精准营销场景

　　A 银行（简称"A 行"）由于没有建设统一标准的数据资产和基于大数据的精准营销系统，导致大量业务数据未转化为标签资产，营销活动存在成本高、效率低、互动低等问题，如图 8-1 所示。为实现数字化转型，A 行计划建设营销大数据服务平台系统，以充分发挥行内系统交易数据及互联网渠道数据的积累优势，构建丰富的客户标签及应用，实现互联网渠道的精准营销，提升活动执行效率和活动效果。

图 8-1　A 行的主要数据问题

8.1.1　银行业卡业务标签设计

基于人—物—关系的标签方法论，A 行从业务需求和数据基础两方面的调研信息出发，进行了数据资产梳理、设计、管理等系列工作。数据资产向下对接数据同步、数据开发、数据管理等基础平台模块，向上对接数据服务、数据场景等企业数据应用环节，是营销大数据服务平台系统建设的重中之重。

1.数据架构设计

在数据流向层面，数据架构体系划分为源数据层、数据公共层、数据标签层、数据服务层，以相对独立于业务的基础标签体系设计来适应多变的业务需求。其中客户标签体系的数据架构设计示意如图 8-2 所示。

2.前后台标签类目体系架构

根据 A 行信用卡中心的业务需求及数据积累，最终形成了以"客户（人）""账户（物）""卡片（物）""营销活动（关系）"等核心对象组成的后台标签体系及【积分兑换营销】【营销核对查询】【计财营销分析】等数据应用场景组织的前台标签体系，如图 8-3 所示。

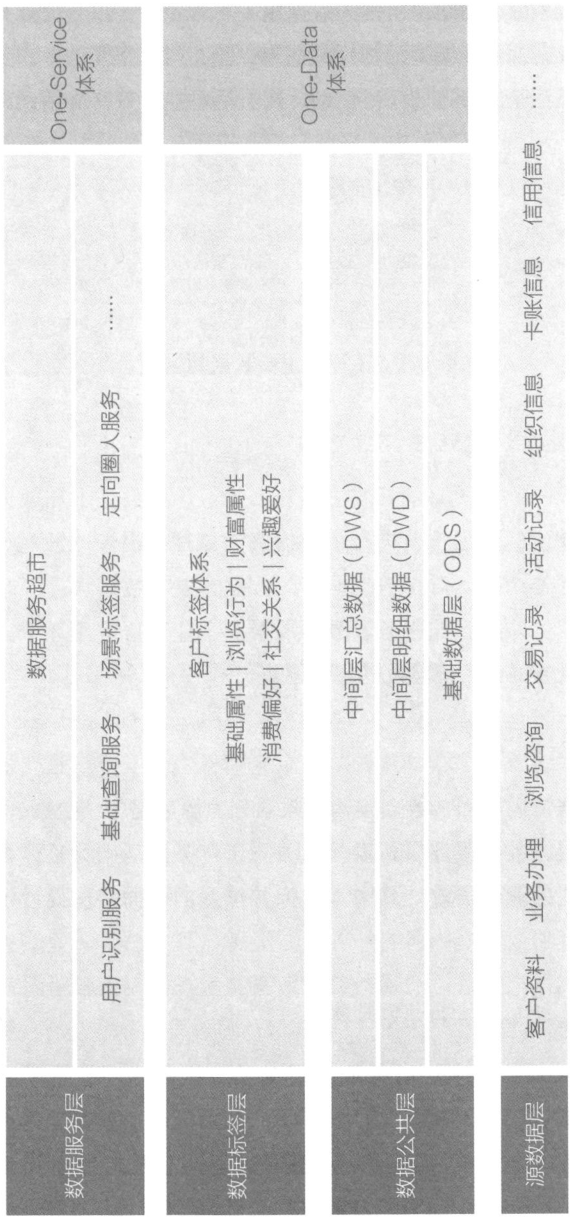

图 8-2　客户标签体系数据架构图

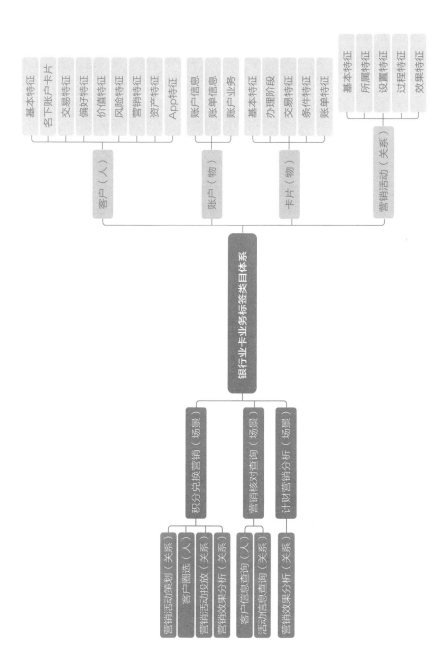

图 8-3　银行业卡业务标签类目体系架构图

3. 后台标签类目体系设计思路

- "客户（人）"标签类目体系下分为【基本特征】【名下账户卡片】【交易特征】【偏好特征】【价值特征】【风险特征】【营销特征】【资产特征】【App特征】等9大一级类目，共计300多个标签。具体标签设计脱敏示例如表8-1所示。
- "账户（物）"标签类目体系下分为【账户信息】【账单信息】【账户业务】等3大一级类目，共计100多个标签。
- "卡片（物）"标签类目体系下分为【基本特征】【办理阶段】【交易特征】【条件特征】【账单特征】等5大一级类目，共计100多个标签。
- "营销活动（关系）"标签类目体系下分为【基本特征】【所属特征】【设置特征】【过程特征】【效果特征】等5大一级类目，共计100多个标签。

这些核心对象的标签类目体系组成了信用卡中心的后台标签池，所有前台业务场景所需的标签都可以从后台标签池中选取，重新组合和管理应用。

4. 前台标签类目体系设计思路

前台标签根据业务使用数据的方式来进行组织，以A行典型的数据应用场景【积分兑换营销】为例来讲解前台标签类目的形成过程：该场景为典型的精准营销全链路场景，从运营人员策划营销活动开始，到营销活动中营销对象的精准圈选，营销活动的定向推送投放，最终完成效果数据回流分析，如图8-4所示。

表 8-1　A 行客户标签设计示例

根目录	一级类目	二级类目	三级类目	标签名	标签逻辑	值字典	取值类型	示例	更新周期
客户	基本账户特征	地址信息	账单地址	账单地址所在市	根据账单登记地址中的城市信息判断	城市编号	文本型	南京市	每日
客户	名下账户卡片	名下卡片	卡片统计	名下拥有卡片数量	客户当前名下拥有 A 行银行卡总数	0；1；2；3……	数值型	2	每日
客户	交易特征	消费交易	交易统计	近一日交易总金额	最近一日客户名下所有卡片新增的交易总金额	两位小数	数值型	12.34	每日
客户	交易特征	消费交易	境外交易	近一年是否有过境外交易	最近一年客户名下所有卡片是否发生过境外交易	1，是；0，否	数值型	1	每日
客户	App 特征	App 操作行为	绑卡	是否为某 App 绑卡用户	通过"是否绑卡"判断。根据客户信息表中的首绑时间判断，不为空的取值对应的均为绑卡用户，包括历史曾绑卡用户	1，是；0，否	数值型	1	每日

（续）

根目录	一级类目	二级类目	三级类目	标签名	标签逻辑	值字典	取值类型	示例	更新周期
客户	App特征	App操作行为	打开	注册日起当天打开App的总次数	注册日起当天打开的次数，会话状态为1。若用户注册日为查询当天，则该标签在查询当天的查询结果为0	0；1；2；3……	数值型	1	每日
客户	营销特征	营销内容	实时推送	近7日收到的实时营销次数	近7日客户收到的实时营销的总次数	1；2……	数值型	1	每日
客户	营销特征	营销权益	权益赠送	当月积分A权益是否已赠送	当月积分A权益是否已赠送	1，是0，否	数值型	1	每日
客户	资产特征	流动资产	理财产品	购买理财金额	客户当前通过A行购买理财产品的总金额	两位小数	数值型	2000.34	每日

图 8-4　精准营销全链路

　　根据这 4 个细分流程可以展开前台标签类目组织：1）运营人员策划营销活动流程对应着"营销活动（关系）"的基本、所属、设置类标签信息录入；2）营销对象的精准圈选流程对应着"客户（人）"的基本、交易、营销、风险类标签设置；3）营销活动的定向推送流程对应着"营销活动（关系）"的投放过程类标签产生；4）效果数据回流分析流程对应着"营销活动（关系）"的效果类标签分析。最终形成了以下前台标签类目结构，如图 8-5 所示。

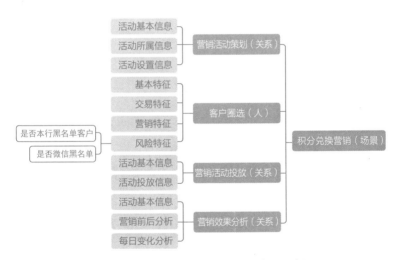

图 8-5　积分兑换营销前台标签类目示例

　　从前台标签类目结构图中可以清晰地看到，在标签应用的各个环节中每个模块所涉及的具体对象标签。这可以帮助产品经理、数据人员、技术人员从应用系统的角度更快地组织标签信息并进行测试检查。

8.1.2　银行业卡业务标签应用

A行营销大数据服务平台系统，包含4个核心子系统：开发中心、标签中心、人群中心、营销分析中心。标签在开发中心进行统一的生产调度，在标签中心进行统一的设计管理，最终在人群中心和营销分析中心进行标签应用。

1. 开发中心

开发中心是数据源交换、清洗、加工的场所，为数据开发人员提供一站式的数据集成开发环境，支持对标签进行统一的生产调度和基线预警。开发中心是数据资产的加工地。

2. 标签中心

标签中心包括标签体系设计、标签维护、标签治理、标签门户等功能。标签在这里进行统一设计、关联映射、维护治理、查看选择。

3. 人群中心

人群中心是通过标签取值组合完成目标人群圈选的数据产品，如图8-6所示。如果业务端需要从性别、年龄、职业、地域、消费力、营销影响度等标签维度将客户分成不同的群体，或需要为营销活动有针对性地筛选出某类目标客群，就可以先从标签中心中将所需标签选中并申请使用，经审核同意后就可以导入人群中心。在人群中心，业务人员可以自由选择标签并设置标签的取值，通过与、或、非等正则表达式进行标签取值组合，并确定为目标人群条件。人群中心可以即席计算出满足条件的目标人群数量，以帮助业务人员及时判断该人群包是否满足营销活动要求。若满足条件的人群数量过少，也可以通过look alike模型进行相似人群放大。

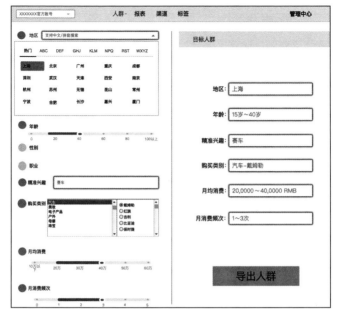

图 8-6 人群中心页面示意图

我们来看个例子。某业务部门需要针对都市白领展开营销活动，可以选中"客户"对象下的"性别""年龄""职业""所在城市级别"等标签进行目标人群包的设定：设置"性别"="女"且"年龄"="25～35"且"职业"="白领"且"所在城市级别"="一线城市"。此时目标人群包显示为 10 万，而目标活动受众为 50 万，这种情况下可以采用 look alike 功能将原有的 10 万客群放大 5 倍。将最终生成的 50 万定向人群包与"都市白领营销活动计划"关联，最终实现营销信息的定向推送。

4. 营销分析中心

营销分析中心是一款可以对标签进行自助分析设置的 BI 产品工具，具有标签信息导入、分析模式设置、图表样式配置等功能，如图 8-7 所示。

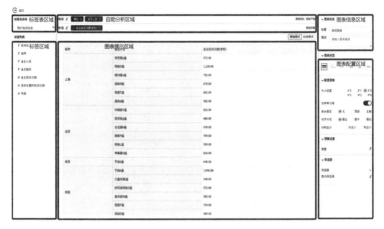

图 8-7　营销分析中心页面示意图

从标签中心选出待分析的标签组，例如"客户"对象下的营销标签或"营销活动"对象下的效果标签，并申请使用，经审核同意后导入营销分析中心。在营销分析系统中，业务人员可以自助创建仪表盘或图表组件，简易快速地产出各类营销效果分析报表，报表样式如图 8-8 所示。

8.1.3　银行业卡业务实践小结

A 行通过营销大数据服务平台系统建设，加快了企业数据资产的积累过程，并将数据能力赋予前端业务场景，完整实现了数据资产的"存、通、治、用"全链路过程。A 行的数据资产建设成果主要体现在以下两个方面。

- 资产内容建设：构建了银行业信用卡营销相关的标签类目体系，以业务场景为驱动，涵盖"客户（人）""账户（物）""卡片（物）""营销活动（关系）"四大核心对象，共计近千个标签集合。
- 资产工具建设：开发了标签全生命周期管理、营销计划目标客群圈选、营销效果自助化分析等标签管理、标签应用系统

工具。与多渠道系统打通，实现了电销、短信、微信、App
等全渠道的营销触达。

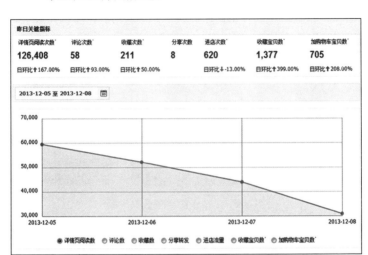

图 8-8 营销效果分析报表页面示意图

经过实践证明，基于中台架构设计理念的一站式大数据营销服
务平台，能够赋予信用卡营销业务个性化（千人千面）、智能化（自
动化判断）、实时化（秒级响应）属性，提升终端客户用户体验和企
业服务效率。

系统投入使用后，改变了传统的批量短信营销和全网张贴营销
做法，将标准化营销宣告升维至个体粒度的营销推送，实现了切片
化的精准营销，能更好地满足客户需求，提升公司竞争力，扩大业
务范围，更有利于营销人员的市场开拓。

8.2 实践 2：汽车业整车厂商可视化大屏场景

B 汽车集团是国内知名的汽车公司（简称"B 车企"），集团数
据部门在数据资产建设层面已经做了大量投入，但是一直没有较好

的效果产出。具体体现为数据资产类目混乱：开发了上万个字段，但没有形成合理的数据资产目录，资产不可见；数据资产没有充分根据业务需求进行设计，业务使用率低；数据资产无法评估衡量，无法持续运营（见图8-9）。

图 8-9　B 车企的主要数据问题

因此 B 车企设定了短期目标和长期目标，短期目标如下：

1）通过采购数据资产化平台工具作为数据资产积累的快速通路；

2）在平台工具上快速构建车联网体系化的数据资产，统一归集整理、保存、分析和利用数据，形成统一的数据服务，全面支撑各业务部门数据业务创新。

长期目标如下：站在车联网数据资产整体建设的全局视角，让冷冰冰的车联网过程数据变成业务人员能够看得懂、用得上、有价值的数据，即形成企业统一的车联网数据资产，构建企业数据中台，赋能业务运营。

8.2.1　汽车业整车厂商标签设计

通过充分的业务调研与数据摸底调研，项目团队对 B 车企数据资产进行了整体设计及开发落地。

1. 整体数据资产架构

对 IOT 系统、车载系统、CRM 系统、渠道系统、App 系统等多源异构数据系统进行数据同步、清洗、加工处理后汇聚整理得到：用户数据中间层、整车数据中间层、经销商数据中间层等数据集合。在这些统一整理、归类的中间层数据基础上，按需进行标签开发与加工，可以进一步得到各对象下的标签类目体系和标签集合。同时通过开展对品牌/运营营销部门、汽车经销商/4S 店、车辆生产制造测试部门、售后部门等业务部门的业务调研后发现：店内潜客导购服务（车主画像）、车辆使用性能分析（汽车画像）、售后客户关怀（售后服务）、车主渠道拓展（车主维系）等数据应用需求较为迫切，可以通过车主、汽车、购车关系等对象的标签集合来生成相应的数据服务，以快速响应、支撑业务部门对数据创新的要求。整体架构如图 8-10 所示。

图 8-10　B 车企数据资产架构图

2. 前后台标签类目体系架构

根据 B 车企最迫切的业务需求及已有数据积累，一阶段形成了以"车主（人）""公司（人）""汽车（物）""购车（关系）""用车（关系）""充电（关系）""维保（关系）"等核心对象组成的后台标签类目体系及【维保大屏】【资产大屏】等数据应用场景组织的前台标签类目体系，如图 8-11 所示。

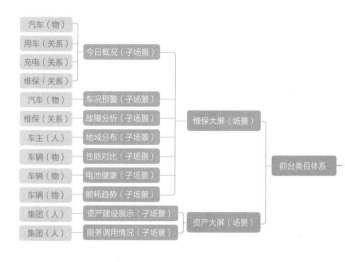

图 8-11　汽车业整车厂商

标签类目体系架构图

3. 后台标签类目体系设计思路

- "车主（人）"标签类目体系下分为【基本信息】【购车行为】【用车行为】【用车环境】【维保行为】【习惯偏好】等6大一级类目，共计200多个标签。

- "公司（人）"标签类目体系下分为【基本信息】【组织结构】【资产情况】【服务调用】【产品信息】【客户信息】等6大一级类目，共计100多个标签。

- "汽车（物）"标签类目体系下分为【基本配置】【核心部件】【体验配置】【归属信息】【市场推广】【售卖情况】【行驶情况】【充电情况】【维保情况】【车辆健康】等10大一级类目，共计300多个标签。具体标签设计脱敏示例如表8-2所示。

- "购车（关系）"标签类目体系下分为【购买信息】【门店信息】【服务承诺】等3大一级类目，共计50多个标签。

- "用车（关系）"标签类目体系下分为【车辆驾驶】【驾驶环境】等2大一级类目，共计30多个标签。

- "充电（关系）"标签类目体系下分为【车辆充电】【电桩信息】等2大一级类目，共计20多个标签。

- "维保（关系）"标签类目体系下分为【维保登记】【车辆维保】【服务体验】等3大一级类目，共计60多个标签。

以上核心对象的标签类目体系基本上能满足整车厂商当前各业务部门的数据需求，所有前台的汽车业务场景中需要的标签都可以从后台标签池中选取使用。

表 8-2　汽车标签设计示例

根目录	一级类目	二级类目	标签名	标签逻辑	值字典	取值类型	示例	更新周期
汽车	基本配置	整车参数	年款	通过车辆基本信息表中的 "年款" 字段判断	2020 款；2019 款……	文本型	2020 款	每日
汽车	基本配置	整车参数	车辆动力类型	通过车辆基本信息表中的 "车辆类型" 字段判断	燃油；电动；混动	文本型	电动	每日
汽车	基本配置	能耗指标	排量	通过车辆基本信息表中的 "排量" 字段判断	0.8；1.0；1.6；2.0……	数值型	1.6	每日
汽车	核心部件	电动化参数	是否有 ABS 防抱死	通过车辆配置表中 "A" 字段判断：取值为 "1" 则为 "是"，取值为 "0" 则为 "否"	1，是；0，否	数值型	1	每日
汽车	体验配置	多媒体配置	是否定位互动	具有 "定位追踪" "电子围栏" "历史轨迹" "远程断电断油" 功能中的任意一项即为 "是"	1，是；0，否	数值型	1	每日
汽车	行驶情况	历史累计	累计运行里程	该车辆所有运行记录中的里程数求和	数值	数值型	230km	每日
汽车	行驶情况	异常情况	当前是否超速	车载系统中实时显示的 "车速" 数值是否超过 "设定车速" 数值，或 "车速" 大于 120km/h	1，是；0，否	数值型	1	每日

（续）

根目录	一级类目	二级类目	标签名	标签逻辑	值字典	取值类型	示例	更新周期
汽车	充电情况	历史累计	最常充电区域	最近90天累计重复出现最多的充电地POI地址	梦想小镇；××市人民医院；喜来登酒店	文本型	喜来登酒店	每日
汽车	充电情况	充电性能	平均充电时长	最近90天充电时长平均值	数值	数值型	3.5h	每日
汽车	车辆健康	工作状态	车辆状态	车辆当前所处的状态	正常停放；正常使用；维修中	文本型	维修中	每日
汽车	车辆健康	外围评分	整车外观评分	通过算法模型对车辆的整车外观、油漆和腐蚀情况、风窗玻璃和倒车镜情况进行综合评分	0～100得分区间	数值型	80	每日

4. 前台标签类目体系设计思路

经过业务优先级判断，项目以实现两块可视化大屏为一阶段落地目标。一块为面向售后部门的维保分析大屏，一块为面向数据部门的数据资产大屏。在维保分析大屏中，涉及对汽车运行维修等信息的分析和对用车、充电、维保关系的深度分析，因此在维保大屏的前台标签类目中，涉及的是"汽车（物）""用车（关系）""充电（关系）""维保（关系）"四个对象的标签子集。在数据资产大屏中，涉及 B 车企所建设积累的数据资产情况及数据资产使用情况的展示，因此在资产大屏的前台标签类目中，涉及的是"公司（人）"这个对象的标签子集。

8.2.2　汽车业整车厂商标签应用

项目通过对数据类目的汇集、开发形成集团层面统一的标签类目体系，并根据业务需求，快速配置出相应的数据服务，最终通过数据应用形式对接到业务端，实现数据赋能，如图 8-12 所示。

B 车企构建的汽车业整车厂商标签类目体系，率先在车联网维保大屏和车联网数据资产大屏中进行了标签应用。

1. 车联网维保大屏

维保大屏面向售后运维部门，将复杂、枯燥的数据结果转化为可查看、易理解的数据图表，帮助售后部门快速了解车辆基本运行情况、各维度参数对比分析和异常风险提示。采用测试数据仿真后的维保大屏如图 8-13 所示。

大屏具体分为【今日概况】【实时车况预警】【故障车辆分析】【各省运行车辆分布】【燃电性能对比分析】【电池健康度】【车辆能耗趋势分析】等 7 个子场景模块。

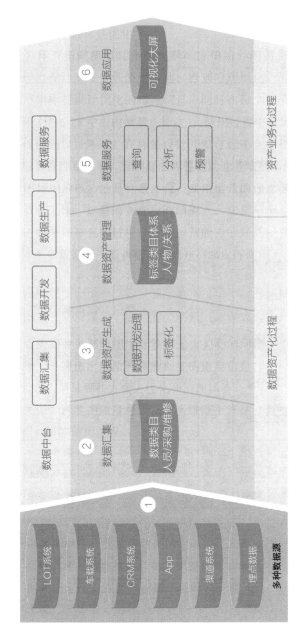

图 8-12　B 车企数据资产化和资产业务化过程

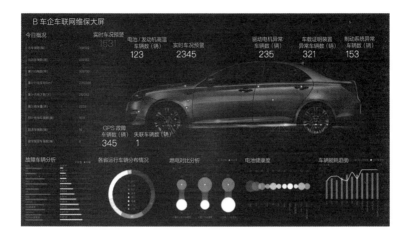

图 8-13　B 车企车联网维保大屏示意图

（1）今日概况

该大屏模块中呈指标牌显示的指标有：总车辆数（辆）、活跃车辆数（辆）、累计行程数（单）、累计行驶里程（km）、累计充电次数（次）、累计维保量（单）、预计维修车辆数（辆）、疲劳驾驶车辆数（辆）等。

（2）实时车况预警

该大屏模块中呈整车图显示的指标有：实时预警车辆数（辆）、电池 / 发动机高温车辆数（辆）、待充电车辆数（辆）、驱动电机异常车辆数（辆）、车载储能装置异常车辆数（辆）、制动系统异常车辆数（辆）、GPS 故障车辆数（辆）、失联车辆数（辆）等。

（3）故障车辆分析

该大屏模块中呈条形图显示的指标有：故障车各车型车辆数（辆）、故障车各车龄车辆数（辆）。

（4）各省运行车辆分布

该大屏模块中呈圆环图显示的指标有：各省运行车辆数（辆）。

（5）燃电性能对比分析

该大屏模块中呈哑铃图显示的指标有：燃油车月度百公里平均能耗（L）、电动车月度百公里平均能耗（度）、燃油车月度平均故障率（100%）、电动车月度平均故障率（100%）、燃油车月度累计行驶里程（km）、电动车月度累计行驶里程（km）等。

（6）电池健康度

该大屏模块中呈气泡图呈现的指标有各车型电池的平均健康度得分。

（7）车辆能耗趋势分析

该大屏模块中呈柱形折线图呈现的指标有：各车型百公里平均能耗（L）、各车型平均已行驶里程（km）。

每个大屏子模块中都分别涉及不同对象的标签子集，一些是对汽车标签做统计运算，一些是对车主标签做取值分布，也有一些分析结果涉及多个对象标签间的关联、模型运算。对各种标签的具体计算方式和条件设置主要在数据服务创建中进行。大屏最终显示的数据结果并不是标签，而是标签经过一系列条件计算后的数据服务结果。因此在标签设计时，只需要把所有相关的标签维度都完整地梳理出来，等到标签使用时再考虑标签如何转化为最终业务所需的数据运算结果。标签的设计和使用过程在逻辑上是分开的。

2. 车联网数据资产大屏

数据资产大屏面向数据部门、集团管理层，采用可视化交互技术形象地展示了集团距今为止积累的数据资产情况和资产使用赋能价值。采用测试数据仿真后的资产大屏如图 8-14 所示。

大屏具体分为【资产建设展示】【服务调用情况】2 个子场景模块。由于这块屏主要涉及集团宏观层面的指标信息，因此涉及的主要是公司标签，例如公司的标签总数、标签平均使用率、标签平均质量分、数据服务总调用次数、数据服务总调用量、各部门调用次数等。

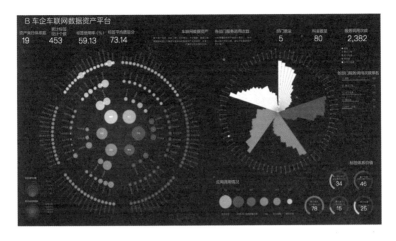

图 8-14　B 车企车联网数据资产大屏示意图

8.2.3　汽车业整车厂商实践小结

经过一阶段的数据资产建设工作，B 车企快速达成了以下阶段成果。

- 完成了集团数据资产基础框架的构建，按照标签类目体系方法论重新梳理的数据资产更贴合业务理解也更完整：标签类目从"车主（人）""汽车（物）""用车（关系）""维保（关系）"等对象出发进行属性梳理；对车主行为习惯、4S 店汽车市场推广、销售售后等业务部门服务管理等流程及业务模块深入调研学习，据此对标签字段进行重新分类，进而构建出更高效的查找、管理及扩展的标签类目体系。

- 实现了数据资产的可视化应用：结合可视化大屏技术，将集团车联网数据资产进行数据服务转化，形成维保分析预警和数据资产展现大屏。维保可视化大屏引导维保人员了解车辆整体售后情况，提早做好维保准备及风险预警处理。资产可视化大屏展示了集团车联网数据资产全貌及概览，充分展现各业务部门和各应用系统的数据服务调用情况。

B 车企的资产沉淀模式，体现了与 A 行并不一样的资产构建理念：通过一个小型轻量级的数据链路"源数据采集→数据同步→数据加工→标签化→服务化→可视化大屏"完整实践数据业务化的过程，弱化资产长期建设过程，强调资产落实使用实效。

在一阶段实现数据资产盘点、简单的数据资产使用闭环；证明数据资产价值的可行性后，可以继续设计二阶段的建设规划：打造汇聚核心数据的数据资产体系，将数据资产进一步应用到核心业务板块中，优化资产平台工具性能。最终实现全集团统一的数据汇入，数据资产的门户开放，以价值为核心的资产全链路运营。

8.3 实践 3：制造业 B2B 平台供应链金融场景

C 企是国内领先的制造业全供应链交易平台。经过十几年的发展耕耘，C 企以其深厚的供应链上下游企业关系网起家，在市场和营销端重点发力，不断将企业做大做强。但在近年来由于数字化积累薄弱，发展态势略显疲软，急需数据技术的注入与数字化转型赋能。

在对数据情况进行充分调研和分析后发现 C 企主要存在以下 4 方面的数据问题。

- 部分核心数据缺失：网站日志、供应链业务数据、常规网站运营指标等关键数据缺失。
- 数据录入不规范：平台入驻企业登记信息、供应商产品发布信息、采购商采购清单等重要数据录入不规范。
- 数据质量低：现有数据库中数据结构化程度低，存在未标准化、无生命周期管理、准确率低等质量问题。
- 业务缺乏数据支撑：现有业务决策较多依赖市场、客服人员的经验判断，缺乏从数据角度出发的决策支持。

基于现有数据问题，C 企提出全面数字化升级战略：从信息流、

资金流、物流各端展开数据化工作，提升平台对外服务能力。建设
内容包括数据平台软件铺设、数据资产体系建设、数据应用及网站
升级建设。通过"以用带存、以存促通、以通训算、以算利用"的
数据业务化链路解决 C 企现有数据问题：在"以用带存"的采集阶
段，解决数据缺失、数据录入不规范的问题；在"以存促通"的治
理阶段，解决数据不规范、数据质量低的问题；在"以通训算"的
服务阶段，解决数据服务工程化的问题；在"以算利用"的应用阶
段，解决业务缺乏数据支撑的问题，如图 8-15 所示。

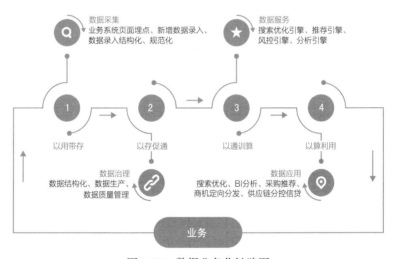

图 8-15　数据业务化链路图

8.3.1　制造业 B2B 平台标签设计

C 企的数据资产建设过程始终围绕着以下 3 个核心重点。

- 所有业务信息都需要留存记录：包括日志数据、实体基本数
  据、行为数据、交易数据、营销数据等。
- 数据全链路规范：需要从业务设计、采集、处理，到管理、
  应用都遵守相应的数据规范，数据治理从源头开始。

- 决策基于数据结果：企业业务、运营、管理、技术等部门的工作开展、情况判断、决策给出都需要基于真实客观的数据结果，一切用数据说话。

1. 整体数据资产架构

C企的数据资产架构设计如图 8-16 所示。最底层为数据平台层，铺设有数据同步、数据开发、数据管理等基础工具软件；在数据平台层之上构建有数据标签层，建设企业标签类目体系、会员标签类目体系、商品标签类目体系等供应链相关的标签类目体系。数据标签层通过数据服务层形成多种灵活自由的数据服务接口，对接到业务系统中或数据应用系统中，以数据产品的形态为业务提供数据赋能。

2. 前后台标签类目体系架构

在数据标签层中，具体形成了以"企业（人）""会员（人）""商品（物）""交易（关系）""授信贷款（关系）""推广营销（关系）""撮合推荐（关系）"等核心对象组成的后台标签体系及【供应链金融】【数据化运营】【商机推荐】等数据应用场景组织的前台标签体系，如图 8-17 所示。

3. 后台标签类目体系设计思路

- "企业（人）"标签类目体系下分为【基本属性】【发布维护】【搜索浏览】【推广运营】【交易记录】【评价投诉】【企业信用】【企业关系】【商品服务】等 9 大一级类目，共计约 700 个标签。具体标签设计脱敏示例如表 8-3 所示。
- "会员（人）"标签类目体系下分为【基础信息】【会员建设】【交易记录】【资金账户】等 4 大一级类目，共计 200 多个标签。

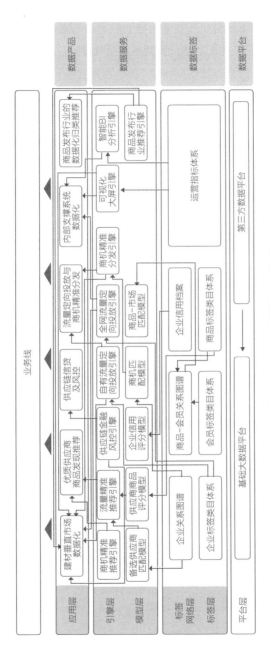

图 8-16　C 企数据资产架构图

图 8-17 制造业 B2B 平台

标签类目体系架构图

表 8-3 企业标签设计示例

根目录	一级类目	二级类目	三级类目	标签名	标签逻辑	值字典	取值类型	示例	更新周期
企业	基本属性	基本性质	企业分类	企业性质	企业归属权性质	国有企业；民营企业；合资企业	文本型	民营企业	每日
企业	基本属性	能力资质	资质认证	是否有行政许可	是否有行政许可证图片上传	1，是；0，否	数值型	1	每日
企业	基本配置	能力资质	能力评级	综合能力分	模型计算得到的企业综合能力总得分	0～100	数值型	80	每日
企业	发布维护	商品维护	商品发布	最近一次发布商品时长	企业最近一次发布商品距离当前的时间间隔，以天为单位	整数值	数值型	43	每日
企业	搜索浏览	搜索商品	商品搜索	最常搜索商品时间段	企业成立以来出现最多的搜索商品所在时间段。早上：5点～10点；中午：11点～13点；下午：14点～17点；晚上：18点～24点；凌晨：1点～4点	1：早上；2：中午；3：下午；4：晚上；5：凌晨	数值型	3	每日

企业	搜索浏览	资讯浏览	最常搜索资讯行业	企业成立以来浏览最多的资讯所属行业 TOP3	1，地产；2，金融；3，零售；4，制造……	数值型	3	每日
企业	推广运营	推广偏好	最常推广类型	企业成立以来采购最多的推广类型	1：全网流量；2：侧边栏；3：搜索结果；4：固定广告位……	数值型	3	每日
企业	总体交易	行业态势	企业综合行业月排名	基于上月交易数据，通过模型计算得到企业在业内的综合得分排名	1；2；3；……100，100 以后	文本型	10	每日
企业	评价投诉	综合评分	售后服务满意度	企业成立以来所有用户给出的平均售后服务满意度打分	0~100	数值型	76.54	每日
企业	竞争关系	潜在竞争	潜在竞争企业名称	模型计算得到的和企业存在潜在竞争关系的企业名称（潜在竞争：同一细分行业同类商品）	企业名称	文本型	杭州数澜科技有限公司	每日

- "商品（物）"标签类目体系下分为【商品属性证照】【商品发布维护】【商品推广营销】【商品搜索浏览】【商品交易情况】【商品评价投诉】【商品支持服务】等 7 大一级类目，共计约300 个标签。

- "交易（关系）"标签类目体系下分为【基本信息】【上游信息】【下游信息】【交易来源】【交易过程】【交易结果】等 6 大一级类目，共计约 100 个标签。

- "授信贷款（关系）"标签类目体系下分为【基本信息】【贷款条件】【贷款过程】【贷款结果】等 4 大一级类目，共计约 80个标签。

- "推广营销（关系）"标签类目体系下分为【基本信息】【推广目标】【推广受众】【推广过程】【推广结果】等 5 大一级类目，共计约 70 个标签。

- "撮合推荐（关系）"标签类目体系下分为【基本信息】【撮合上游】【撮合下游】【推荐结果】等 4 大一级类目，共计约 50个标签。

以上核心对象的标签类目体系基本上覆盖了制造业供应链 B2B平台所涉及的数据对象和属性信息，前台的供应链数据服务场景中所需的所有标签都可以从后台标签池中选取使用。

4. 前台标签类目体系设计思路

结合 C 企的新业务方向：向入驻平台的企业提供供应链金融服务。项目组在应用端重点设计了对平台企业进行信用评分并授信风控的数据金融产品。前台供应链金融场景的标签类目体系中涉及"企业（人）"和"授信贷款（关系）"对象的相关标签子集。

同时为了满足对企业核心部门（市场和运营团队）的数据赋能，设计了数据化运营数据产品，细分定向推广、转化分析、质量看板

等子场景应用，在前台数据化营销场景的标签类目中涉及"会员
（人）""企业（人）""商品（物）""交易（关系）""推广营销（关系）"等
对象标签。商机推荐作为对 B2B 平台核心撮合功能的数据创新，通
过数据相关性挖掘采购商与供应商、采购商与商品之间的潜在匹配
关系，采用运营手段突破信息屏障，增加商品曝光机会，加速成单
周期，因此涉及"企业（人）""商品（物）""撮合推荐（关系）"等对
象的标签子集。

8.3.2 制造业 B2B 平台标签应用

基于大数据平台和金融平台，C 企作为 B2B 平台方通过一系列
数据应用加速打通采购商与供应商之间的供需关系，并提出优化方
案，解决供应链各环节端的问题，如图 8-18 所示。

下面以供应链金融这一数据应用举例讲解标签的使用过程。

B2B 供应链平台的企业信用评分系统基于入驻企业的多种标签
信息，经过特征选择、建模分析、服务生成等步骤构建完成。企业
信用评分能帮助制造业企业增加曝光、诚信经营、获得银行信贷；
也能帮助交易平台建立供应链上下游的风控预警体系。

1. 特征选择

经过行业经验、专家判断、算法提炼后，筛选出参与企业信用
评分模型的标签，包括身份特征、信用历史、行为偏好、履约能力、
企业关系等五类，如图 8-19 所示。

- 身份特征类标签：主要包括企业用户在平台上主动登记上传
  的基础信息和从外部获取的企业行业地位、资质等标签。
- 信用历史类标签：主要包括企业工商基础信息，以及历史违
  法违规行为等标签。

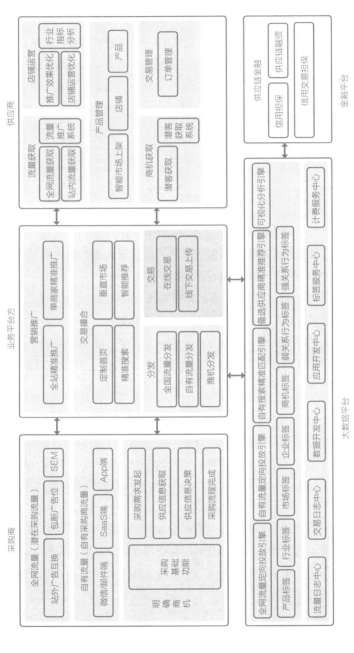

图 8-18　制造业 B2B 平台通过数据应用与各环节打通

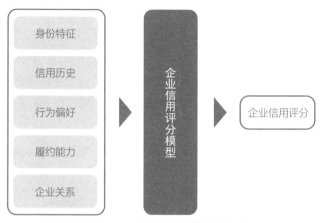

图 8-19　参与企业信用评分计算的标签类型

- 行为偏好类标签：主要包含两大块标签，一块是平台交易活跃类标签，衡量企业在平台上进行交易的真实性、活跃度；另一块是平台活跃类标签，例如企业账号登录活跃度、搜索浏览活跃度、商品维护活跃度、需求维护活跃度、推广运营活跃度等标签。

- 履约能力类标签：主要衡量企业支付能力、生产能力，包括注册资本、资金来源、银行存款、生产经营状况等标签。

- 企业关系类标签：关联企业的信用评分一定程度上会影响当前企业的信用评级，所谓"近朱者赤，近墨者黑"。

2. 建模分析

在筛选出与信用相关的标签后，可以基于层次分析法对各部分标签得分进行计算，最终得出各企业的综合信用评分。层次分析法是一种定性和定量相结合的、系统化的、层次化的分析方法，在处理复杂的决策问题上有很好的实用性和有效性。它的核心处理原理在于利用专家经验对评分模型中涉及的标签进行重要性评级，即权重设定。通过层次分析法可以将重要性评级融入信用评分的计算逻辑中，最终经过加权求和得出信用评分。

3. 服务生成

将信用评分通过 API 输入授信贷款页面，入驻平台的企业就可以查看自身的信用评分与信用等级，并获得一定风控规则下的授信额度，如图 8-20 所示。

图 8-20　企业信用评分及授信额度页面

若企业需要提升信用分数，可以尝试完成信贷指数提升任务，例如优化其数据完整度、规范性，或通过借贷还贷等履约积累信用，如图 8-21 所示。信用分数的提高，可以帮助入驻企业在资金周转困难时获得平台侧的资金借贷周转。由于 B2B 平台掌握了整个供应链上下游企业的交易记录、交易关系及信用评分，因此对某一环节中的企业风险和还贷能力能够做出较为准确的判断，从而降低借贷风险。

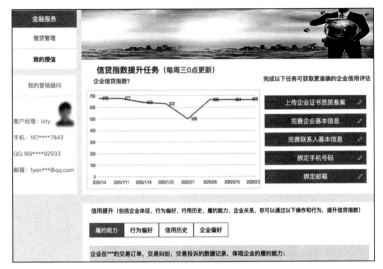

图 8-21　信贷指数提升任务页面

8.3.3　制造业 B2B 平台实践小结

C 企采用了一种自上而下的数据战略模式来系统性地完成了集团数字化转型。从企业 CEO 到管理层、执行层，都先进行了数据认知的统一锤炼后，再开展具体的数据系统建设和数据应用创新，是一种较为难得且投入巨大的系统工程模式。

经过短短一年的数据建设，C 企即构建完成了"1+1+N"的数据赋能计划：1 个数据平台底层基座，1 套标签体系的统一收口和对外门户，包含了搜索优化、数据化运营、商机精准推荐、供应链金融风控等在内的 N 个数据业务场景板块，如图 8-22 所示。

在数字化转型当年，C 企线上交易额即提升数倍；企业信用评分体系初步建立，上线首月即完成可控放贷近千万元人民币，坏账率和年化利差收益均优于同类企业。坚定选择了全面数字化转型之路的 C 企咬牙度过阵痛后，已经成为当地首屈一指的重量级集团公司。

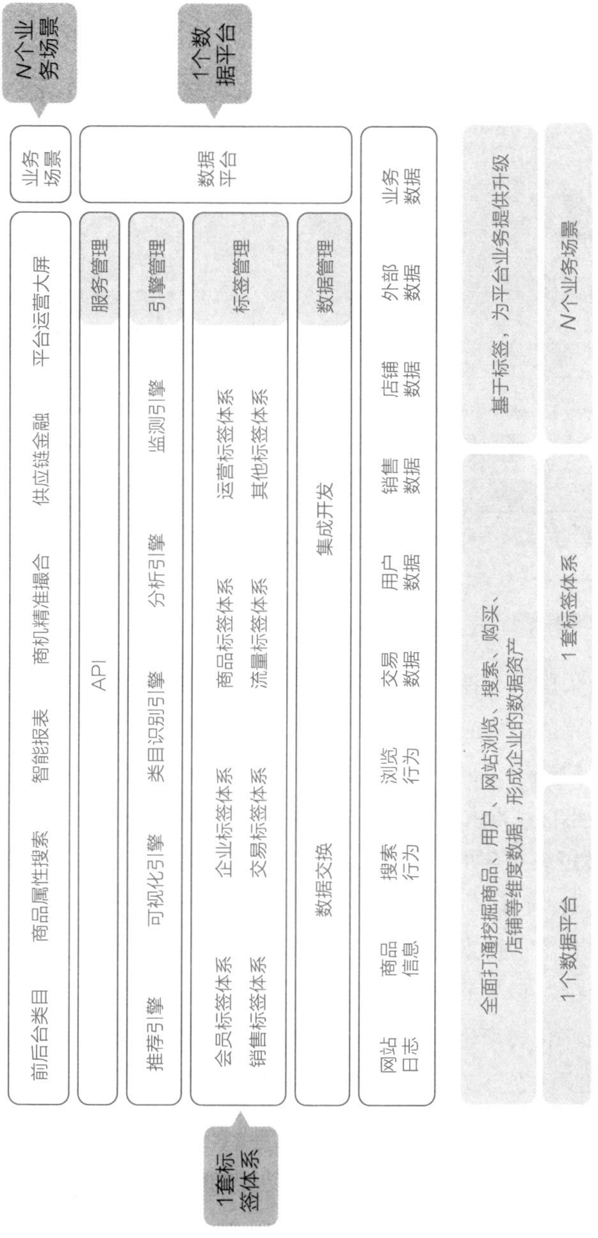

图 8-22 “1+1+N”数据赋能计划模块

8.4 实践 4：零售业电商千人千面推荐场景

D 电商是一家零售电子商务公司，布局了集线上交易、线下物流、金融、社区于一体的生态链路，拥有该细分行业内领先的全品类一站式交易平台。

近年来电商主营业务发展进入瓶颈期，固定的商品展现模式已不能满足市场需求，具体表现在以下几点。

- 广告位置与营销活动需要大量运营人员维护更新，耗时耗力。
- 营销缺乏精准画像、数据支撑。营销成本高但利润回报小，中小商家经营困难，营销质量和效率亟待提升。
- 平台侧沉淀了大量的业务数据，但无法转化为有效资产，为业务和商家带来真正的商业价值。

针对以上问题，D 电商公司在 CEO 带队学习完数据中台相关理念后，迅速制订了建设零售数据中台的战略计划：埋点采集用户行为数据、规范各端数据录入规范，构建一套完整的零售行业标签类目体系，最终作用于数据化运营与千人千面推荐场景中，以实现精准分析下的决策判断，从而增强用户黏性，提升商业转化效率，如图 8-23 所示。

图 8-23　数据应用场景：数据化运营和千人千面

8.4.1 零售业电商标签设计

项目组设计的零售数据中台主要基于通用的数据中台架构，同时加入行业特有的"人—货—场"概念与 D 电商业务的自有需求，构建了零售业数据资产体系。

1. 整体数据资产架构

D 电商数据资产架构基本遵循数据中台"平台底座、资产核心、上层应用"的三层通用结构，但在资产层与服务应用层中，具体建设内容具有零售行业特性，如图 8-24 所示。

2. 前后台标签类目体系架构

零售业电商的后台标签类目体系一般由"消费者（人）""商家（人）""店铺（物）""商品（物）""营销活动（关系）"等核心对象标签类目体系组成。这些数据资产往往可以通过查询、分析、圈人、推荐等数据服务引擎配置成数据服务接口嵌入现有业务系统中，或直接生成带交互界面的数据应用系统供业务人员或终端用户使用，最终形成前台标签类目体系结构，如图 8-25 所示。

3. 后台标签类目体系设计思路

- "消费者（人）"标签类目体系下分为【基础属性】【兴趣偏好】【行为习惯】【地理位置】【资产信用】等 5 大一级类目，共计 200 多个标签。
- "商家（人）"标签类目体系下分为【基础属性】【平台属性】【商品属性】【经营属性】【交易属性】【舆评属性】【物流属性】【装修属性】【营销属性】【售后服务】等 10 大一级类目，共计 300 多个标签。
- "店铺（物）"标签类目体系下分为【基础属性】【从属属性】【商品属性】【交易属性】【装修属性】【服务属性】【物流属性】等 7 大一级类目，共计 150 多个标签。

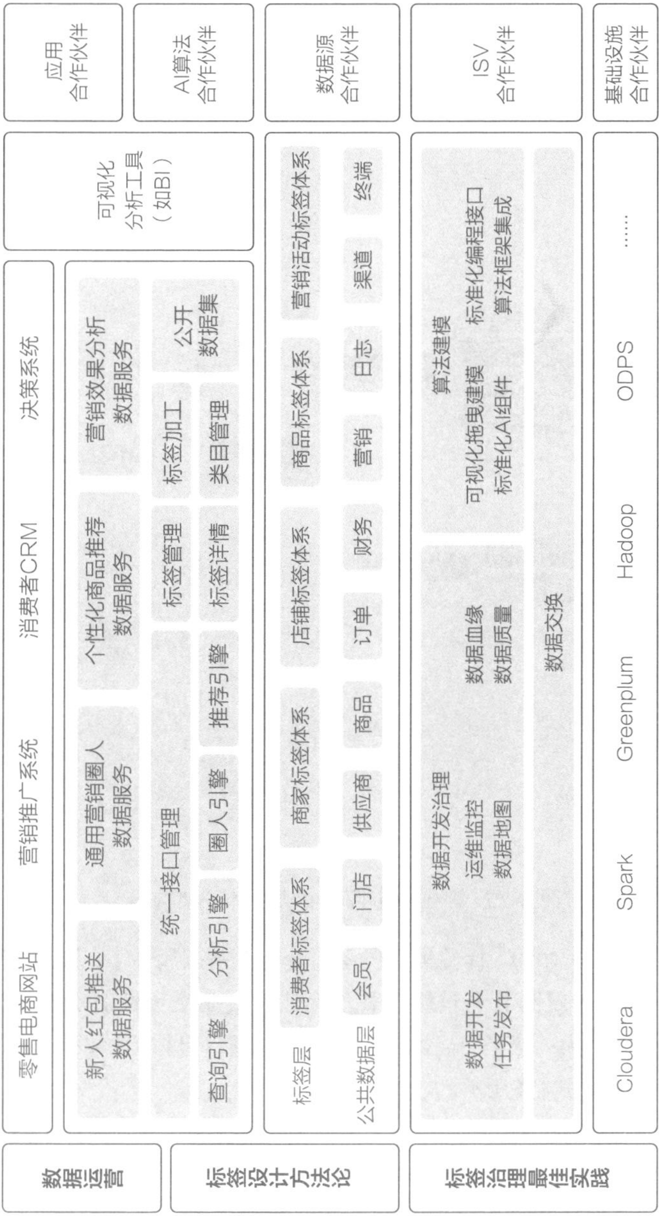

图 8-24 D 电商数据资产架构图

应用 合作伙伴			
AI算法 合作伙伴			
数据源 合作伙伴			
ISV 合作伙伴			
基础设施 合作伙伴			

可视化
分析工具
(如BI)

决策系统

营销效果分析 数据服务		
标签加工	公开 数据集	
类目管理		

消费者CRM

个性化商品推荐 数据服务	
标签管理	
标签详情	

营销活动标签体系	渠道	终端
商品标签体系	日志	
营销		

营销推广系统

通用营销圈人 数据服务	

店铺标签体系

订单	财务

商品

零售电商网站

新人红包推送 数据服务	

统一接口管理

查询引擎	分析引擎	圈人引擎	推荐引擎

商家标签体系		
供应商	门店	

消费者标签体系

会员

数据开发治理

运维监控	数据血缘
数据地图	数据质量

数据交换

数据开发
任务发布

标签层

公共数据层

算法建模

可视化拖电建模	标准化编程接口
标准化AI组件	算法框架集成

Cloudera	Spark	Greenplum	Hadoop	ODPS	……

- 数据运营
- 标签设计方法论
- 标签治理最佳实践

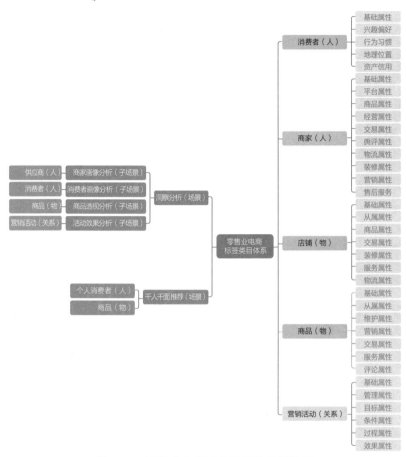

图 8-25　零售业电商标签类目体系架构图

- "商品（物）"标签类目体系下分为【基础属性】【从属属性】
  【发布属性】【营销属性】【交易属性】【服务属性】【评论属性】
  等 7 大一级类目，共计 200 多个标签。具体标签设计脱敏示
  例如表 8-4 所示。
- "营销活动（关系）"标签类目体系下分为【基础属性】【管理
  属性】【发布属性】【营销属性】【交易属性】【服务属性】【评
  论属性】等 7 大一级类目，共计约 150 多个标签。

表 8-4　商品标签设计示例

根目录	一级类目	二级类目	三级类目	标签名	标签逻辑	值字典	取值类型	示例	更新周期
商品	基础属性	登记信息	生产登记	商品名称	商品标准名称	按照统一规范登记的商品名称	文本型	苹果手机×××版	每日
商品	基础属性	登记信息	物流登记	是否进口	是否为从国外进口的商品	1，是；0，否	数值型	1	每日
商品	维护属性	登记信息	属性信息	颜色	商品的外观颜色	1：中国红；2：皓石蓝；3：孔雀绿……	文本型	1	每日
商品	发布维护	商品发布	发布信息	发布时间	首次发布该商品的日期	yyyymmdd	日期型	20200707	每日
商品	营销属性	营销过程	营销统计	累计营销次数	该商品历来参与过的营销活动次数累计求和	整数值	数值型	3	每日
商品	营销属性	营销质量	质量优化	适合主题	模型计算得到该商品最适合的活动推广主题	1：情人节；2：春节；3：五一；4：十一；5：家装节；6：双 11……	文本型	5	每日
商品	交易属性	搜索浏览	搜索记录	被搜索热度	模型计算得到商品被搜索的热度得分（根据搜索次数、搜索人数、搜索间隔等因素判定）	0～100	数值型	76	每日

（续）

根目录	一级类目	二级类目	三级类目	标签名	标签逻辑	值字典	取值类型	示例	更新周期
商品	交易属性	搜索浏览	浏览记录	最常被搜索时间段	最近30天该商品被浏览的时间段中，出现最多的时间段。早上：5点~10点；中午：11点~13点；下午：14点~17点；晚上：18点~24点；凌晨：1点~4点	1：早上；2：中午；3：下午；4：晚上；5：凌晨	数值型	4	每日
商品	交易属性	交易记录	交易过程	平均交易单价	最近一年以来所有交易单价取平均值	数值	数值型	76.54	每日
商品	交易属性	交易记录	交易结果	近一个月退货率	最近一个月该商品的退货订单占比全部订单的比例	数值	数值型	10%	每日

以上标签类目体系组成了零售业电商公司在营销侧的基本数据资产体系，通过合理便捷地使用这些对象标签，可以快速实现营销端的数据创新。

4. 前台标签类目体系设计思路

D 电商选择从洞察分析和千人千面入手，展开数字营销尝试：一方面解决企业当前最大的营收难题，另一方面营销端天然与数字有关，最容易反应数据质量与数据价值。洞察分析可以细分为商家画像分析、消费者画像分析、商品透视分析、活动效果分析等，因此前台类目分别与"商家（人）""消费者（人）""商品（物）""营销活动（关系）"这几类对象下的相关标签有关。千人千面主要涉及对每一个消费者对象给予精准的个性化推荐结果，因此千人千面的场景会用到"消费者（人）"和"商品（物）"对象的标签子集。

8.4.2　零售业电商标签应用

接下来以千人千面的个性化推荐场景来说明零售业电商标签的应用过程。

个性化推荐是指根据每个消费者不同的特征属性，实施不同的营销策略，即一千个人有一千个推荐结果。广告主有不同的推广受众，消费者也有不同层次的商品需求，供求两端可以通过人货匹配形成有效连接，最终实现因人而异的商品推送和广告位的切片化精细运营，如图 8-26 所示。千人千面的核心在于通过消费者标签和商品标签实现人货精准匹配。

经过近几年的发展，尤其是互联网公司大规模推广应用，推荐算法已经有了相对完善的理论体系和模型工具。在具体的业务应用场景中要想产生显著的效果，就需要根据具体的场景情况、业务目标、数据资产灵活地调整模型配置。

图 8-26　同一广告位实现千人千面

D 电商推荐场景的主要目的是提升点击转化率和购买转化率，因此具体的推荐算法思路为：梳理构造样本数据，从中进行特征工程筛选，对特异性标签数据进行算法模型训练，并得到推荐的商品信息，最后对推荐结果进行效果评估和模型更新优化，如图 8-27 所示。在算法选型上，可以考虑采用协同过滤及特征关联算法进行候选商品的筛选，以分类模型进行精细化商品排序，预测匹配消费者的个性化需求。

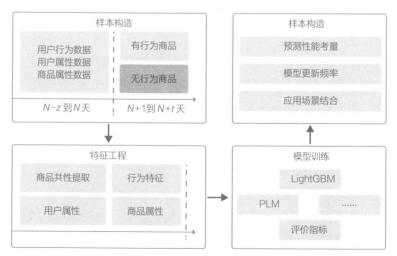

图 8-27　D 电商推荐算法思路

将训练好的算法模型运行结果通过 API 对接到电商平台首页、搜索列表页、加购物车页、商品详情页、下单完成页等页面中，即可实现在不同访客访问平台页面时，每个人都会看到具有自身需求特性的商品信息，如图 8-28 所示。

图 8-28　推荐商品示意图

8.4.3　零售业电商实践小结

D 电商通过快速部署零售数据中台，补足缺失数据，构建了统一的零售行业电商标签类目体系，进而实现了对消费者、商家、商品、营销效果的画像透视分析，使数据化运营成为可能。

项目的核心重点：将统一配置的代运营模式替换为面向 C 端的千人千面个性化推荐系统，实现了人工手动到智能化配置的跨越。项目构建并上线应用了零售电商场景的个性化推荐算法模型，向"潜力新品""好物发现""猜你喜欢"等多种营销业务场景提供算法服务接口并促进业务创新发展，形成了个性化推荐的完整解决方案。与手动配置的推荐规则对比发现，算法系统给出的推荐结果在点击率指标上平均提升 2 倍以上，最高单日提升效果达 6 倍以上，节约了大量人工配置时间，极大地提升了营销活动效率。通过这一实践可以充分证明：合理使用数据资产能帮助企业降本增效，数据价值的大小取决于对数据的认知深度和与场景匹配的数据服务模式。

8.5　实践 5：地产业物管效能分析场景

作为过去国民经济的支柱产业，地产行业的资金集中度、资源集中度曾在各行业中均处于领先地位。但近年来随着"黄金时代"的机遇慢慢褪去，地产行业已逐步迈入"白银时代"，竞争日趋激烈，管理日渐精细。

E 集团是地产行业的标杆性大型企业集团，集房地产、商业、文旅、物业、酒店等多元板块为一体，传统强项在住宅开发领域。虽然 E 集团在住宅市场黄金十年的发展中积累了 50 多项常见的客户服务场景，但仍然有几十项服务频繁遭遇客户投诉，如报修、物业服务等。经过 30 多年的发展，集团积累了上百万住宅业主，平均每年的报修、投诉数据达上千万条，这也造成了数据打通和分析的困难。

因此 E 集团将物业管理方向列为当年数字化建设的切入点，拟通过全国各楼盘项目多年积累的数据信息，运用大数据技术深入分析物业服务中存在的问题，并找出产生原因，进而对可能发生的问题进行预测预警，达到优化物业效能管理、提升物业服务的客户满意度目标。同时，项目还延伸到供应链端，排查分析上下游合作伙伴的问题质量，在后续启动的项目楼盘建设过程中，优化供应商的遴选决策。

8.5.1　地产业物管标签设计

E 集团物管数据建设项目基于数据平台各模块的底层支撑，将楼盘、业主、供应商等对象数据高效汇聚、清洗、加工为物业行业统一的标签资产。将相关的标签资产筛选导入 BI 分析工具或数据分析引擎中，根据业务所需灵活配置标签分析逻辑和结果呈现方式，最终可以快速产出包含物业工单管理、业务满意度分析、供应商管理等功能模块的物管效能分析系统。如图 8-29 所示。

1.数据预处理

对现有数据调研后发现：一线物管工作者在信息录入时存在用词歧义、不准确、语义模糊、多次重复录入等问题。由于数据未规整，导致无法准确、及时地进行数据分析，帮助物管部门优化运营管理。

因此，在构建标签类目体系之前需要先对历史数据进行结构化处理，其中涉及两个数据预处理的难点问题。

- 物业系统的工单记录中存在大量的文本信息，例如对业主报修、投诉内容的记录。而文本信息为非结构化数据，一般不能直接用于分析处理，因此需要先用自然语言处理技术对文本信息进行分词处理，利用 TF-IDF 算法剔除无意义的助词、音节词等。

- 业务端重点关注报修投诉的问题区域、问题对象、问题类型，即"什么区域的什么对象发生了什么类型的问题"，比如"卫生间的马桶堵塞了""客厅的筒灯不亮了""卧室的木门掉漆了"等。因此需要对物业管理业务中涉及的"问题区域""问题对象""问题类型"进行系统分类，并采用 Word2Vec 算法将近义词聚类，例如将"渗漏""渗水""漏水"等问题表述统一归为"渗漏"这一种问题类型。最后通过实体识别算法将所有工单明细记录内容按照"问题区域""问题对象""问题类型"进行识别并归类。

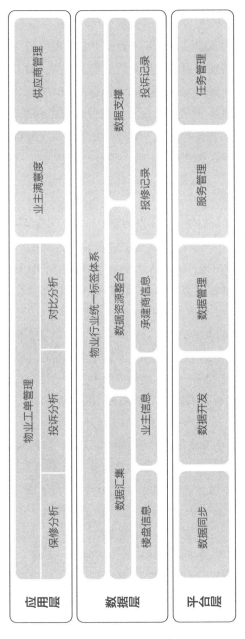

图 8-29　E 集团物管数据资产架构图

2. 前后台标签类目体系架构

完成数据预处理后，可以设计得到由"业主（人）""供应商（人）""楼盘项目（物）""报修（关系）""投诉（关系）"等对象标签体系组成的前台标签类目体系。前面提到的报修记录数据经加工处理后，可以形成"报修（关系）"对象的"报修问题区域""报修问题对象""报修问题类型"等标签，或"业主"对象的"最常报修问题类型""最近一次投诉区域"等标签。

面向前端使用，可以生成物管效能分析的数据应用场景，从后台标签集中筛选出合适的标签，组成新的前台标签类目体系，如图 8-30 所示。

3. 后台标签类目体系设计思路

- "业主（人）"标签类目体系下分为【基本特征】【地理位置】【资产能力】【报修投诉】【习惯性格】等 5 大一级类目，共计 150 多个标签。

- "供应商（人）"标签类目体系下分为【基本信息】【资质信息】【供应信息】【质量评价】等 4 大一级类目，共计 100 多个标签。

- "楼盘项目（物）"标签类目体系下分为【项目信息】【建造情况】【供应商信息】【售卖情况】【居住情况】【服务商情况】【物管情况】【评价情况】等 8 大一级类目，共计 200 多个标签。

- "报修（关系）"标签类目体系下分为【受理信息】【处理信息】【评价信息】等 3 大一级类目，共计 50 多个标签。具体标签设计脱敏示例如表 8-5 所示。

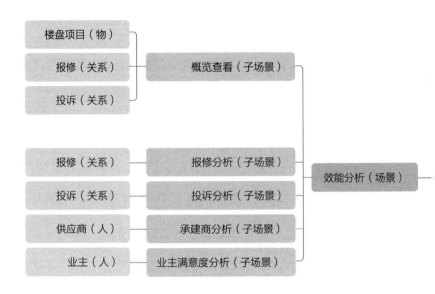

图 8-30　地产业物管标签

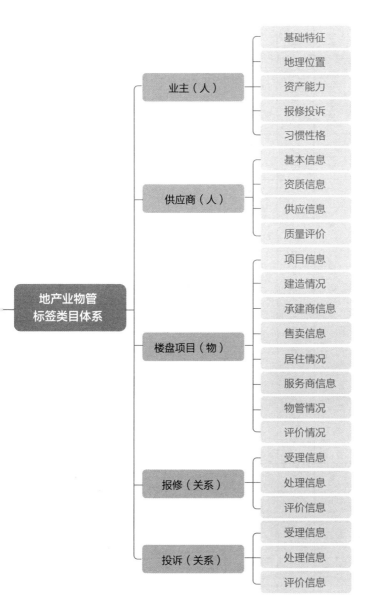

类目体系架构图

表 8-5　报修标签设计示例

根目录	一级类目	二级类目	标签名	标签逻辑	值字典	取值类型	示例	更新周期
报修	受理信息	基础信息	任务代码	物业管理系统中新建工单记录时自动产生的代码编号	8位数编号	文本型	01000432	每日
报修	受理信息	基础信息	受理日期	新建工单记录时的时间戳	yyyymmdd	日期型	20200707	每日
报修	受理信息	基础信息	当前状态	该报修工单当前受理阶段	1：登记中；2：待分配；3：已分配处理人；4：维修中；5：维修结束……	数值型	1	每日
报修	受理信息	业主信息	业主联系电话	报修业主提供的联系电话	手机号码或固定电话号码	文本型	138****5678	每日
报修	受理信息	内容信息	报修问题区域	报修业主反映的问题所在的位置区域	1：客厅；2：卧室；3：阳台；4：厨房；5：卫生间	数值型	1	每日
报修	受理信息	内容信息	报修问题对象	报修业主反映的问题所涉及的对象，对象与区域有对应关系	1：卫生间—马桶；2：卫生间—淋浴房；3：卫生间—洗手台；4：卫生间—瓷砖……	数值型	2	每日

报修	处理信息	响应信息	处理日期	报修记录的处理日期，以联系业主给出反馈信息时间为准	yyyymmdd	日期型	20200708	每日
报修	处理信息	响应信息	处理人工号	报修记录的处理人工号，即联系业主给出反馈的物业工作人员工号	工号编码	文本型	10034	每日
报修	处理信息	处理方案	处理方式	针对报修内容的处理方式类型	1：换新；2：更换零件；3：补漆；4：保养	数值型	3	每日
报修	处理信息	处理方案	处理结果	报修处理人登记的处理结果	1：已完成；2：观察；3：异常	数值型	1	每日
报修	评价信息	打分评价	处理满意度	报修处理后业主对处理结果的满意度回访打分	0～100	数值型	76.54	每日
报修	评价信息	问题升级	是否引起投诉	该报修处理是否引起了业主投诉	1：是；0：否	数值型	1	每日

355

- "投诉（关系）"标签类目体系下分为【受理信息】【处理信息】【评价信息】等 3 大一级类目，共计 50 多个标签。

以上核心对象的标签类目体系组成了地产业物管效能分析的后台标签池，基本涵盖了物业管理流程的相关信息，并延伸到业主、供应商等伙伴对象的维度刻画。调取各类对象下标签信息，导入 BI 分析工具中，就可以灵活配置出所需的可视化图表组件，实现物管部门的效能分析。

4.前台标签类目体系设计思路

效能分析系统可细分概览查看、报修分析、投诉分析、供应商分析、业主满意度分析等功能菜单，因此在标签类目层面形成了 5 个前台子场景。概览查看子场景展示了集团各楼盘分布及报修、投诉的整体情况，因此对应涉及"楼盘项目（物）""报修（关系）""投诉（关系）"三个对象。报修分析子场景专注于对报修工单的深度分析，因此涉及报修（关系）这一个对象。同样，投诉分析、供应商分析、业务满意度分析等子场景所涉及的对象分别为"投诉（关系）""供应商（人）""业主（人）"。

8.5.2 地产业物管标签应用

物业系统中的人、物、关系数据经过设计、加工，可以开发出物业统一标签类目体系，实现数据资产沉淀。通过楼盘标签、业主标签、供应商标签的多维关联分析，实现数据化的物管效能分析系统。将分析结果作用于物业服务指导与方案决策，实现业主满意度的提升和供应商、服务商的精准管理。通过业务效能提升持续丰富数据规范积累，最终形成数据的正向优化闭环。业务数据化、数据业务化的闭环思路如图 8-31 所示。

物管效能分析系统支持实时监控各时间段各区域物管部门的报修、投诉、供应商、业主满意度概况，并支持上钻下钻、透视分布、对比分析等分析类型，如图 8-32 所示。区别于传统、割裂的行为统计分析，具备数据打通和标签化底层能力的效能分析系统，可以实现报修与投诉两种行为间的时空连接，将业主的居住反馈与几千家供应商的信息关联，实现对供应商的精细化管理。与此同时，有效还原业主真实生活场景问题，回溯问题发生源头，提升工单处理效率，为业主带来真正高效高质的处理方案和售后体验，最终实现业主满意度的切实快速提升。

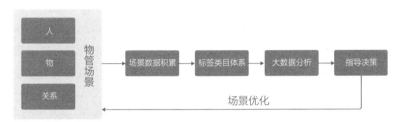

图 8-31　E 集团物管数据建设闭环思路

图 8-32　物管效能分析系统页面示意图

以某楼盘项目数据为例，通过大数据分析系统，该楼盘物业管理人员可以清晰看到当年累计报修率高达30%，下钻分析后发现报修区域集中在卫生间，主要问题集中在"卫生间的门破裂坏损"。不仅如此，同期业主满意度分析中不满意问题也集中表现为同一现象，这就反映出供货该楼盘卫生间区域"门"这一对象的供应商所提供的建材部件质量堪忧。进入供应商分析功能中，可以查看到由"处理工单量""工单处理效率""工单完成率""工单认可率""工单返修率"5个维度构成的供应商能力指数，该供应商综合能力指数为75分，远低于平均分。结合实际的走访调研，物业管理部门可以联系供应商就卫生间"门"的破损修复方案进行重点沟通，对可能出现同类问题的住户进行木门保养或木门更换。迅速解决该问题后报修率指标恢复到了正常范围。

8.5.3 地产业物管实践小结

物管效能分析系统不仅能帮助物业管理部门发现管理问题，提升问题处理效率，保障业主满意度，也可以帮助其他部门深挖投诉、报修、满意度、供应商等数据，发现楼盘设计、建筑材料、供应商能力、周边配套、销售导购等多对象多环节存在的问题，从而指导区域公司在新楼盘开发过程中规避盲点，择优选用。

除了物业服务外，大数据应用正在切入地产全产业链，包括构建全方位立体化的客户画像，解决交叉营销、互补创新消费模式的相关问题；构建关于客户、竞品、趋势、开发商属性的四维关系图谱，解决规划建设的问题；构建经济关联图、政策预判图、供求关系热力图、土地价值图等数据研判产品，解决开发商投资拿地的问题，等等。而这一切，都需要建立在融合打通多业态数据、构建统一的数据资产体系的基础之上。

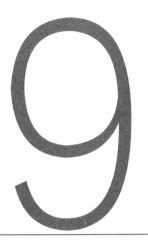

| 第 9 章 | CHAPTER

果：价值、案例、经验分享

经过多年的项目实践和客户走访，我们总结提炼出了标签的 7
点价值意义，梳理了合理运用数据资产体系获得成功的 4 个典型案
例，并沉淀了企业关注的标签人才培养经验。从第 1 章由来开始，
到第 9 章价值成果结束，以终为始，以梦为马。看过这本书的人，
都与标签牵涉了因果，今天念兹在兹，将来必有回响。本书虽然到
了即将收尾的阶段，但正预示着读者们在现实中的标签实践和应用
才刚刚开始。

9.1　7 点价值总结

采用标签方法论形成的数据资产，较传统方式开发的数据指标，
具有更高的应用价值与影响意义。标签价值主要体现在：串联、业

务友好、全息刻画、可复用、可管理、可运营、创新场景等 7 个方面，如图 9-1 所示。

图 9-1　标签资产的 7 点价值总结

9.1.1　串联

　　数据标签化的成果首先可以体现在对数据和业务、资源与价值的串联上。具体来说，企业转型过程中一直找寻的数据业务化过程，可以拆解为数据资产化和资产业务化两个细分环节：数据资产化主要指把企业内外部数据全面打通，再加工、沉淀成企业的核心数据资产；资产业务化主要指将这些数据资产作用到企业业务场景的过程。在这两个环节中，标签起到了串联的作用：将企业数据先梳理成数据类目体系，并通过 Data-mapping（数据连接）技术进行打通，按需加工成标签，形成标签类目体系。在数据类目体系和标签类目体系的构建过程中，都运用到了 Data-profile（数据画像）技术，最终通过 Data-service（数据服务）技术将标签场景化地组配成各类数据应用，赋能企业业务，如图 9-2 所示。

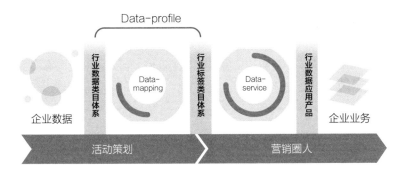

图 9-2 标签对数据与业务的串联作用

数据赋能业务主要有以下两种模式，这两种模式都通过标签实现了数据资源到商业价值的连通串联。

- 以标签服务接口方式嵌入现有业务系统中，是现有业务的一种优化延伸。例如某汽车租赁平台增加用户信用分的调用接口，以便降低业务租赁风险，这个场景中业务仍是汽车租赁，而数据起到对现有业务的服务支撑作用。
- 以数据应用形态直接创新一种新业务。例如支付宝的借呗、花呗业务，其实已经不再是传统意义上的金融产品，而是一种架设在用户信用评分、消费行为等标签之上的数据金融产品。

9.1.2　业务友好

标签化的数据资产具备可阅读、易理解、好使用、有价值的特征，如图 9-3 所示。这四个特征都指向业务侧。

- 可阅读，并不是指数据人员可以通过编写代码查看数据字段，而是说业务人员可以通过标签集市搜索、查看所需标签信息。
- 易理解，不是指数据人员易理解，而是说简单明了到业务人员可轻松理解的程度。

- 好使用，不是指应用开发人员方便使用，而是说业务人员、运营人员就可以简单配置出数据服务或数据产品。
- 有价值，不是指技术价值或数据价值，而是说对业务有实实在在的商业价值。

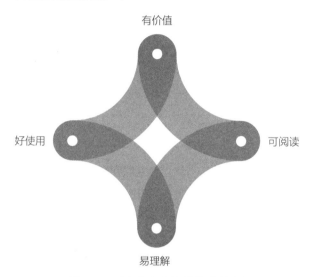

图 9-3　面向业务友好的资产特征

对业务友好的标签资产才能真正调动起业务端对数据探索的热情，以及对数据场景价值的不断挖掘，这是一种无为的运营模式。有为是采用看得见的制度、流程去调动组织过程，无为是采用看不见的手去推动事物的自然发展。有为成本高昂且能量微弱，无为不需要什么成本但是力量巨大。企业要避免陷入为了做而做的尴尬境地，而必须找到一条无为模式的数据业务化之路。

9.1.3　全息刻画

通过标签类目体系可以实现对象的全息刻画。这一方法论不是从过去的流程积累而是从对象的本质出发得出的，不依赖和受困于企业现有的认知框架。

采用这种方法构建的数据资产，可以适配各种可能发生的场景需要，是一种真正的增援未来的能力积累。

以"人"为例。人是一种非常复杂的生物，在不同的场景中，人们表现不同，可能受社会习俗的制约而扭曲伪装，可能在放松的个人场合自由释放意志。特别是新兴一代，他们突出的消费主张是：为喜爱的东西一掷千金，但对没兴趣的事物一分钱也不愿意花。这一代人，在某些个性化场景中表现出惊人的消费力，是广告主品牌商疯抢的优质流量；但在某些大众场景中，表现得又非常节俭乃至抠门，此时的消费力又低到令人惊讶的程度。就像一束白光，乍一看以为是白色，但用棱镜一透析，又会折射出很多光谱带，没办法简单描述。

不能用标签对人群进行简单粗暴的分类，将其刻板定义成"都市白领、文艺青年、家庭主妇……"，而应该尽可能完整地从各个角度剖析对象，形成全息标签刻画。因此标签设计并不仅仅是一种技术工作，而更像是一种社会洞察工作、一种认知思维工作。

未来的商业价值主张不再是流量为王，而是场景为王；不再是眼球经济，而是意愿经济。企业对研究对象理解得足够细致深入，才能形成真正的竞争壁垒，获得客户的信赖。

9.1.4　可复用

标签方法论将企业所涉及的对象进行全息刻画后，形成了可反复使用的标签资产，这些资产可以继续组合、扩展延伸，形成适应场景变化、有生命力的衍生标签。

标签以其良好的组织形式，实际上完成了对数据资产的工程化封装。各种结构类型的数据源就像支流水源，最终汇聚到了数据湖中。数据湖最核心的目标是将看似混合在一起的数据，实现精准高效的数据定位、编号、入库、管理。数据湖下游的水工厂想要商业变现，就需要将湖泊水过滤、处理、加工成饮用水，并灌装成瓶装水。这个加工灌装过程，就类似数据标签化的过程。灌装后的瓶装水，有完整详细的商品信息，例如商品名、生产时间、生产地、成分含量、有效期等，这样在销售时才能以统一标准对外交易和计量记录。标签化后的数据资产，也有清晰的资产信息，例如资产的标签名、标签逻辑、标签取值等，这样在使用时才可以便捷地选取标签进行服务应用和调用记录。

对数据资产进行工程化封装后，才有了资产复用的可能。而对数据资产的不断复用，才是数据中台概念的核心要义。因此从这个角度来看，标签其实是数据中台持续运转的核心引擎。

9.1.5　可管理

因为具有完整的元标签信息记录，标签是易管理的数据资产。对标签的管理一般分为以下 3 个方面。

1. 生命周期管理

生命周期管理，指对标签的设计、开发、上架、使用、优化、下架、删除等生命周期进行过程管控。标签需要淘汰优化，不断新生，形成良性生长。

2. 治理类管理

治理类管理，指对标签质量、标签规范、标签安全等方面进行规则设定、监控预警、治理优化，保障标签在使用过程中的稳定性和可控性。

3. 价值链路管理

价值链路管理，指任意一项标签资产，都可以向上溯源数据生产过程，也可以向下监控使用情况。其核心是解答"数据资产从哪里来（血缘分析），以什么形态（使用模式），到哪里去（应用场景）"
的问题。通过构建价值链路，可以实现末端问题快速定位、源端问
题及早预警的快速响应链路，如图 9-4 所示。

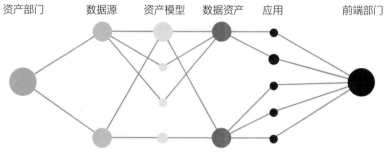

图 9-4　价值链路示意图

可管控的数据资产能保障业务使用的稳定性。标签的管理成熟
度影响着数据资产的品控和可信赖程度，是数据业务化能否成功的
重要影响因素。

9.1.6　可运营

最新的数据资产理念认为，对于资产不应该管理而应该运营，
或者说，资产会由管理模式最终走向以价值为导向的运营模式。就
像计划经济走向市场经济，资产的走向也应该顺应价值的流向。

一个完整的资产运营体系主要包括：正确的数据思维＋便捷的
平台工具＋组织良好的资产内容＋持续的组织保障，如图 9-5 所示。
资产运营部门负责营造资产集市，实现业务端对数据资产商品的
"看、选、用、治、评"过程。

以标签方式组织的数据资产，可以作为数据资产的产品化形态，
以运营手段进行推广和价值变现。运营不代表没有管理，因为"价
值"一定会对质量、标准、安全等管理环节提出要求。运营模式的
内在动力不再是强制手段，而是自发的价值驱动。管理对内，运营

对外，增强业务与数据资产的黏性，不断实现数据应用的迭代更新。

图 9-5　资产运营体系的核心组成

以运营思路运作数据资产迭代更新的模式处于萌芽阶段，尚没有完整发生在每家企业的数据建设过程中，但这是一种必然趋势。一家优秀的企业，能超前感知大势的来临，不留恋旧事、自欺欺人，也不盲目跟风、随波逐流。一开始少有人走的路，虽然艰难、让人迷茫，但可能是唯一正确的路。

9.1.7　创新场景

标签可以用来完整描述对象特征，为业务场景服务。同时，不同对象的标签间通过标签取值匹配关联，将人与人、物与物、人与物等连接起来，构建出对象间的复杂网络关系。这种复杂网络关系可以创新数据业务场景。

例如针对"消费者（人）"对象构建了消费者标签类目体系，下有【基本特征】【社交关系】【兴趣爱好】等一级类目；针对"店铺（物）"对象构建了店铺标签类目体系，下有【时空信息】【类别属性】【客户特征】等一级类目；针对"购物（关系）"对象构建了购物标签类目体系，下有【环境信息】【消费受众】【准备条件】等一级类目。

基于"消费者"对象的"用户 ID"和"好友 ID"标签，采用连接技术找出标签间的取值匹配关系，就可以串联起对象间的连接关系。例如对象 A 的"好友 ID"取值为【100234】，对象 B 的"用户 ID"取值为【100234】，即对象 A 和对象 B 就可以通过这两个标签的相同标签取值进行匹配关联。将这种连接关系不断扩散，就会构

建出完整的关系网络，如亲属关系网络、同事关系网络、朋友关系
网络等，如图 9-6 所示。这种关系网络图谱可以应用在许多业务场
景中，例如潜在朋友推荐、企业关联关系识别等。

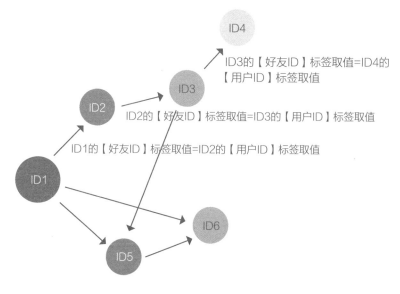

图 9-6　朋友关系网络示意图

　　通过"消费者"对象的【兴趣爱好】类标签，例如"偏好消费
品类""偏好品牌名称""偏好风格"等，与"门店"对象的【类别
属性】【消费特征】类标签，例如"所属品类""所属品牌名称""所
属风格"等，进行标签间的取值匹配，就可以构建出"个性化推荐"
的数据场景，例如向消费者推荐合适的门店。

　　采用连接技术实现对象下不同标签间的取值匹配，并为这种连
接能力找到合适的场域，开发出新的数据场景，例如招商分析、商
场活动精准定投、潜在需求预估、商铺组合营销等，如图 9-7 所示，
是标签对业务创新的极大助力和增援。

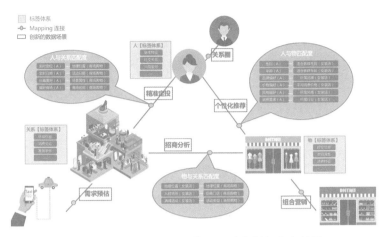

图 9-7　不同标签间的取值匹配助力创新业务场景

9.2　4 个典型案例

企业构建面向业务的数据资产体系，特别是以标签方法论构建数据资产，可以帮助业务部门形成理解、查看、使用数据的能力，并在快速试错后找到数据使能通道，发挥数据价值的飞轮效应。在众多素材资料中，结合行业、规模、场景等不同因素，本书为大家筛选了 4 个典型案例：阿里巴巴集团典型案例、时尚集团典型案例、好莱客家居典型案例和温州检察院典型案例。

9.2.1　阿里巴巴集团典型案例

在大数据技术与应用领域，阿里巴巴集团一直是领跑者和布道人。以商业贸易开篇，在持续提供稳定高效的电子商务平台服务的过程中，阿里巴巴集团每天都要和海量信息打交道，不可避免地开始思考如何与数据和谐相处，从数据黑洞中走出。

曾鸣教授曾提到："这是一个历经磨炼，也卓有成效的长期过程。"阿里巴巴在大数据的无人区艰难跋涉、踽踽前行，每一版产品系统的架构更新、功能迭代、数据建设等都与业务场景休戚相关。有时候业务呈指数级增长，而技术与数据只是被动牵引，前后端不协调导致阵痛不断。因此早在十多年前，阿里巴巴就开始尝试建设数据系统，用数据思维和数据技术，向数据黑洞发起抗争，并试着将数据化为己用，创造价值。

1. 阿里数据资产体系建设

在应用驱动阶段，阿里巴巴第一代数据系统构建在 Oracle 数据库之上。数据使用以满足业务报表需求为主，此时各业务部门积累的数据体系具有大量的业务属性。报表较便捷，能快速形成数据使用的最小闭环链路，对业务端较为友好，但各业务部门之间的数据体系并不连通，存在一定的数据冗余和信息孤岛现象。

随着业务快速发展，数据量呈幂级爆发，性能成为数据应用的关键瓶颈。数据团队参考工程领域的 ER 模型 + 维度模型，从数据结构角度构建了一个四层模型架构：ODL（操作数据层）+BDL（基础数据层）+IDL（接口数据层）+ADL（应用数据层），对数据的整体加工过程进行了体系化、层次化的梳理和降噪，形成了系统化的数据架构，规范了数据结构和标准，提升了数据的一致性。但在追求统一标准和基础数据体系的过程中，又损失了一些业务信息，数据与业务的关系并不像之前那样紧密。

DT 时代到来，以 Hadoop 为代表的分布式存储计算平台快速发展，阿里集团也自主研发了分布式计算平台 MaxCompute。为适配新的计算底座，并兼容业务端数据融合的需求，阿里开始打造统一化的集团数据整合及管理方法体系（One Data），包括一致性的指标定义体系、模型设计方法论及配套的平台工具。

通过 One Data，阿里集团构建了统一、规范、可共享的全域数据资产体系，规避了数据烟囱和数据口径不一致等问题，实现了数据可追溯、可管理、可使用的链路目标。此外，阿里还将数据资产通过数据市场门户的方式开放给各 BU 部门使用赋能：门户前台为数据地图，面向业务运营人员，方便其查找、申请使用数据资产；门户后台为数据管理，面向数据管理人员，以实现数据资产的合理有序管控。

2. 阿里数据资产的内外赋能

经过多年大数据战略的实施推进，阿里集团已经实现各业务部门对数据使用的系统化运作，数据资产就像"水、电、煤"一样成为互联网业务的基础设施，不断渗透进集团各条业务线参与商业场景高效运行，如搜索、推荐、广告、金融、物流等。

在集团内部经营管理方面，数据资产可以转化为数据化运营决策服务，例如数据监控、专题分析、应用分析、数据决策等，帮助一线业务人员和管理人员通过数字指标系统了解业务发展情况与风险预警，从而针对主要问题瓶颈快速定位成因，给出决策辅助支撑。

在集团对外业务发展方面，数据资产可以转化为智能搜索、个性化推荐、精准营销、信用指数等数据服务，对接现有业务系统或独立成为新的数据业务。其主要目的在于解决现有业务问题或提升现有业务效能，最终为用户带来更好的产品体验与更便捷的生活服务，同时支撑各业务线的高速发展，获得更强的竞争优势与持续的生命力，形成良性的业务生态圈。

在集团对外开放赋能方面，数据资产被脱敏、封装后提供给生态合作伙伴、商家、ISV、研究机构和社会组织，使外部企业机构也能接触到富有价值的数据资产。例如面向商家端的"生意参谋""量子恒道""数据魔方"等数据产品，帮助商家了解行业动态、市场排名、竞品分析，为中小电商学习数据、使用数据提供了难得的入口和契机；面向社会端的"天池数据集"通过数据接口或脱敏数据包，更大程度地将数据资产对外有序开放，集全民力量进行数据价值创新。阿里通过各种数据共享普惠，提升了社会大众对数据的认知，加快了众多传统企业的数字化转型进程，最终推进了社会经济发展。

9.2.2　时尚集团典型案例

随着数字经济时代的到来, 传媒行业发生了巨大的变化。数字化技术不仅为传媒行业提供了高效率的工具, 使现有的媒体内容更加充实, 还提供了更丰富的传播渠道。

时尚集团诞生于 1993 年, 凭借“国际视野、本土意识”的理念, 率先与世界一流出版集团强强联手, 采取版权合作的形式, 从一本杂志开始, 发展成为拥有《时尚 COSMO》《时尚先生》和《时尚芭莎》3 本综合类旗舰刊物, 及《时尚健康》《时尚健康（男士）》《芭莎男士》《男人装》《时尚家居》《芭莎珠宝》《座驾 car》《罗博报告》《时尚旅游》等多本覆盖生活方式各垂直领域刊物的大型文化传媒集团。

近几年时尚集团紧跟数据化建设的趋势, 布局面向未来的“时尚 +”全媒体生态, 建设了媒体资源库、媒体用户中心、客户管理中心等系统, 成功积攒了大量的历史内容、经营和管理数据。但由于前期对数据缺乏系统化管理, 在积攒数据的同时出现了缺乏标准规范、数据未加工等问题。加上近些年受到互联网、4A 广告的冲击, 用户的阅读方式、信息接受方式及偏好都发生了较大变化, 时尚集团的业务规模开始萎缩, 其中广告业务下滑较大, 而多年积攒的数据也成为集团的“负担”而非资产。

1. 时尚数据资产体系建设

时尚集团从“重内容创作, 轻数据资产”的现状出发, 通过数据资产化平台建设, 实现了“承前启后”的数字化转型。数据资产化平台包括物理设施层、数据源层、存储计算层、数据开发管理层、数据资产层、数据服务层、业务应用层, 如图 9-8 所示。平台建设一方面拉动了集团数据资产体系的建设, 另一方面为集团内外部客户提供了丰富的数据服务与商业应用探索的可能, 最终实现了从数据资产建设到数据应用服务的发展, 从而帮助时尚集团保持行业标杆地位并继续引领行业变革。

业务应用	内容生产与策划	精准营销	专业内容MCN	知识付费平台	品牌电商	时尚学院	创新业务
数据应用	数据类目体系和标签类目体系管理			数据服务引擎开发与接入		数据服务接口、权限与计算管理	
数据资产	数据资产（标签类目体系）						
数据开发管理	图像识别与处理	音视频识别与处理	异构网络多源数据汇聚	一站式大数据开发套件	大数据平台运维监控体系	元数据和数据质量管理体系	平台权限和数据安全管理
存储计算	Kafka	Hadoop	Elasticsearch	HBase	Spark	TensorFlow	……
数据源	业务系统数据	内容资产数据	纸媒期刊数据	网络埋点行为数据	数据合作	手动录入数据	
物理设施	华为云	阿里云	腾讯云	百度云	本地机房	CPU	GPU/FPGA

图 9-8 时尚集团数据资产化平台架构图

时尚集团的数据资产体系建设可以分为以下三步。

（1）第一步：数据资产化平台搭建

为加快集团数据资产开采效率的提升，最大速度为业务赋能增效，并考虑到数据的商业价值和敏感涉密等因素，时尚集团首先进行了数据资产平台的搭建。

（2）第二步：数据资产体系核心内容建设

平台建设完成后，会进入数据资产体系的构建实施阶段。时尚集团的数据资产以内容库、用户库、资源库三大库为核心内容，并构建相应的标签类目体系为后续衍生的数据应用服务提供数据支撑，如图 9-9 所示。在数据资产平台和数据资产体系的构建过程中，同时拉动集团内建立统一的数据观、制定系统的数据标准和流程规范，形成良好的数据认知和良性的数据流转体系。

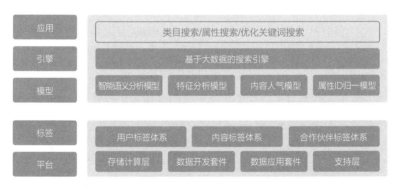

图 9-9　时尚集团标签体系对上层应用服务的支持

- 内容库建设的定位是，为管理人员和业务人员在内容管理和二次复用时快速精准定位内容信息。建设过程首先对部分损毁或丢失的内容资产通过文档扫描和识别处理等技术手段进行补全。整合现有包括纸媒、新媒体、活动运营、策划方案、合同文档、档案在内的全量已有内容资产，并通过数据开发 +AI 的技术手段，对全量内容资产进行识别和标注，构建内容标签类目体系，将数据转化为数据资产。这些内容资产可以通过上层的搜索引擎，帮助编辑人员精确、快速地查找所需内容，提升编辑效率。

- 用户库建设的定位是，构建用户标签类目体系，为后续潜客挖掘、精准营销、用户分层等一系列数据应用提供基础。具体实现主要分为"汇""采""通"三步：首先，将集团下各刊社及子公司现有的全量用户数据进行汇聚，以形成集团统一的用户资源中心；其次，通过埋点技术，对集团现有各产品线尤其是自有新媒体产品进行部署；最终，在用户数据的维度和丰富度得到完善后，通过 ID-Mapping 技术将集团所有用户数据关联打通，采用标签设计方法实现用户的完整画像体系。

- 资源库建设的定位是服务后续时尚集团的战略储备。对集团各刊社及子公司留存的各类文件资源进行采集和处理，形成资源标签类目体系，不断完善和丰富合作资源库。

（3）第三步：全集团共享使用数据服务

数据资产平台重点作用于提升集团全量资产的管理水平、使用效率和数据化运营能力。通过对现有数据进行落地存储、治理加工、标签组织、共享交换，再搭配包括搜索查询、分析展现、智能推荐等数据服务引擎，构建一套基于集团数据资产的数据应用服务体系，从而实现集团所有资源妥善保存、高质量内容商业价值挖掘、内容生产和开发效率提升、内容质量和人员效率的数字化管理等。

2. 时尚数据资产精细化管理

时尚集团通过数据资产平台建设，初步梳理并形成了全集团统一的数据标准和规范，为后续形成系统化、规范化的数据收集、管理和共享体系提供了平台层面的技术保障；通过对集团数据资源信息进行结构化处理和标签类目体系梳理，实现了集团数据资产的统一管理和治理优化；通过构建资产搜索引擎、内容分析报表、数据化运营等数据应用场景，实现了数据资产价值链路；通过提供包括数据资产地图、数据运行监控等可视化功能，使管理层对集团数据汇聚、加工、管理和使用情况形成了量化认知。

数字化转型项目最终完成了时尚集团数据资产平台的底层建设，同时对集团内的所有数据进行了统一汇总，并完成了内容库、用户库、资源库的标签体系建设，实现了对数据资产的精细化管理。

3.时尚数据资产在业务层的应用

对于已数字化的数据资源，数据资产平台支持通过协议传输、服务接口、数据库直连等多种方式进行数据接入，可自动对接各刊社现有数据库/业务系统内的数据；对于未数字化的数据资源，平台提供资源数字化服务，包括导入、识别、处理等功能，并将其结构化；对于尚未采集但可通过技术手段获取的数据资源，平台通过埋点技术对其进行采集；除此之外，各刊社也可以通过平台自主进行数据资源的上传和下载，以实现资源的共享交换。

在汇聚各类数据资源后，采用标签类目体系方法对数据标签化，并通过标准数据引擎配置或数据应用产品定制开发，时尚集团在数月内即可快速构建出基于数据资产的数据应用产品，以支撑业务应用及日常管理，例如通过建立资源搜索引擎，各刊司编辑人员可在权限范围内对集团数据资源进行充分、完整的关联检索。

通过数字化转型建设，时尚集团在短短一年内即沉淀了超过3000本杂志、30万篇纸质文章、40万篇新媒体文章的内容资产。这些优质内容能够通过关键词搜索产品实现快速预览、下载、借鉴、组合，甚至以重新发布的方式被快速复用，从而再次带来经济价值。

9.2.3 好莱客家居典型案例

改革开放以来，我国制造业发展迅猛，不仅实现了产品品类与数量的扩张，产品质量也有了显著提升。我国已成为名副其实的"世界工厂"和世界制造业第一大国。近年来，计算机技术、互联网技术、条形码技术、大数据技术等现代化信息技术逐渐成为制造业企业的核心竞争力，正推动制造业进入智能化时代。个性化定制模式已经出现，制造业企业正逐步从"中国制造"向"中国智造"转型。

好莱客创意家居公司，专注于全屋定制领域，以板式家具的研发、设计、生产和销售为主营业务，同步配套开发销售成品家具及软装。自 2002 年成立至今，公司销售网络已遍布全国大部分城市，营销及服务网络规模处于业内领先地位。但公司的信息化现状却面临着数据孤岛、数据质量低下等问题，制约了业务发展速度。管理层在充分研究分析后指出：需要尽快完成对 CRM、SAP、MES、OA、E-HR 等系统的治理疏通，同时搭建企业层面的标签类目体系，初步实现"企业数据能够完整、实时、准确地使用起来"的目标。

1. 好莱客数据资产体系建设

好莱客家居的数据资产架构由业务数据层、基础数据层、数据管控层、数据平台层、数据资产层、数据引擎层、数据服务层组成，如图 9-10 所示。基于数据治理中的数据模型组件，好莱客数据资产体系能够落地数据标准，统一管理元数据，并能追溯数据血缘、形成数据资产地图，实现数据资产的快速检索定位。

好莱客数据资产建设可以分为以下 3 步。

（1）数据治理规范

采用数据治理理论来指导企业数据规划，制定数据获取与处理、数据设计与开发、数据应用、数据退役的全生命周期管理基调与规范。

转化率分析　客户分析　产品成本分析　品牌品类分析　渠道组合规划　商业战略分析
渠道竞争分析　用户画像　采购价格分析　财务利润分析　产品创新分析　库存预测
产品质量分析　促销活动分析　售后问题分析　商品组合分析　生产能力规划
市场竞争分析　活跃度分析　采购需求预测　人力资源分析　投资预算分析

渠道运营模型　智能分析　预测引擎　产品分析引擎　供应链分析模型

数据服务

数据引擎

线上电商数据体系　市场数据体系　采购数据体系　物料数据体系　员工数据体系
线下门店数据体系　销售数据体系　物流数据体系　产品数据体系　资产数据体系
　　　　　　　　　客户数据体系　全渠道数据体系　售后数据体系　知识数据体系

数据集成处理　数据交换共享　数据综合管理　数据资产标签

数据资产（标签类目体系）

数据综合管理

数据平台

元数据　主数据　数据质量　数据监控　数据安全　数据标准

数据管控

3D/三维家/PLM　CRM　SAP（MM/FICO/SD/PP）/SRM/VMS　MES（APS）

产品　营销　采购　物料　成本　库存　物流　生产计划　流程　财务　人力　线上/智慧门店　外部数据

基础数据

业务数据

图 9-10　好莱客数据资产架构图

（2）数据建模设计

参照数据仓库设计规范，经过概念模型设计、逻辑模型设计、物理模型设计流程，明确划分数据仓库 ODS、DW 和 ADM 分层。在 DW 层建立统一的业务系统指标明细表，根据前端应用的数据需求，在 ADM 层建立事实表和维度表以提供基础数据支撑。

（3）标签体系设计

通过对企业各部门的业务需求调研，结合数据建模结果，好莱客进行了标签类目体系的详细设计，从而实现对企业精准营销、精细化管理等数据应用的支持。好莱客累积构建了以下对象的标签类目体系。

- "消费者"对象下可以梳理出【基础属性】【交易属性】【兴趣偏好】等类目，设计如"交易金额""系列偏好""所在城市"等标签，如图 9-11 所示。

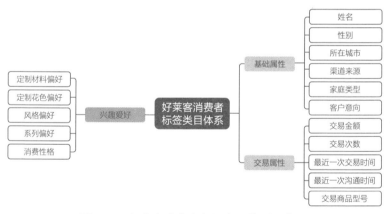

图 9-11　好莱客消费者标签类目体系示意图

- "经销商"对象下可以梳理出【基本信息】【交易信息】【上样信息】等类目，设计如"经销商地域""经销商评级""业绩排名"等标签。
- "组织中心"对象下可以梳理出【业绩情况】【生产制造】

【人员组织】等类目，设计如"年度总收益""平均生产效率""故障率"等标签。

- "产品"对象下可以梳理出【基本信息】【研发设计】【生产制造】【上架销售】【售后服务】等类目，设计如"产品系列""外观颜色""当季销量""维修率"等标签。

- "渠道"对象下可以梳理出【综合评价】【营运情况】【盈利情况】【发展情况】等类目，设计如"渠道当季销量""渠道评级""渠道排名"等标签。

- "订单"对象下可以梳理出【交易对象】【交易商品】【交易条件】【交易过程】【交易结果】等类目，设计如"下单时间""交易金额""配套服务""质保时长"等标签。

2. 好莱客数据资产相关建设成绩

好莱客数据资产建设成绩包括数据资产内容梳理构建、制造业数据标准和资产管理平台产出、数据资产技术团队构建等。

（1）数据资产内容梳理

- 实践了数据治理体系的 5 大过程、22 个主题任务、89 个业务流程、24 份过程文档、3 套数据管理制度，创建了 722 条质量检查规则，治理了 95 亿条记录，核心指标的数据质量从 58% 提升到 92.15%。

- 构建了 9 大对象的标签类目体系，共计 500 多个数据标签。业务报表基于标签配置，使开发效率得到了极大提高，单张报表所需的开发人力从以前的 5～10 人天缩减到 1 人天。

（2）制造业数据标准及资产管理平台产出

为了构建出标准系统的数据资产，好莱客从实用角度出发梳理了制造业的数据标准来保障数据资产信息的完整性与有效性。同时，为了对数据资产进行高效管理和应用计量，好莱客构建了资产管理平台，以保障"采购—生产—仓储—物流—门店"等环节端到端的数据赋能，向智能制造企业的终极目标不断靠拢。

（3）数据资产技术团队构建

随着数字化逐步推进，数据资产技术团队也逐渐组建成形，其中包括数据需求分析师、数据产品经理、数据开发工程师、大数据运维工程师、数据分析师等全部所需工种。企业从0到1开始具备了大数据实战能力。

9.2.4　温州检察院典型案例

2018年，最高人民检察院印发《最高人民检察院关于深化智慧检务建设的意见》（以下简称《意见》），勾勒出了未来智慧检务的宏伟蓝图。《意见》指出深化智慧检务的建设目标是加强智慧检务理论体系、规划体系、应用体系"三大体系"建设，形成"全业务智慧办案、全要素智慧管理、全方位智慧服务、全领域智慧支撑"的智慧检务总体架构。

温州市人民检察机关遵循"顶层规划、统筹协调、重点突破、分步实施"的发展路线，积极鼓励、有序引导检察院大数据中心建设，构建检察智慧大脑体系架构，打造"智慧检务"，服务检察监督主责主业，推动"十三五"时期检察工作创新发展。

但由于检务数据管理较为松散，数据质量基础较差，业务部门使用数据时经常遇到数据不够准确或数据难以快速查找定位的难题，因此数据资产体系建设迫在眉睫。在建设中，需要注意对原有政务云的复用与数据资产标准化后的数据共享效率，关注成本问题。

1. 温州检察院数据资产体系建设

采用云计算、大数据、人工智能等信息化前沿技术，温州检察院开始构建高效、集约化、先进、稳定的经济犯罪追赃挽损平台。温州检察院采集法院裁判文书、审计报告、社保和户籍信息、银行电子流水账单等信息，通过交换、清洗、加工、管理等模块汇总形成检察机关统一的检务数据资产。随后，借助关联碰撞引擎、图谱分析引擎、路径分析引擎等数据引擎生成数据服务接口，为证据关系链路可视化、财产轨迹追赃明细化及财产的隐匿追踪等应用功能提供有效的数据支撑，以信息高效自动化的手段提升检察院的工作效率和决策分析水平。以上流程链路如图 9-12 所示。

温州检察院数据资产建设分为以下 3 步。

（1）数据汇聚

充分融合各类业务数据，如法院裁判文书、审计报告、大数据发展管理局的社会信息（人口、工商、社保等）、各大银行电子流水账单等业务数据，以及外部爬取的企业信息数据。通过大数据中心对接以上各类数据源，进行批量数据以及增量数据采集，采集后的数据通过文件或者接口的方式分发到数据存储计算平台。

（2）数据处理

建立统一规范的数据标准，如检察文书提取关键特征与案卡关键特征值的数据一致性。利用大数据中心提供集成开发、数据管理、智能算法组件等数据平台支撑能力，实现高效可控的数据加工处理。此外，通过数据界面化、图形化的方式快速完成数据清洗转换、数据融合等多种加工配置过程。

（3）数据资产化

基于标签方法论构建数据资产体系，形成面向业务、横向打通的数据资产层，包含涉案人员、线索（案件）、物品、文书、案卡、监督检查、审查调查等对象的标签类目体系。

- "涉案人员"对象下可以梳理出【基本信息】【亲友关系】【职业特征】【消费属性】等类目，设计如"姓名""身份证号""民族""性别""年龄""出生日期""配偶姓名""父亲姓名""母亲姓名""紧急联系人姓名""职业类型""所在企业名称""岗位职级""历史消费次数""消费档次""历史消费金额"等标签，如图 9-13 所示。

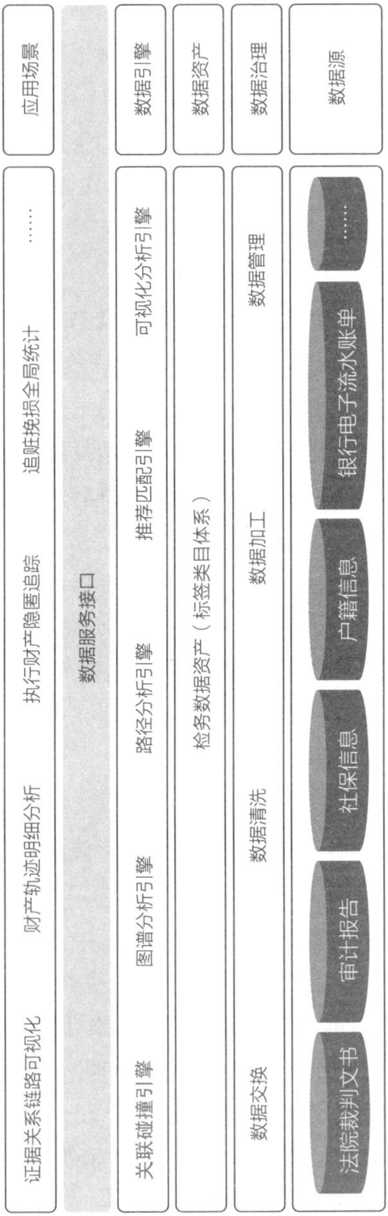

图 9-12　温州检察院数据资产链路图

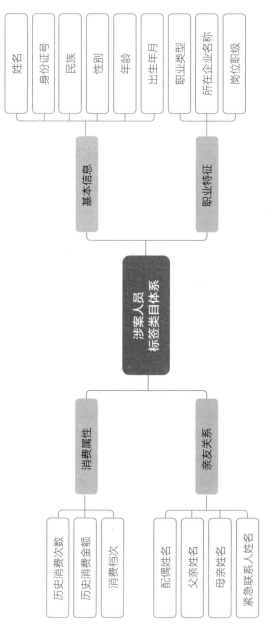

图 9-13 涉案人员标签类目体系示意图

"线索（案件）"对象下可以梳理出【基本属性】【涉案人员】【涉案金额】等类目，设计如"线索 ID""所属地区""违法类型""涉案人员姓名""涉案人员项目 ID""涉案人员户籍所在地""涉案总金额""涉案金额种类""涉案交易时间""涉案交易地点"等标签，如图 9-14 所示。

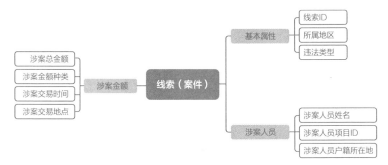

图 9-14　线索（案件）标签类目体系示意图

2. 温州检察院数据资产价值意义

（1）检务价值

- 提高数据质量：建立统一的标签类目体系，有效提升了检察业务数据资产的完整性、准确性，并实现了检察业务数据质量稽核的常态化管理，增强了数据质量意识，建立了数据质量评价指标和流程，实现了数据质量循环管理。最终，通过质量管理持续有效地提升检察业务数据质量水平。

- 提升效率：数据资产构建提高了检察业务数据的共享、交换能力。业务部门可根据授权数据资产视图、数据服务，快速查看所需数据资产，评估现有数据资产是否满足业务应用需求，从而快速响应业务，为业务资产价值挖掘提供有效的保障。

（2）经济价值

- 依托政务云的硬件资源建设涉众型经济犯罪追赃挽损平台

能够有效实现资源的集约使用，避免重复建设，节省财政支出。

- 对全市涉众型经济犯罪的数据进行标准化、规范化建设。通过标签类目体系方法对数据资产进行系统组织和标准定义，有利于检务数据的统一规划和集中管理。而面向业务端提升数据资产的可复用性，能够有效提高数据的共享效率，节约数据资源，避免数据系统的重复开发，同时减少各部门单独管理和维护的成本。

9.3　3 点培养经验

标签方法论对企业数据资产建设十分重要，因此掌握标签能力的数据人才是数字化转型企业的核心人才，极为难得。数据资产设计师应该既了解业务，又熟悉数据，往往指向业务人员中最懂数据技术、数据人员中最有业务感觉的交叉复合型人才。数据资产设计师有自己独特的岗位生态位和能力要求，核心的培养方向包括深入业务、胆大心细、工匠精神三点。

9.3.1　深入业务

在以往标签方法论的培训过程中，除了标签体系问题，企业端的数据负责人或业务负责人也会关心如何培养优秀的数据资产设计师。专业的数据人才都很难找，最好的方式就是自己培养。数据资产设计师必须要深入业务现场，将自己切换成需求分析师，仔细调研业务需求和数据情况。抱着在办公桌前翻翻资料、在业务现场走走过场的采风心态，是无法做好数据资产设计的。究其原因，在于标签设计必须结合业务知识、业务流程、业务数据来进行综合刻画。

那么如何深入业务呢？具体来说，数据资产设计师需要具备或刻意培养以下三点特质，如图 9-15 所示。

1. 持续的好奇心

和产品经理一样，数据资产设计师必须对生活、工作上的各类事物保持强烈的好奇心，才能对数据信息高度敏感，从而准确触达核心本质。好奇心对业务理解的重要作用体现在以下几方面。

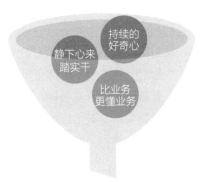

深入业务

图 9-15　深入业务需要具备的三点特质

- 有好奇心，才有学习力：如果资产设计师对业务流程的前后因果感兴趣，就会自发寻找各种资源来学习，直至把整件事的逻辑脉络梳理清楚。

- 有好奇心，才有注意力："这世界本身很美，缺少的是发现美的眼睛"，只有好奇才会让人时时注意身边的事物，去发现别人不曾注意到的细节——而往往细节，才是决胜的关键。

- 有好奇心，才有想象力：因为好奇所以才敢想，敢用全新的数据视角重新理解原有的业务模式。能落地到业务的想象力非常重要。

很多优秀的数据资产设计师，并不一定是某个行业的业务专家出身，但其具有超强的学习力和情景带入能力。一家企业的业务场景可能会经常变化，需要数据资产设计师能横跨多个领域进行数据资产设计。因此，数据资产设计师必须在系统掌握标签设计方法论后，快速学习掌握全新的业务知识。而快速学习的方式，莫过于由好奇心和兴趣驱动。每个数据资产设计师，都必须把终身学习作为一件乐事。

2. 静下心来踏实干

业务知识的梳理、学习一定是异常艰辛的过程。即便有好奇心打底，数据资产设计师也容易在日常琐碎的梳理过程中失去耐心。因此数据资产设计师要有应对枯燥、琐碎信息的心理准备，要耐得住寂寞。如果能在好奇心的驱动下产生强烈的学习热情，并保有打持久战的心理成熟度，那么业务学习就不会成为壁垒和阻碍。而业务线专家也倾向于向踏实学习的人传授他们的业务心得。

有些数据资产设计师挑行业。有的人对商业类行业（如零售、地产、金融等）有兴趣，愿意花时间学习，但是对工业类行业（如制造业、供应链、军工业）没有兴趣，学习起来也非常困难。有的人只喜欢自己以往做过或熟悉的行业，不喜欢自己不熟悉、专业知识太冷门、学习门槛太高的行业。对于需要服务的业务部门，有人会嫌弃业务需求太多或过于理想化。对于这种选择或倾向，我们能理解但不认同：数据资产设计师正是凭借专业性和交叉性将数据赋能到业务形成岗位生态位的，如果做不到，就容易淹没于一般的数据人员之中。数据人理想的最大障碍，既不是新知识啃不动，也不是数据工作千头万绪，而是业务端无法理解数据的价值，拒绝数据合作。因此，数据资产设计师不要怕吃苦，要树立坚定的数据理想，并为了实现理想苦中也能作乐：当业务端需求太多或过于理想化时，反而应该感到兴奋，因为这正说明了业务部门开始重视数据，关心数据如何与业务结合。

3. 比业务更懂业务

数据资产设计师在掌握充分的业务知识后，借助数据技术与工具，构建出能为业务所用的数据资产，并持续创新数据资产使用的赋能模式，增强业务竞争力，这就是所谓的"比业务更懂业务"。

在企业中，真正拥有业务和数据双重交叉能力的实战专家称为数据资产架构师。这种人才，是企业数字化转型的核心力量，也是数据理想的承重者！希望越来越多的数据资产设计者能够加入这一队伍中来。

9.3.2 胆大心细

在熟悉业务知识、了解业务需求、对数据情况进行摸底后，数据资产设计师开始设计标签资产。很多人会问：有什么捷径可以一下子设计出满足业务所需的大量标签？这个问题其实是个悖论。如果仅仅是为了完成任务，挖空心思造出几百个标签，当然很难，连数据资产架构师也不一定能编出那么多的标签。而通过胡编乱造设计出来的"标签"最终并不会为业务带来价值。了解业务情况的数据资产设计师善于观察细节，从业务需求出发，自然就必须用足够多的标签来描述业务需求中所涉及的对象，无须担心标签够不够多、去哪里找标签灵感等问题。具备这种能力的数据资产设计师，一定是在业务与数据领域摸爬滚打多年，并没有哪条路没有走过。

《精益创业》的作者埃里克用三个词来概括精益创业：大胆思考、小处着手、快速扩大。设计标签体系也需要胆大心细，这一要义主要体现在以下三点，如图 9-16 所示。

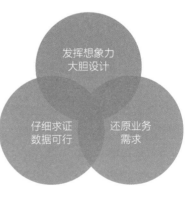

图 9-16　胆大心细的三点主要体现

1. 发挥想象力，大胆设计

发挥想象力不是凭空捏造，而是需要在日常工作和生活中积累，在使用时才能快速调用、激发创作。设计标签时，只要是业务需要的，都可以先设计勾勒出来。业务人员的视野和思路因受到岗位职责、职业习惯、技术等影响，会有一定的限制，但是数据资产设计师必须冲破传统业务思路的枷锁，用不断锤炼扩大的视野和格局为业务打开新窗口。优秀的数据资产设计师甚至能通过数据资产来丰富、完善整个业务场景。

以"兴趣爱好"标签设计举例。以往业务对用户分群往往采用城市级别、消费金额、职业类型等统计类标签维度，当业务需要进一步开展兴趣营销时，是否有"兴趣"标签来支撑？

　　在设计"兴趣"标签时，设计师先查看数据积累：并没有用户自己填报的兴趣信息，但是有用户在不同行业业务场景下的浏览、搜索、购买、评论等行为日志数据。通过与算法工程师沟通，基于行业行为数据来判别兴趣点是可行的，但前提是构建行业与兴趣点之间的关联关系。

　　于是，设计师根据行业与兴趣点的关联关系，梳理了14种兴趣类型，分别是户外一族、宠物一族、阅读学习、苹果迷、花卉一族、新奇特、数码一族、动漫迷、零食一族、买鞋控、时尚靓妹、旅行家、有型潮男、收藏家，如图9-17所示。"兴趣"标签一经生产上架，就获得了青睐：业务端容易理解"兴趣"标签且使用场景众多。

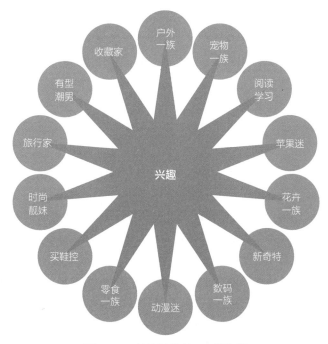

图9-17　兴趣标签的14种取值

业务人员在使用"兴趣"标签过程中曾提出疑问：某一用户的"兴趣"标签取值为【有型潮男】，但是其"性别"标签取值为【女】，为什么会有性别冲突？因为"兴趣"标签的设计逻辑是根据行业场景的行为数据预测，仅反映该用户在某些行业场景下的显著特性，并未将性别、年龄等要素纳入考虑。数据资产设计师在进行标签设计时，一定要定义清楚计算逻辑和边界范围。同时业务人员在使用时也需要充分了解标签的加工逻辑和取值含义。

2. 仔细求证，数据可行

在标签设计之初，设计师需要充分发挥想象力，而不是一开始就将想象的翅膀砍断。但在充分想象之后，还是需要冷静下来，仔细梳理数据逻辑，检验是否有足够的数据资源可以加工该标签。

以"人生阶段"标签设计举例。上文提到的"兴趣"标签推出后大获成功，但兴趣是一种长期形成的习惯偏好，并不能描述临时性的需求。因此，业务基于场景需要又继续提出：是否有一种短暂但迫切的需求状态，例如"正在备孕"？如果能细分这种"临时性"状态，会对母婴业务带来重大帮助。

于是，设计师对人生过程中各重要阶段进行了一一梳理，产出了以下 12 个取值的"人生阶段"标签：上学、找工作、恋爱中、准备结婚、准备买房、装修期、备孕、怀孕生子、子女教育、孝敬父母、职场变动、退休养老（如图 9-18 所示）。

"人生阶段"标签的设计逻辑也是行业场景行为预测判断。【上学】这一标签取值在设计具体逻辑时，遵照了规范标准处理：高中生、初中生乃至小学生均小于 18 岁，他们的行为数据不允许被处理使用，因此【上学】这一取值，仅指大学生、大专生、在职人员等大于 18 岁的人群正在读书的状态。同时在标签定义和逻辑说明中，需要进行仔细的披露说明。

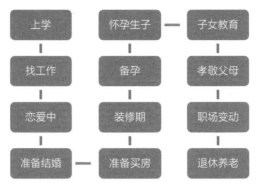

图 9-18　人生阶段的 12 个取值

3. 还原业务需求

标签设计过程中，需要数据资产设计师把标签或标签值带入真实场景中完成演练闭环，确认该标签确实能满足业务需求。要杜绝完全按照业务列出的数据需求或单纯地凭想象进行设计，防止"理所当然"的情况发生。

继续以"兴趣"和"人生阶段"两个标签举例。这两个标签在某些取值上会有一定的相似性，却代表着两种不一样的用户状态，需要数据资产设计师真正理解后代入业务场景中进行区分设计。

"人生阶段"标签中的【上学】取值，和"兴趣爱好"标签中的【阅读学习】取值，看上去很像，但是有什么实质性区别？区别在于标签的定义逻辑不同。"人生阶段"是一种短暂的临时状态，如果标签取值是"上学"，就说明当前这段时期该用户正处于上学读书阶段，短则几个月，长则几年，绝大多数人不会一直持续下去。"兴趣爱好"标签则是一种长期状态，如果标签取值是"阅读学习"，就说明该用户爱好阅读，终身学习，这是一种长期状态。

9.3.3　工匠精神

在进行标签设计时，需要注重标签设计类文档的标注规范、设计质量，以高要求不断地打磨推敲标签。对于采用标签方法的数据资产设计师来说，标签类目体系架构图和标签设计文档这两份文档是必须产出的。

1. 标签类目体系架构图中的注意细节

数据资产设计师一般采用 XMind 等思维导图工具来梳理标签类目体系架构图。在架构图中，需要注意：对象、类目、标签、标签值要用不同的颜色或不同的图形外框来区别表示。这样做的好处是：在架构图中可以很容易知道，哪些是类目，哪些是标签，哪些是标签值。同时，标签类目设计过程中的原则和规范也能得到更好地遵守，例如一个二级类目和一个标签都挂在一个一级类目下的情况，就很容易被发现和纠正。图 9-19 同时展示了正确和错误的标签类目体系架构图。

标签类目体系架构图主要应用于管理层、业务人员、技术开发人员的日常工作所需。

- 架构图主要用来为企业管理层展示企业数据资产整体分布：前后台标签类目体系架构图以可视化方式完整呈现了后台全量标签池与前台业务使用标签的场景。从后台类目各对象下钻，可以看到对象下所有一级类目，从某一级类目下钻，可以看到该一级类目下包含的所有二级类目……直至叶子类目下呈现的标签集合。从前台类目场景下钻，可以看到各个业务条线中的标签选用和分组情况。

- 业务人员可以通过后台全量标签集，了解企业整体规划和当前可用标签，快速选择所需标签申请使用。

- 技术开发人员可以通过前台标签类目体系结构，了解数据接口所涉及的标签字段，检查后端数据接口和前端数据展现是否正确。

2. 标签设计文档中的注意细节

数据资产设计师一般采用表格类工具来梳理标签设计文档。在表格中需要标注清楚根目录、类目、标签名、标签描述、标签加工类型、标签逻辑、值字典、取值类型等信息。每个具体标签都会产生一条标签信息记录，如表 9-1 所示。

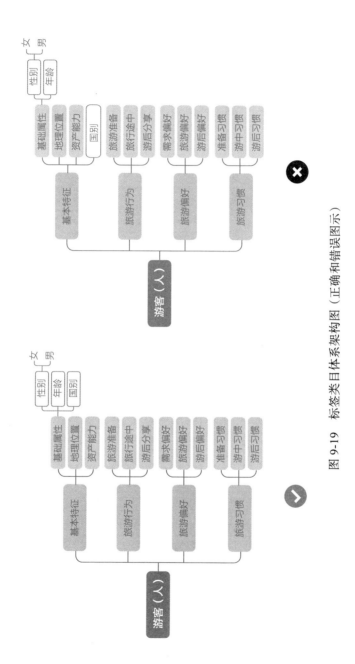

图 9-19　标签类目体系架构图（正确和错误图示）

表 9-1 标签设计文档示例

根目录	一级类目	二级类目	三级类目	标签名	标签描述	标签加工类型	标签逻辑	值字典	取值类型
公司（A）	企业关系	合作关系	已有合作企业	合作企业名称	有史以来合作过的企业名称	原始类	有史以来合作过的企业名称集合，以分号分隔	企业名称，如：杭州数澜科技有限公司	文本型
				合作企业数量	有史以来合作的企业总数	统计类	有史以来合作过的企业数量求和	数值，单位（家）	数值型
				合作次数	有史以来与合作过的企业合作的总次数	统计类	有史以来与合作企业的合作次数求和	数值，单位（次）	数值型
				合作商品类型数	有史以来与合作企业合作过的商品种类数	统计类	有史以来与合作企业的合作商品种类求和	数值，单位（种）	数值型
		竞争关系	潜在合作企业	潜在合作企业名称	当前潜在的合作企业名称	算法类	通过模型计算的当前潜在合作可能的企业名称集合，以分号分隔	企业名称，如：杭州数澜科技有限公司	文本型
			已有竞争企业	已有竞争企业名称	当前处于竞争关系的企业名称	统计类	根据竞争判定规则，判断出的存在竞争关系的企业名称集合，以分号分隔。当前竞争判定规则：最近半年同时参与竞标次数超过3次	企业名称，如：杭州数澜科技有限公司	文本型
				已有竞争企业数量	当前处于竞争关系的企业总数	统计类	当前竞争企业数量求和	数值，单位（家）	数值型

394

标签设计文档主要应用于标签开发人员的日常开发工作所需和标签集市的对外信息展示。

- 数据开发工程师或算法开发工程师需要根据标签设计文档来完成标签开发任务。一个好的标签设计文档，会涵盖标签开发者所需的主要信息并且清晰明了、易于理解，极大降低标签开发的沟通成本。标签开发者在开发完标签后，需要补充完善标签的技术元标签信息，包括标签所在的物理表、物理字段、开发负责人、开发完成时间等。

- 标签设计文档还会用在标签集市的信息展示上。标签设计文档中的元标签信息在经过数据安全、数据法务审核后可以开放在标签列表和标签详情中，供业务人员仔细查看和了解判断。

近年来，随着标签工具的产生、成熟，数据资产设计师也可以通过工具产品来直接完成标签类目体系架构图的设计和新标签的创建设计工作。当前的工具技术能帮助设计师提升效率，降低犯错概率，但无法完全替代人类完成对数据资产的设计和规划。一个好的数据资产目录仍然主要依赖于数据资产设计师的专业能力和对事物本质的觉察力。

如果数据资产设计师设计的标签信息充分准确、翔实，能反映一线需求，开发工程师一定会参考。但确实存在数据开发人员不看指标设计文档，而是按照自己的理解进行开发的尴尬情况。其实这个问题是相对的：如果数据资产设计师以工匠标准来产出自己的数据资产作品，梳理的标签信息充分详细，能将复杂的业务逻辑转为技术术语，使得数据开发者拿到文档就能上手开发，极大地提升开发效率，他们又怎么会拒绝呢？当所谓的标签设计与数据开发逻辑完全脱轨时，数据开发者只能自己去理解标签，梳理开发逻辑，效率反而会下降。在多次项目实践中，笔者们采用一个标签类目体系架构图和一个标签设计文档，就能与多名数据开发工程师沟通顺畅、同频对接，确保数据资产开发过程稳定高效。

遇到问题，多从自身角度出发思考。落地行动，需要工匠精神支撑。但工匠精神不是只有好没有坏的口号，它意味着寂寞、执拗、强迫症、自我怀疑，以及来自他人的劝解、批评、嘲笑、同情……而面对这种境地又不能以"走自己的路，让别人说去吧"简单处理，人需要学会与这个社会接洽并自洽。想要把一件事情做好，需要以工匠精神为信仰，只有对自己的事业投入不亚于任何人的努力付出，才能收获别人的认可和尊重。信仰，从来都不是以口说为证明，而是以奉献为路引。